2022-23年合格目標

大卒程度 公務員試験

本気で合格! 過去問解きまくり!

⑦ **自然科学Ⅰ**
（物理・化学・数学）

はしがき

1 「最新の過去問」を掲載

2021年に実施された公務員の本試験問題をいち早く掲載しています。公務員試験は年々変化しています。今年の過去問で最新の試験傾向を把握しましょう。

2 段階的な学習ができる

公務員試験を攻略するには，さまざまな科目を勉強することが必要です。したがって，勉強の効率性は非常に重要です。『公務員試験 本気で合格！過去問解きまくり！』では，それぞれの科目で勉強すべき項目をセクションとして示し，必ずマスターすべき必修問題を掲載しています。このため，何を勉強するのかをしっかり意識し，必修問題から実践問題（基本レベル→応用レベル）とステップアップすることができます。問題ごとに試験種ごとの頻出度がついているので，自分にあった効率的な勉強が可能です。

3 満足のボリューム（充実の問題数）

本試験問題が解けるようになるには良質の過去問を繰り返し解くことが必要です。『公務員試験 本気で合格！過去問解きまくり！』は，なかなか入手できない地方上級の再現問題を収録しています。類似の過去問を繰り返し解くことで知識の定着と解法パターンの習得を図れます。

4 メリハリをつけた効果的な学習

公務員試験の攻略は過去問に始まり過去問に終わるといわれていますが，実際に過去問の学習を進めてみると戸惑うことも多いはずです。『公務員試験 本気で合格！過去問解きまくり！』では，最重要の知識を絞り込んで学習ができるインプット（講義ページ），効率的な学習の指針となる出題傾向分析，受験のツボをマスターする10の秘訣など，メリハリをつけて必要事項をマスターするための工夫が満載です。

※本書は，2021年9月時点の情報に基づいて作成しています。

みなさんが本書を徹底的に活用し，合格を勝ち取っていただけたら，わたくしたちにとってもそれに勝る喜びはありません。

2021年10月吉日

株式会社　東京リーガルマインド
LEC総合研究所　公務員試験部

本書の効果的活用法

STEP1 出題傾向をみてみよう

各章の冒頭には，取り扱うセクションテーマについて，過去9年間の出題傾向を示す一覧表と，各採用試験でどのように出題されたかを分析したコメントを掲載しました。志望先ではどのテーマを優先して勉強すべきかがわかります。

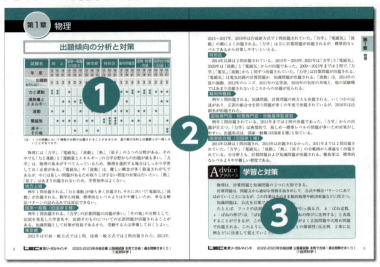

❶ 出題傾向一覧

章で取り扱うセクションテーマについて，過去9年間の出題実績を数字や★で一覧表にしています。出題実績も9年間を3年ごとに区切り，出題頻度の流れが見えるようにしています。志望先に★が多い場合は重点的に学習しましょう。

❷ 各採用試験での出題傾向分析

出題傾向一覧表をもとにした各採用試験での出題傾向分析と，分析に応じた学習方法をアドバイスします。

❸ 学習と対策

セクションテーマの出題傾向などから，どのような対策をする必要があるのかを紹介しています。

● 公務員試験の名称表記について

本書では公務員試験の職種について，下記のとおり表記しています。

地上	地方公務員上級（※1）
東京都	東京都職員
特別区	東京都特別区職員
国税	国税専門官
財務	財務専門官
労基	労働基準監督官
裁判所職員	裁判所職員（事務官）／家庭裁判所調査官補（※2）
裁事	裁判所事務官（※2）
家裁	家庭裁判所調査官補（※2）
国家総合職	国家公務員総合職
国Ⅰ	国家公務員Ⅰ種（※3）
国家一般職	国家公務員一般職
国Ⅱ	国家公務員Ⅱ種（※3）
国立大学法人	国立大学法人等職員

（※1）道府県，政令指定都市，政令指定都市以外の市役所などの職員
（※2）2012年度以降，裁判所事務官（2012～2015年度は裁判所職員），家庭裁判所調査官補は，教養科目に共通の問題を使用
（※3）2011年度まで実施されていた試験区分

STEP2 「必修」問題に挑戦してみよう

「必修」問題はセクションテーマを代表する問題です。まずはこの問題に取り組み，そのセクションで学ぶ内容のイメージをつかみましょう。問題文の周辺には，そのテーマで学ぶべき内容や覚えるべき要点を簡潔にまとめていますので参考にしてください。

本書の問題文と解答・解説は見開きになっています。効率よく学習できます。

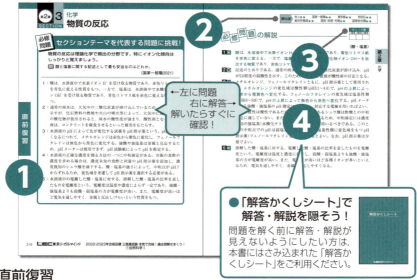

❶ 直前復習

必修問題と，後述の実践問題のうち，LEC専任講師が特に重要な問題を厳選しました。試験の直前に改めて復習しておきたい問題を表しています。

❷ 頻出度

各採用試験において，この問題がどのくらい出題頻度が高いか＝重要度が高いかを★の数で表しています。志望先に応じて学習の優先度を付ける目安となります。

❸ チェック欄

繰り返し学習するのに役立つ，書き込み式のチェックボックスです。学習日時を書き込んで復習の期間を計る，正解したかを○×で書き込んで自身の弱点分野をわかりやすくするなどの使い方ができます。

❹ 解答・解説

問題の解答と解説が掲載されています。選択肢を判断する問題では，肢１つずつに正誤と詳しく丁寧な解説を載せてあります。また，重要な語句や記述は太字や色文字などで強調していますので注目してください。

STEP3 テーマの知識を整理しよう

必修問題の直後に、セクションテーマの重要な知識や要点をまとめた「インプット」を設けています。この「インプット」で、自身の知識を確認し、解法のテクニックを習得してください。

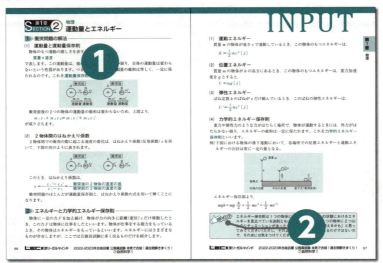

❶「インプット」本文

セクションテーマの重要な知識や要点を、文章や図解などで整理しています。重要な語句や記述は太字や色文字などで強調していますので、逃さず押さえておきましょう。

❷サポートアイコン

「インプット」本文の内容を補強し、要点を学習しやすくする手助けになります。以下のようなアイコンがありますので学習に役立ててください。

●サポートアイコンの種類

アイコン	説明	アイコン	説明
補足	「インプット」に登場した用語を理解するための追加説明です。	○○○	「インプット」に出てくる専門用語など、語句の意味の紹介です。
ポイント	「インプット」の内容を理解するうえでの考え方などを示しています。	注目	実際に出題された試験種以外の受験生にも注目してほしい問題です。
具体例	「インプット」に出てくることがらの具体例を示しています。	判例チェック	「インプット」の記載の根拠となる判例と、その内容を示しています。
ミニ知識	「インプット」を学習するうえで、付随的な知識を盛り込んでいます。	判例	「インプット」に出てくる重要な判例を紹介しています。
注意!	受験生たちが間違えやすい部分について、注意を促しています。		科目によって、サポートアイコンが一部使われていない場合もあります。

STEP4 「実践」問題を解いて実力アップ！

「インプット」で知識の整理を済ませたら，本格的に過去問に取り組みましょう。「実践」問題ではセクションで過去に出題されたさまざまな問題を，基本レベルから応用レベルまで収録しています。

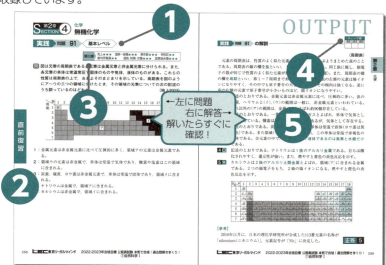

❶ 難易度

収録された問題について，その難易度を「基本レベル」「応用レベル」で表しています。
1周目は「基本レベル」を中心に取り組んでください。2周目からは，志望先の採用試験について頻出度が高い「応用レベル」の問題にもチャレンジしてみましょう。

❷ 直前復習, ❸ 頻出度, ❹ チェック欄, ❺ 解答・解説
※各項目の内容は，STEP 2をご参照ください。

STEP5 「章末CHECK」で確認しよう

章末には，この章で学んだ内容を一問一答形式の問題で用意しました。
知識を一気に確認・復習しましょう。

LEC専任講師が，『過去問解きまくり！』を使った 「オススメ学習法」をアドバイス！⇒

講師のオススメ学習法

❓ どこから手をつければいいのか?

　まず各章の最初にある「出題傾向の分析と対策」を見て，その章の中で出題数が多いセクションがどこなのかを確認してください。

　そのセクションは捨ててしまうと致命傷になりかねません。必ず取り組むようにしてください。逆に出題数の少ないセクションは優先順位を下げてもよいでしょう。

　各セクションにおいては，①最初に必修問題に挑戦し，そのセクションで学ぶ内容のイメージをつけてください。②次に必修問題の次ページから始まる知識確認によって，そのセクションで学習する考え方や公式を学びます。③そして，いよいよ実践問題に挑戦です。実際に出題された問題を解いてみましょう。

🕐 演習のすすめかた

　本試験で自然科学の解答に割くことができる時間の目安は，多くても1問あたり2分程度です。典型的な計算問題や知識を問う問題では，問題文を読み終わった時点で解法や答えがわかっているという状況が理想です。知っているか知らないかで，正答できるかどうかが決まりますので，基本事項を正確に覚えておきましょう。

❶ 1周目（何が問われているのかを確認する）

　計算問題においては必要な公式および公式へのあてはめかたを確認し，知識問題においてはどのように問題で問われるかを確認し，どの知識を覚えておけば選択肢の正誤を判断できるのかを確認していきましょう。曖昧な知識や知らない知識は必ず確認し，周辺知識も含めて理解するようにしてください。

❷ 2周目（知識が定着できているのかを確認する）

　問題集をひととおり終えて2周目に入ったときは，公式や知識が定着しているかどうかを確認しながら解いてください。この段階では1周目で学習したことが理解できているかをチェックするとともに，インプットも確認してください。

❸ 3周目以降や直前期（基本問題を確実に正答できるかを確認する）

　学習した分野について，正確な知識が確実に身についているか，基本問題を中心に演習しましょう。

一般的な学習のすすめかた（目標正答率60%〜80%）

　自然科学Ⅰでは，多くの試験で出題される物理と化学の中で出題数の多い分野を中心に学習をすすめます。また，物理が1問に対して，化学が2問出題される試験もあることから，化学を優先的に学習するのがよいでしょう。

　物理では，力と運動，波動，電気からの出題数が多く，化学では，物質の構成，物質の反応，無機化学からの出題数が多いです。これらの分野の知識を問う基本問題は確実に正答できるようにしておきたいところです。

　上記以外の分野からも出題されていますので，高校などで学習した科目については，基本問題を押さえておきましょう。

　また，どちらの科目も計算問題が出題されますが，出題されるパターンが決まっている問題が多いです。物理では，電気の合成抵抗，電力の計算，力と運動のばねや運動方程式の基本の典型問題は押さえておきましょう。化学では，物質の構成の化学反応式の計算問題，物質の反応の中和滴定の典型問題を押さえておきましょう。

　計算に苦手意識がある方は，わかる範囲で学習をすすめればよいです。

　数学が試験で必要な方は数学をひととおり学習することになりますが，苦手な方は無理に学習することはありません。

短期間で学習する場合のすすめかた（目標正答率50〜60%）

　試験までの日数が少なく，短期間で最低限必要な学習をする場合です。

　学習効果が高い問題に絞って演習をすることにより，最短で合格に必要な得点をとることを目指します。問題ページ左に「直前復習」のマークがついた各セクションの必修問題と，以下の「講師が選ぶ『直前復習』40問」に掲載されている問題を解いてください。試験で数学が必要な方は，各セクションの必修問題を解いてください。

直前復習

必修問題10問（※） +

講師が選ぶ「直前復習」40問

実践2	実践38	実践62	実践95
実践3	実践40	実践65	実践97
実践5	実践45	実践66	実践99
実践7	実践46	実践68	実践100
実践9	実践47	実践79	実践102
実践13	実践48	実践82	実践105
実践19	実践51	実践83	実践108
実践26	実践55	実践91	実践110
実践30	実践56	実践93	実践115
実践32	実践60	実践94	実践116

（※）数学を除く

CONTENTS

目次

- はしがき
- 本書の効果的活用法
- 講師のオススメ学習法
- 自然科学をマスターする10の秘訣

第1章　物理 ··· 1

SECTION① 力と運動 問題1 〜 25 ································· 4
SECTION② 運動量とエネルギー 問題26 〜 36 ··············· 64
SECTION③ 波動 問題37 〜 46 ································ 94
SECTION④ 電磁気 問題47 〜 57 ······························ 120
SECTION⑤ 原子・その他 問題58 〜 61 ······················· 148

第2章　化学 ··· 169

SECTION① 物質の構成 問題62 〜 72 ························ 172
SECTION② 物質の状態 問題73 〜 77 ························ 200
SECTION③ 物質の反応 問題78 〜 90 ························ 216
SECTION④ 無機化学 問題91 〜 104 ························· 252
SECTION⑤ 有機化学・その他 問題105 〜 126 ·············· 290

第3章　数学 ··· 359

SECTION① 式と計算 問題127 〜 133 ······················· 362
SECTION② 方程式・関数 問題134 〜 148 ··················· 380
SECTION③ 図形と式 問題149 〜 154 ······················· 414
SECTION④ 指数・対数・三角比・数列 問題155 〜 160 ······· 430
SECTION⑤ 微分・積分 問題161 〜 164 ····················· 446
SECTION⑥ 図形の計量 問題165 〜 169 ····················· 458

■INDEX ··· 478

自然科学をマスターする10の秘訣

1. 自然は生きた教材。何でも関心を持とう！ [共通]

2. 物事にはすべて意味がある。「なぜ？」「どうしてなの？」という気持ちを持とう！ [共通]

3. 本試験問題は生きた教材。繰り返し解こう！ [共通]

4. 誤った肢を正しく直せて本物の実力だ！ [共通]

5. 自然は１つ。共通項目はまとめて覚えよう！ [共通]

6. 図に示すこそ命。必ず図示しよう！ [物理]

7. 元素記号は世界共通語。仲の良い友達になろう！ [化学]

8. 身の回りの物体を化学の目で見よう！ [化学]

9. 計算は必ず自分の手でやってみよう。「わかった」＝「解ける」ではない。[数学]

10. 公式の丸暗記は意味がない。必ず，問題を解こう！ [数学]

第1章

物理

SECTION

① 力と運動
② 運動量とエネルギー
③ 波動
④ 電磁気
⑤ 原子・その他

第1章　物理

出題傾向の分析と対策

試験名	地上			国家一般職（旧国Ⅱ）			東京都			特別区			裁判所職員			国税・財務・労基			国家総合職（旧国Ⅰ）		
年度	13-15	16-18	19-21	13-15	16-18	19-21	13-15	16-18	19-21	13-15	16-18	19-21	13-15	16-18	19-21	13-15	16-18	19-21	13-15	16-18	19-21
出題数　セクション	3	3	3	3	3	3	4	4	3	7	6	6	3	3	3	3	3	3	2	2	5
力と運動	★★	★★		★			★		★	★★	★★	★	★	★	★★	★★	★★★	★★★	★	★	★
運動量とエネルギー				★	★		★	★★	★★	★	★	★		★						★	★
波動		★			★						★						★				★
電磁気				★	★	★		★		★★	★★★	★★	★				★		★		
原子・その他					★																★★

（注）　1つの問題において複数の分野が出題されることがあるため，星の数の合計と出題数とが一致しないことがあります。

　物理には「力学」，「電磁気」，「波動」，「熱」，「原子」の5つの分野がある。その中でも「力と運動」と「運動量とエネルギー」の力学分野からの出題が最も多い。「力学」は，物理の基本がすべて入っているため，物理を選択する場合はしっかり学習しておく必要がある。「電磁気」や「波動」は，難しい概念が多く敬遠されがちであるが，中には易しい問題があるため取りこぼさない程度の対策は行いたい。「熱」，「原子」はあまり出題されないため，学習効率はよくない。

地方上級
　例年1問出題される。「力と運動」が最も多く出題され，それに次いで「電磁気」，「波動」が出題される。数学と同様，標準的なレベルよりはやや難しいため，単なる解法パターンの詰め込みでは対応できない。

国家一般職（旧国家Ⅱ種）
　例年1問出題される。「力学」の計算問題の出題が多い。「その他」の分野として，法則を発見した学者名や，法則そのものについての正誤問題が出題されることがある。知識問題として対策が容易であるから，受験する人は準備しておくとよい。

東京都
　2021年は行政一般方式では1問，技術一般方式では2問出題された。2013年，

2015～2017年，2019年は行政新方式で１問出題されていた。「力学」，「電磁気」，「波動」の順によく出題される。「力学」は主に計算問題が出題されるが，標準的なレベルであるから対策しやすいといえる。

特別区

2014年以降は２問出題されている。2015年～2019年，2021年は「力学」と「電磁気」，2020年は「波動」と「電磁気」からの出題であった。2009～2013年までは３問で，「力学」，「電磁気」，「波動」から１問ずつ出題されていた。「力学」は計算問題が出題される。「電磁気」は電気回路の計算問題か，知識問題が出題される。「波動」は，2014年の弦の振動，2012年のレンズ，2011年の定常波，2010年の気柱の共鳴と，他の試験種ではあまり出題されないところからの出題が見られる。

裁判所職員

例年１問出題される。知識問題，計算問題の両方とも出題される。いくつかの記述があり，正誤の組合せを問う問題が多くの年度で出題されているが，2016年は法則名が出題された。

国税専門官・財務専門官・労働基準監督官

例年１問出題されている。2011年までは２問の出題であった。「力学」からの出題が目立つ。「力学」は典型的で，易しめ～標準レベルの問題が多いため対策がしやすい。出題形式は，国家一般職(旧国家Ⅱ種)と似ている。

国家総合職（旧国家Ⅰ種）

2014年以降は１問出題され，2013年は出題されなかった。2011年までは２問出題されていた。「力学」，「電磁気」，「波動」，「熱」，「原子」の全範囲から満遍なく出題されている。全分野とも，計算問題および知識問題が出題される。難易度は，標準的なレベルよりやや難しい程度である。

Advice アドバイス　学習と対策

物理は，計算問題と知識問題の２つに大別できる。

計算問題は，問題文から適切な情報を抜き出して，公式や解法パターンにあてはめていくことになるが，この作業はそのまま数的処理や経済原論などに役立つ。

知識問題は，公式を言葉で表す問題が多い。

たとえば，フックの法則 $F = kx$（F：ばねが引っ張る力，k：ばね定数，x：ばねの伸び）は，「ばねが引っ張る力は，ばねの伸びに比例する」と表現することができるが，この「比例」という部分がよく正誤問題や穴埋め問題で出題される。このように，ある量と別の量との関係性(反比例，２乗に比例など)に注意して覚えていこう。

第1章

物理

物理 力と運動

必修問題 セクションテーマを代表する問題に挑戦！

力学について学習していきます。図を描く習慣をつけましょう。

問 図のように，水平な床面上に質量 m と M の二つの物体を置き，これらを糸でつないで水平方向に引っ張ったところ，二つの物体はともに加速度 a で動いた。このときの糸X及び糸Yの張力の組合せとして最も妥当なのはどれか。
ただし，糸の質量及び二つの物体と床面との間に生じる摩擦力は無視できるものとする。
（国税・労基2009）

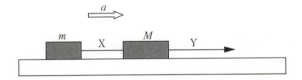

	糸Xの張力	糸Yの張力
1 :	ma	Ma
2 :	ma	$(M+m)a$
3 :	Ma	$(M+m)a$
4 :	$(M-m)a$	Ma
5 :	$(M-m)a$	$(M+m)a$

直前復習

頻出度 地上★★★　国家一般職★★★　東京都★★★　特別区★★★
裁判所職員★★　　国税・財務・労基★★★　国家総合職★★★

必修問題の解説

チェック欄		
1回目	2回目	3回目

〈運動方程式〉

　糸Xの張力をxとして，質量mの物体に関する運動方程式を立てると，次のようになる。

　　$ma = x$

　したがって，糸Xの張力はmaとなる。

　次に，糸Yの張力をyとして，質量Mの物体に関する運動方程式を立てる。この場合は，質量mの物体も関係するため，

　　$(M + m)a = y$

となる。したがって，糸Yの張力は$(M + m)a$となる。

　よって，正解は肢2である。

正答　2

第1章 SECTION 1 物理
力と運動

1 等加速度運動

(1) 等加速度運動の公式

時間あたりの速度の変化を加速度といい，等しい加速度で直線運動することを等加速度直線運動といいます。

出発してから速度が一定になるまでの電車の運動(加速)と，駅が近づいてきたためブレーキをかけて徐々にスピードを緩めていく運動(減速)がいい例でしょう。

初速度を v_0，加速度を a としたとき，時刻 t における速度 v と位置 x は，以下のように表されます。

速度：$v = v_0 + at$ ……①

位置：$x = v_0 t + \dfrac{1}{2} at^2$ ……②

$v^2 - v_0^2 = 2ax$ ……③

③の式は①，②の式から t を消去することによって得られます。時間 t がわからないときに使うことが多いです。

2 物体にかかる力

(1) ばねにかかる力

図のようにばねを引っ張る(力を加える)と，ばねは伸びます。このとき，ばねはその力に逆らい引っ張り返そうとします。このときのばねの力 F は，ばねの伸び x に比例するため，

$F = kx$

と表されます。比例定数 k をばね定数といい，これをフックの法則といいます。

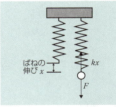

(2) ばね定数の合成

複数のばねをつないだとき，それを1つのばねとみなすことができます。これをばね定数の合成といい，ばねのつなぎ方によって，その値は以下のように表されます。

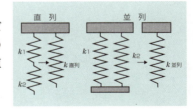

直列接続の場合：$\dfrac{1}{k_{直列}} = \dfrac{1}{k_1} + \dfrac{1}{k_2}$

並列接続の場合：$k_{並列} = k_1 + k_2$

(3) 剛体のつりあい

剛体とは，力が加わっても変形しない理想的な物体のことをいいます。そして，

剛体にはたらく力のつりあいの条件は，
　①剛体にはたらくすべての力の和が0であること
　②任意の点のまわりの力のモーメントの和が0であること
の2つが成り立つことです。
　大きさのある物体(剛体)のつりあいを考えるときは，回転も考えなければなりません。剛体を回転させる力を，力のモーメントといいます。力のモーメントは，以下のように定義されます。
　　力×支点までの距離
　下図のようなてこの場合，左端にはたらくモーメントは，$F_1 \times a$，右端にはたらくモーメントは，$F_2 \times b$ となるから，てこが回転せずにつりあう条件は，
　　(反時計回りの力のモーメント)＝(時計回りの力のモーメント)
　　$F_1 \times a = F_2 \times b$
となります。

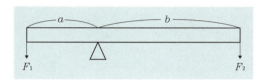

3 ニュートンの運動に関する3法則

①慣性の法則(運動の第1法則)
　物体に力がはたらかないとき，または物体にはたらく力の和が0のとき，物体は現在の状態を持続します。つまり，静止している物体はいつまでも静止し，速度 v で運動している物体は速度 v の等速直線運動を続けます。

②運動の法則(運動の第2法則)
　質量 m [kg]の物体に力 F [N]がはたらいているとき，加速度 a [m／s^2]で運動するこの物体の運動を表す式は，
　　$ma = F$
となり，これを運動方程式といいます。なお，N(ニュートン)は力の単位であり，
　　$1 \text{[N]} = 1 \text{[kg} \cdot \text{m／s}^2\text{]}$
です。

③作用・反作用の法則(運動の第3法則)
　ある物体Aが，他の物体Bに力 F [N]を及ぼすと(作用)，物体Aは，物体Bから逆向きの力 F [N]を受けます(反作用)。

第1章 SECTION 1 物理 力と運動

実践　問題 1　基本レベル

頻出度　地上★★★　国家一般職★★★　東京都★★★　特別区★★★
　　　　裁判所職員★★★　国税・財務・労基★★★　国家総合職★★★

問　ばねに力を加えて引き伸ばすとき，ばねの自然長からの伸びは力の大きさに比例する。すなわち，ばねの自然長からの伸びを x [m]，力の大きさを F [N] とすると，$F=kx$ が成り立ち，比例定数 k [N／m] は，ばねによって決まる定数で，ばね定数（弾性定数）と呼ばれる。

いま，ばね定数20N／m，30N／mの2本のばねをつなぎあわせて1本のばねとして使用するとき，全体のばね定数はいくらか。　　（国税・労基2004）

1：6N／m
2：12N／m
3：18N／m
4：25N／m
5：50N／m

OUTPUT

実践 ▶ 問題 **1** ▶ **の解説**

チェック欄		
1回目	2回目	3回目

〈ばね定数〉

第1章

物理

　直列に2つのばねをつないだときの合成ばね定数 k [N／m]は，個々のばね定数をそれぞれ k_1 [N／m]，k_2 [N／m]とすると，

$$\frac{1}{k} = \frac{1}{k_1} + \frac{1}{k_2}$$

となる。$k_1 = 20$ [N／m]，$k_2 = 30$ [N／m]を代入すると，

$$\frac{1}{k} = \frac{1}{20} + \frac{1}{30} = \frac{1}{12}$$

$$k = 12 \,[\text{N／m}]$$

　よって，正解は肢2である。

正答 2

LEC東京リーガルマインド　2022-2023年合格目標 公務員試験 本気で合格！過去問解きまくり！
⑦自然科学Ⅰ

9

SECTION 1 物理 力と運動

実践 問題 2 基本レベル

問 図のように，ばね定数 $8k$ のばね A，質量 m のおもりM_A，ばね定数 k のばね B，質量 m のおもりM_B を直列につなぎ，ばね A の一端を天井からつり下げ，おもりM_A，M_B が静止した状態で，ばね A の伸びとばね B の伸びとの計が L であったとき，ばね A の伸びとして，正しいのはどれか。ただし，ばねの質量は無視する。

(東京都2017)

1 : $\dfrac{1}{9}L$

2 : $\dfrac{2}{15}L$

3 : $\dfrac{1}{5}L$

4 : $\dfrac{4}{15}L$

5 : $\dfrac{1}{3}L$

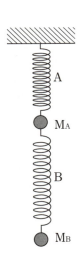

OUTPUT

実践 問題 2 の解説

〈ばねの伸び〉

ばねAの伸びを x_A，ばねBの伸びを x_B，重力加速度を g とする。おもりM_A，M_Bごとにつりあいの式を立てていく。M_A, M_Bにはたらく力は下図のとおりである。

おもりM_A： $mg + kx_B = 8kx_A$ ……①
おもりM_B： $mg = kx_B$ ……②

条件より，
$x_A + x_B = L$
$x_B = L - x_A$ ……③

これを②に代入すると，
$mg = k(L - x_A)$ ……④

③，④を①に代入すると，
$k(L - x_A) + k(L - x_A) = 8kx_A$
$2k(L - x_A) = 8kx_A$
$L - x_A = 4x_A$
$5x_A = L$
$x_A = \dfrac{1}{5}L$

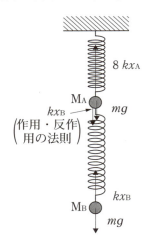

よって，正解は肢3である。

【参考】
作用・反作用の法則

物体Aから物体Bに力をはたらかせると，物体Bから物体Aに，同じ作用線上で，大きさが等しく，向きが逆の力がはたらく。

正答 3

第1章 SECTION 1 物理
力と運動

実践　問題 3　基本レベル

頻出度　地上★★★　国家一般職★★★　東京都★★★　特別区★★★
　　　　裁判所職員★★　国税・財務・労基★★★　国家総合職★★★

問　㋐，㋑，㋒のように，ばね定数とばねの長さが同じばねに同じおもりをつり下げたときの一つのばねの伸びに関する記述として最も妥当なのはどれか。なお，ばねの重さは無視できるものとする。　　　（国税・財務・労基2013）

㋐　図Ⅰのように，二つのばねをつないで，おもりをつり下げた。
㋑　図Ⅱのように，二つのばねに，おもりをつり下げた。
㋒　等速で上昇しているエレベーター内で，一つのばねにおもりをつり下げた。

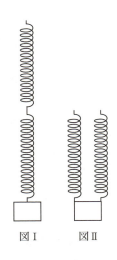

図Ⅰ　　図Ⅱ

1：㋐の一つのばねの伸びと㋑の一つのばねの伸びは等しい。
2：㋐の一つのばねの伸びと㋒のばねの伸びは等しい。
3：㋑の一つのばねの伸びと㋒のばねの伸びは等しい。
4：㋑の一つのばねの伸びは，㋐の一つのばねの伸びより大きい。
5：㋑の一つのばねの伸びは，㋒のばねの伸びより大きい。

OUTPUT

チェック欄		
1回目	2回目	3回目

実践 問題 **3** の解説

〈ばねの伸び〉

ばね定数を k，おもりにかかる重力を F として，⑦，④，⑦についてばねの伸びを考える。

⑦の場合

　　ばねを直列に 2 つつないでいるため，合成ばね定数 k_1 は，ばね定数 k を用いて，

$$\frac{1}{k_1} = \frac{1}{k} + \frac{1}{k} \quad \Leftrightarrow \quad \frac{1}{k_1} = \frac{2}{k} \quad \Leftrightarrow \quad k_1 = \frac{k}{2}$$

となる。このときのばねの伸びを x とすると，x はフックの法則より，

$$F = k_1 x \quad \Leftrightarrow \quad F = \frac{k}{2}x \quad \Leftrightarrow \quad x = \frac{2F}{k}$$

となる。ここで，ばね定数が同じばね 2 つを直列につないだとき，それぞれのばねの伸びは全体の伸びの半分となるから，1 つのばねの伸びは，

$$\frac{x}{2} = \frac{F}{k}$$

となる。

④の場合

　　ばねを並列に 2 つつないでいるため，合成ばね定数 k_2 は，ばね定数 k を用いて，

$$k_2 = k + k = 2k$$

となる。このときのばねの伸びを y とすると，y はフックの法則より，

$$F = k_2 y \quad \Leftrightarrow \quad F = 2ky \quad \Leftrightarrow \quad y = \frac{F}{2k}$$

となる。ここで，ばね定数が同じばね 2 つを並列につないだとき，それぞれのばねの伸びは全体の伸びと同じになるから，1 つのばねの伸びは，

$$y = \frac{F}{2k}$$

となる。

⑦の場合

　　等速で上昇しているエレベーター内には，慣性力ははたらかない。したがって，ばねにはたらく力は，おもりが重力によって引っ張る力とばねの弾性力のみとなる。このときのばねの伸びを z とすると，z はフックの法則より，

LEC 東京リーガルマインド　2022-2023年合格目標 公務員試験 本気で合格！過去問解きまくり！　13
⑦自然科学 I

第1章 物理

$$F = kz \Leftrightarrow z = \frac{F}{k}$$

となる。

以上より，㋐，㋑，㋒についてばねの伸びを比較すると，㋐と㋒が等しいことがわかる。

よって，正解は肢2である。

正答 2

memo

第1章 物理 ① 力と運動

実践 問題 4 基本レベル

頻出度	地上★★	国家一般職★★	東京都★★	特別区★★
	裁判所職員★★	国税・財務・労基★★		国家総合職★★

問 圧力について調べるため，下の図のような立方体X，Y，Zを同じスポンジの上にそれぞれ水平に置くとき，次のA〜Dの記述の正誤の組合せとして最も適当なものはどれか。　　　　　　　　　　　　　　　　（裁判所職員2017）

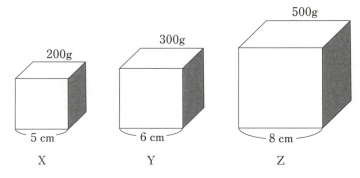

A：スポンジの沈んだ深さを比べると，最も沈み方が浅いのはXである。
B：スポンジの沈んだ深さを比べると，ZはYより深く沈む。
C：Yの上にXを重ねたときの沈み具合とXの上にYを重ねたときの沈み具合を比べると，沈んだ深さは同じである。
D：Yの上にXを重ねたときの沈み具合とZの沈み具合を比べると，Zの沈んだ深さの方が浅い。

	A	B	C	D
1：	正	正	正	誤
2：	正	正	誤	誤
3：	正	誤	正	誤
4：	誤	誤	正	正
5：	誤	誤	誤	正

OUTPUT

チェック欄		
1回目	2回目	3回目

実践 問題 **4** の解説

〈圧力〉

第1章

物理

A ✕ 圧力とは単位面積あたりにかかる力であり，圧力が大きいほどスポンジは深く沈む。立方体X，Y，Zについて，スポンジの上に置いたときの圧力をそれぞれ計算すると，

立方体X：$200[g] \div 5^2[cm^2] = 8.0[g／cm^2]$

立方体Y：$300[g] \div 6^2[cm^2] \fallingdotseq 8.3[g／cm^2]$

立方体Z：$500[g] \div 8^2[cm^2] \fallingdotseq 7.8[g／cm^2]$

これより，スポンジの沈んだ深さはZ＜X＜Yとなり，最も沈み方が浅いのはZである。

B ✕ 肢Aの計算より，スポンジの沈んだ深さを比べると，YはZより深く沈む。

C ✕ Yの上にXを重ねても，Xの上にYを重ねても，総重量は500gで同じである。一方，底面積は，Yの上にXを重ねたときは$36cm^2$であり，Xの上にYを重ねたときは$25cm^2$である。したがって，Xの上にYを重ねたときのほうがより底面積が小さいため，より圧力が大きくなり，より深く沈む。

D ○ 記述のとおりである。Yの上にXを重ねても，Zだけでも，総重量は500gで同じである。一方，底面積は，Yの上にXを重ねたときは$36cm^2$であり，Zは$64cm^2$である。したがって，Zのほうがより底面積が大きいため，より圧力が小さくなり，沈んだ深さはより浅くなる。

よって，正解は肢5である。

正答 5

LEC東京リーガルマインド　2022-2023年合格目標 公務員試験 本気で合格！過去問解きまくり！ 17
⑦自然科学Ⅰ

第1章 SECTION 1 物理
力と運動

実践 問題 **5** 基本レベル

頻出度	地上★★	国家一般職★★	東京都★★★	特別区★★★
	裁判所職員★	国税・財務・労基★		国家総合職★★

[問] 底面積が$1.0 \times 10^{-2} \mathrm{m}^2$で密度が一様な直方体が，水面から$5.0 \times 10^{-2} \mathrm{m}$だけ沈んで水面に浮かんでいるとき，この直方体の質量として，正しいのはどれか。ただし，水の密度は$1.0 \times 10^3 \mathrm{kg/m^3}$とする。　　　　（東京都2015）

1 : 0.1kg
2 : 0.5kg
3 : 1.0kg
4 : 1.5kg
5 : 5.0kg

直前復習

OUTPUT

実践 問題 **5** の解説

〈浮力〉

　物体が流体中にあるとき，その物体は流体から浮力を受ける。この**浮力の大きさ**
は物体が押しのけた流体の重力と等しい。したがって，**物体が水中に浮いていると**
き，この物体の重力と浮力がつりあっていることになる。

　これより，この直方体にかかる重力は，この物体が受ける浮力，すなわち物体が
押しのけた水の重力と等しくなる。また，この直方体と水にかかる重力は同じであ
るため，押しのけられた水の質量が直方体の質量となる。

　物体が押しのけた水の量は水面下にある直方体の体積となる。物体の底面積が
$1.0 \times 10^{-2} \mathrm{m}^2$ で，沈んでいる部分が $5.0 \times 10^{-2} \mathrm{m}$ であるため，

　　押しのけた水の量 $= (1.0 \times 10^{-2}) \times (5.0 \times 10^{-2}) = 5.0 \times 10^{-4} [\mathrm{m}^3]$

となる。

　したがって，この直方体の質量は，水の密度をかけて，

　　$(5.0 \times 10^{-4}) \times (1.0 \times 10^3) = 5.0 \times 10^{-1} [\mathrm{kg}] = 0.50 [\mathrm{kg}]$

である。

　よって，正解は肢 2 である。

正答 **2**

第1章 SECTION 1 物理 力と運動

実践 問題 6 基本レベル

頻出度	地上★★	国家一般職★★	東京都★★	特別区★★
	裁判所職員★★	国税・財務・労基★★		国家総合職★★

問 次の図のように，天井から2本の糸でつるされたおもりが静止している。おもりにはたらく重力の大きさが2Nであるとき，糸Aの張力 T_A の大きさはどれか。ただし，糸の重さは考えないものとする。　（特別区2019）

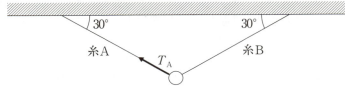

1 : 1 N
2 : $\dfrac{2}{\sqrt{3}}$ N
3 : $\sqrt{3}$ N
4 : 2 N
5 : 4 N

実践 問題 6 の解説

〈力のつりあい〉

おもりにはたらく力をすべて書き出し，力を鉛直方向と水平方向に分解し，それぞれの方向の力のつりあいの式を考える。

Ⅰ．おもりにはたらく力をすべて書き出す。

Ⅱ．力を鉛直方向と水平方向に分解する。

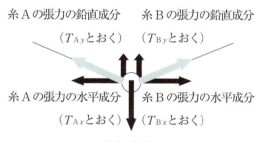

Ⅲ．鉛直方向と水平方向それぞれについて力のつりあいの式を立てる。

鉛直方向：$T_{Ay} + T_{By} = G$　　すなわち　　$\frac{1}{2}T_A + \frac{1}{2}T_B = 2 \,[\text{N}]$　……①

水平方向：　　$T_{Ax} = T_{Bx}$　　すなわち　　$\frac{\sqrt{3}}{2}T_A = \frac{\sqrt{3}}{2}T_B$　……②

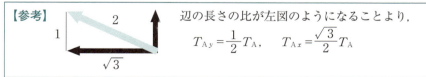

【参考】辺の長さの比が左図のようになることより，
$T_{Ay} = \frac{1}{2}T_A$，　$T_{Ax} = \frac{\sqrt{3}}{2}T_A$

①，②より，$T_A = T_B = 2\,[\text{N}]$である。
よって，正解は肢4である。

第1章 SECTION 1 物理 力と運動

【別解】

　糸A，糸Bと，つるされているおもりを見ると，全体として左右対称であるため，対称性より糸Aの張力 T_A と糸Bの張力 T_B は等しいものと考えられる。そこで，問題の図に $T_A = T_B$ として描き込み，平行四辺形（本問ではひし形になる）を作図して合力を求め，おもりにはたらく重力2Nを描き込む。さらに，合力の先端とおもりのところで水平な補助線を引くと，下図のようになる。

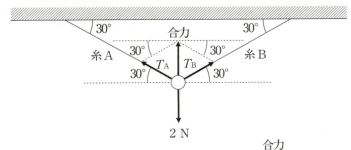

　図より，糸Aの張力 T_A と合力がつくる三角形は正三角形となることがわかる。

　また，糸Bの張力 T_B を平行移動して　合力　としてもよい。これより，

　　$T_A = T_B =$ 合力　……①

となる。そして，鉛直方向の力のつりあいより，

　　合力 $= 2\,\mathrm{N}$　……②

となる。したがって，①，②より，

　　$T_A = T_B =$ 合力 $= 2\,\mathrm{N}$

となる。

　よって，正解は肢4である。

正答 4

memo

第1章 物理

第1章 SECTION 1 物理 力と運動

実践 問題 7 基本レベル

問 下図のように，均質で太さが一様でない長さ2.1mの棒を，B端を地面につけたままA端に鉛直上向きの力を加えて少し持ち上げるのに28Nの力を必要とし，また，A端を地面につけたままB端に鉛直上向きの力を加えて少し持ち上げるのに21Nの力を必要とするとき，この棒の質量MとA端から重心Gまでの長さxの組合せとして，正しいのはどれか。ただし，重力加速度は9.8m／s^{2}とする。　　　　　　　　　　　　　　　　　　　　　　（東京都2005）

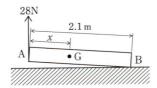
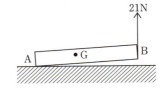

	M	x
1 :	4.9kg	0.7m
2 :	4.9kg	0.8m
3 :	5.0kg	0.8m
4 :	5.0kg	0.9m
5 :	5.1kg	0.9m

直前復習

OUTPUT

実践 ▶ **問題 7** ▶ **の解説**

チェック欄		
1回目	2回目	3回目

〈剛体・モーメント〉

B端を床につけたままの状態における，B端まわりの力のモーメントのつりあいの式は，

$$2.1 \times 28 = (2.1 - x) \times M \times 9.8$$
$$58.8 = 20.58 \times M - 9.8 \times M \times x \quad \cdots\cdots①$$

A端を床につけたままの状態における，A端まわりの力のモーメントのつりあいの式は，

$$21 \times 2.1 = M \times 9.8 \times x$$
$$44.1 = 9.8 \times M \times x \quad \cdots\cdots②$$

① ＋ ②より，

$$58.8 + 44.1 = 20.58 \times M$$
$$M = 5.0 \, [\mathrm{kg}]$$

②に $M = 5.0$ を代入して，

$$44.1 = 9.8 \times 5.0 \times x$$
$$x = 0.9 \, [\mathrm{m}]$$

よって，正解は肢4である。

正答 4

第1章 SECTION 1 物理 力と運動

実践 問題 **8** 基本レベル

頻出度 地上★★★ 国家一般職★★★ 東京都★★★ 特別区★★★
裁判所職員★★★ 国税・財務・労基★★★ 国家総合職★★★

問 ある自動車が停止状態から等加速度直線運動をしたところ，停止状態から4.00秒で50.0m進んだ。このとき，自動車の加速度はいくらか。

なお，停止状態からの等加速度直線運動における時刻 t と速度 v の関係を図の直線として表したとき，時刻 $t = t_1$ までに進んだ距離は網掛けされた三角形の面積で示される。　　　　　　　　　　（国税・財務・労基2016）

1 : $2.50\text{m}/\text{s}^2$
2 : $5.00\text{m}/\text{s}^2$
3 : $6.25\text{m}/\text{s}^2$
4 : $12.5\text{m}/\text{s}^2$
5 : $25.0\text{m}/\text{s}^2$

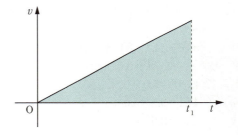

OUTPUT

実践 問題 **8** の解説 ─────────

〈等加速度運動〉

等加速度直線運動をするとき，時刻 t における速度 v は，初速度を v_0，加速度を a とすると，

$$v = v_0 + at$$

と表すことができる。

停止した状態から運動をするとき，初速度 $v_0 = 0$ [m／s] であるから，

$$v = at$$

となる。

時刻 t_1 までに進んだ距離が色つき部分の面積となるため，進んだ距離は，時刻 t_1 における速度 v_1 を用いて，

$$進んだ距離 = \frac{1}{2} \times v_1 \times t_1$$

と計算できる。

問題文より，時刻 $t_1 = 4$ [s]，進んだ距離が50mであるから，速度 v_1 [m／s] は，

$$50 = \frac{1}{2} \times v_1 \times 4$$

$$v_1 = 25 [m／s]$$

となる。これより，

$$25 = a \times 4$$

$$a = 6.25 [m／s^2]$$

となる。

よって，正解は肢3である。

正答 **3**

第1章 SECTION 1 物理 力と運動

実践 問題 9 基本レベル

頻出度	地上★★★	国家一般職★★★	東京都★★★	特別区★★★
	裁判所職員★★★	国税・財務・労基★★★	国家総合職★★★	

問 図は，ラジコンカーを東西方向の直線上で走らせたときの様子を縦軸に速度，横軸に時間をとって調べたものである。以下の記述において，A〜Cに入る数字の組合せとして正しいのはどれか。　　　（国立大学法人2007）

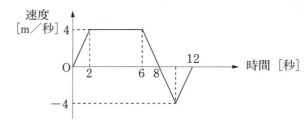

　はじめ，ラジコンカーを東の方向に走らせて，　A　秒後に西へ走らせた。このとき，ラジコンカーは東の方向に　B　mだけ走った。また，ラジコンカーは最終的にスタートの位置から　C　mの位置にいる。

	A	B	C
1 :	6	20	12
2 :	6	20	16
3 :	8	24	12
4 :	8	24	16
5 :	8	32	24

OUTPUT

実践 問題 **9** **の解説**

チェック欄		
1回目	2回目	3回目

第1章

物理

〈等加速度運動〉

　記述より，$v-t$ グラフの速度は正の範囲が東向き，負の範囲が西向きであることがわかる。すると，$v-t$ グラフより，ラジコンカーは 0〜8 秒の間，東に走っていることがわかる。

　したがって，ラジコンカーを西へ走らせたのは <u>8 秒後</u>（A）である。

　次に，東の方向に走った距離は，$v-t$ グラフの 0〜8 秒間の面積を求めればよい。図形は台形であるため，その面積は，

$$(8+4) \times 4 \times \frac{1}{2} = 24$$

となるため，移動距離は <u>24</u>［m］（B）となる。

　そして，ラジコンカーの最終的な位置は，

　　東に走った距離 − 西に走った距離

で求まる。西に走った距離は，$v-t$ グラフの 8〜12秒間の面積を求めればよいから，

$$(12-8) \times 4 \times \frac{1}{2} = 8$$

となるため，最終的な位置は，24 − 8 = <u>16</u>［m］（C）となる。

　よって，正解は肢 4 である。

正答 4

2022-2023年合格目標 公務員試験 本気で合格！過去問解きまくり！
⑦自然科学Ⅰ

SECTION 1 物理 力と運動

実践 問題 10 基本レベル

頻出度 地上★★★ 国家一般職★★★ 東京都★★★ 特別区★★★
裁判所職員★★★ 国税・財務・労基★★★ 国家総合職★★★

問 地上の点Oから小球Aを初速度25m／sで真上に発射すると同時に，地上から高さhmの位置にある点Pから小球Bを自由落下させたところ，小球Aが上昇中に地上から高さ30mの地点で小球Bに衝突した。このときhはいくらか。ただし，重力の加速度を10m／s^{2}とする。 （国税・労基1996）

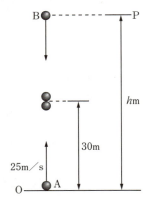

1：40m
2：50m
3：60m
4：70m
5：80m

OUTPUT

実践 問題 **10** **の解説**

〈等加速度運動〉

衝突するまでの時間を t [秒]として小球Aが30m上がることから t を求める。

初速度 v_0 [m/s]，t [秒]後の小球の高さを y [m]，重力加速度を g [m/s²]

とすると，**鉛直投げ上げ運動**であるため，公式 $y = v_0 t - \dfrac{1}{2}gt^2$ に代入して，

$$30 = 25t - \frac{1}{2} \times 10 \times t^2$$

$$t^2 - 5t + 6 = 0$$

$$(t-2)(t-3) = 0$$

$$t = 2,\ 3$$

となる。このうち，t が2秒のときは小球Aが上に上がっていくときで，t が3秒のときは小球Aがいったん最高点に達したあと落ちてきて30mの高さにくるときである。したがって，t が2秒のときが妥当である。

2秒間に小球Bが落ちる距離を計算すると，**自由落下の距離と時間の関係** $y = \dfrac{1}{2}gt^2$

から，

$$\frac{1}{2} \times 10 \times 2^2 = 20$$

となり，20m落ちたところで小球Aと小球Bがぶつかる。これより，高さ h は，

$$h = 20 + 30 = 50\,[\text{m}]$$

である。

よって，正解は肢2である。

正答 **2**

第1章 物理 SECTION 1 力と運動

実践 問題 11 基本レベル

頻出度	地上★★★	国家一般職★★★	東京都★★★	特別区★★★
	裁判所職員★★	国税・財務・労基★★★	国家総合職★★★	

問 水平状平面のある点に小球を置き、図のように斜めに初速度25m／s（水平方向15m／s, 鉛直方向20m／s）で打ち上げた。
このときの小球の動きについて述べた次の記述の空欄ア〜ウに入る数の組合せとして妥当なのを選べ。ただし、重力加速度は10m／s²であり、空気抵抗はないものとする。

(地上2016)

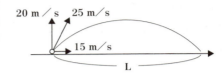

小球の運動を鉛直方向と水平方向に分けて考える。
鉛直方向：初速度20m／sで重力加速度を受けることから、−10m／s²の等加速度運動をしている。
水平方向：初速度15m／sで重力の影響を受けないことから等速直線運動をしている。

　初速度25m／sで打ち上げられた小球は図のような放物線を描く。小球は鉛直方向に等加速度運動を行うことから、鉛直方向の速度が｜ ア ｜m／sのとき最高高度に達し、そこまでにかかる時間は｜ イ ｜秒である。小球が最高点から地表に落ちるまでの時間は最高点に達するまでの時間と同じであるため、球が打ち上げられてから着地するまでの秒数が求められる。このとき、小球が打ち上げられてから着地するまでの距離Lは｜ ウ ｜mになる。

	ア	イ	ウ
1：	0	2	30
2：	0	2	60
3：	0	4	60
4：	−20	2	30
5：	−20	4	60

OUTPUT

チェック欄		
1回目	2回目	3回目

実践 問題 **11** **の解説**

第1章 物理

〈斜方投射〉

　小球には常に$-10\mathrm{m/s^2}$の重力加速度がかかっているため，打ち上げられた小球の鉛直方向上向きの速度は初速度から徐々に減少していく。小球が上昇するにしたがい，鉛直方向上向きの速度は減少し，最高高度に達したときに$0\,\mathrm{m/s}$になる。その後，小球は落下していくが，そのときは鉛直方向の速度は鉛直上向きを正としているためマイナスの値になる。

　一定方向に常に一定の加速度がかかっている物体の速度を$v\,[\mathrm{m/s}]$，加速度を$a\,[\mathrm{m/s^2}]$，初速度を$v_0\,[\mathrm{m/s}]$としたとき，時刻$t\,[\mathrm{s}]$における物体の速度は次の式で表される。

$$v = v_0 + at \quad \cdots\cdots ①$$

　小球が最高高度に達したときの鉛直方向の速度は$0\,\mathrm{m/s}$であるため，①の式に$v = 0$，v_0に鉛直方向の上向きの初速度である$20\mathrm{m/s}$，aに重力加速度の$-10\mathrm{m/s^2}$をそれぞれ代入すると，

$$0 = 20 - 10\,t$$
$$t = 2\,[\mathrm{s}]$$

となり，最高高度に達するのは打ち上げてから2秒後であることがわかる。

　問題文より，**打ち上げてから最高高度に達するまでと，最高高度から地表に着地するまでにかかる時間が同じである**ことから，打ち上げてから着地するまでにかかる時間は4秒となる。

　水平方向には常に$15\mathrm{m/s}$の速度で運動しているため，打ち上げてから着地するまでの距離$L\,[\mathrm{m}]$は，

$$L = 15 \times 4 = 60\,[\mathrm{m}]$$

となる。

　したがって，文中の空欄に入る数はそれぞれ，ア：0，イ：2，ウ：60となる。

　よって，正解は肢2である。

【コメント】

　等加速度運動をしている物体のt秒後の変位xは次の式で表される。

$$x = v_0\,t + \frac{1}{2}at^2$$

$v_0 = 20\,[\mathrm{m/s}]$，$a = -10\,[\mathrm{m/s^2}]$を代入すると，

$$x = 20\,t - 5\,t^2 = -5\,(t - 2)^2 + 20$$

LEC東京リーガルマインド　2022-2023年合格目標 公務員試験 本気で合格！過去問解きまくり！
⑦自然科学Ⅰ

SECTION 1 物理 力と運動

となり，2秒後に最高高度20mとなることがわかる。

また，最高高度は，打ち上げからの時刻 t [s] を横軸，鉛直方向上向きの速度 v [m/s] を縦軸にとったとき，右図の色つき部分の面積でも求めることができ，

$$\frac{1}{2} \times v_0 \times t = \frac{1}{2} \times 20 \times 2 = 20 \,[\mathrm{m}]$$

となる。

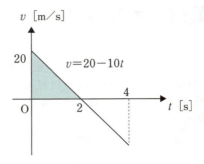

正答 2

memo

第1章

物理

SECTION 1 物理 力と運動

実践 問題 12 基本レベル

頻出度 地上★★★ 国家一般職★★★ 東京都★★★ 特別区★★★
裁判所職員★★ 国税・財務・労基★★★ 国家総合職★★★

問 質量10kgの台車が滑らかな水平面上に静止している。この台車に，水平方向に20Nの力を4.0秒間加えたときの速さはいくらか。
ただし，空気抵抗は無視できるものとする。　　　　　　　　（国Ⅱ2011）

1 : 0.12m／s
2 : 2.0m／s
3 : 4.0m／s
4 : 8.0m／s
5 : 16m／s

OUTPUT

実践 問題 **12** **の解説**

チェック欄
1回目	2回目	3回目

第1章

物理

〈運動方程式〉

台車の加速度を $a\,[\mathrm{m/s^2}]$ とすると，**運動方程式 $F = ma$**（m は質量）より，

$$a = \frac{F}{m}$$

$$= \frac{20}{10}$$

$$= 2.0\,[\mathrm{m/s^2}]$$

となる。

次に，4.0秒後の台車の速さを $v\,[\mathrm{m/s}]$ とすると，**等加速度運動の公式 $v = v_0 + at$**（v_0 は初速度）より，

$$v = 0 + 2.0 \times 4.0$$

$$= 8.0\,[\mathrm{m/s}]$$

となる。

よって，正解は肢 4 である。

正答 **4**

LEC東京リーガルマインド　2022-2023年合格目標 公務員試験 本気で合格！過去問解きまくり！　37
⑦自然科学Ⅰ

SECTION 1 物理 力と運動

実践 問題 13 〈基本レベル〉

頻出度 地上★★★ 国家一般職★★★ 東京都★★★ 特別区★★★
　　　 裁判所職員★★ 国税・財務・労基★★★ 国家総合職★★★

[問] 滑らかで水平な床の上に図のように静止している質量5kgの物体を10Nの力で右向きに水平に引き，同時に6Nで左向きに水平に引いたところ，物体は等加速度直線運動をした。動き出してから10秒間に物体が移動する距離はいくらか。

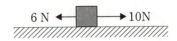

(国Ⅱ2005)

1 : 10m
2 : 20m
3 : 30m
4 : 40m
5 : 50m

OUTPUT

チェック欄		
1回目	2回目	3回目

実践 ▶ 問題 **13** ▶ の解説 ────────────────

第1章

物理

〈運動方程式〉

問題の図の右向きを正にとり，物体の加速度を a [m／s^2] として運動方程式を立てると，

$5 \times a = 10 - 6$

$a = 0.8$ [m／s^2]

物体は初め静止していたから，初速度は0であるため，10秒後の移動距離 L [m] は，

$L = \dfrac{1}{2} \times a \times 10^2 = \dfrac{1}{2} \times 0.8 \times 10^2 = 40$ [m]

よって，正解は肢4である。

正答 **4**

第1章 物理 SECTION 1 力と運動

実践 問題 14 基本レベル

問 下の図のように，水平な床の上に質量 M の直方体の台があり，その上に質量 m の小物体がのっている。台を力 F で水平に引っ張ったところ台は動きだして，小物体は台上を滑りだしたとき，台の加速度の大きさとして，妥当なのはどれか。ただし，台と小物体の間に摩擦はなく，台と床の間の動摩擦係数を μ，重力加速度の大きさを g とする。　　　　　（東京都Ⅰ類A 2020）

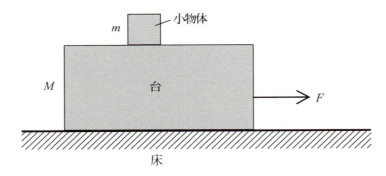

1 ： $\dfrac{F + \mu Mg}{M}$

2 ： $\dfrac{F - \mu Mg}{M}$

3 ： $\dfrac{F + \mu(M + m)g}{M + m}$

4 ： $\dfrac{F - \mu(M + m)g}{M + m}$

5 ： $\dfrac{F - \mu(M + m)g}{M}$

実践 問題14 の解説

〈摩擦〉

図の右方向をベクトルの正の向きとする。

台と小物体の間に摩擦はないため、摩擦力ははたらかない。一方、台と床の間には摩擦があるため、台が床の上を動くとき、動摩擦力がはたらく。

台にはたらく力は、下図のとおりである。N は垂直抗力である。

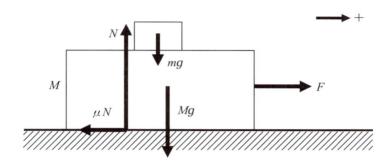

鉛直方向について、力のつりあいの式を立てると、
　$N = Mg + mg$ ……①
水平方向について、台の加速度を a とすると、その運動方程式は、
　$Ma = F - \mu N$ ……②
①を②に代入して a について解くと、
　$Ma = F - \mu(Mg + mg)$
　$a = \dfrac{F - \mu(M + m)g}{M}$

となる。

よって、正解は肢5である。

正答 5

第1章 SECTION 1 物理 力と運動

実践 問題 15 基本レベル

頻出度 地上★★ 国家一般職★★ 東京都★★ 特別区★★
裁判所職員★★ 国税・財務・労基★★ 国家総合職★★

[問] 落体の運動に関する次のA～Eの記述のうち，妥当なもののみを全て挙げているものはどれか。 （裁判所職員2020）

A：物体が重力だけを受け，初速度0で鉛直に落下する自由落下は，加速度が一定な等加速度直線運動であるが，物体を投げ下ろしたときの運動は加速度が変化する。
B：物体が自由落下するときの加速度のことを重力加速度といい，物体の質量が大きいほど大きくなる。
C：物体を水平方向や斜め方向に投げ出したときの物体の運動を放物運動といい，物体は，水平方向には等速度運動，垂直方向には等加速度直線運動をしている。
D：物体の質量が同じでも，形状によって受ける空気の抵抗が異なると落下の様子も異なるが，真空中では物体の質量や形状に関係なく同じように落下する。
E：物体をまっすぐ上に投げ上げたとき，その物体の加速度は，上昇中と下降中で向きや大きさが変化する。

1：A，B
2：A，C
3：B，E
4：C，D
5：D，E

OUTPUT

実践 ▶ 問題 **15** ▶ の解説

チェック欄
1回目	2回目	3回目

第1章 物理

〈落体の運動〉

A × 重力加速度は，地球の万有引力および地球の自転運動により発生する遠心力で決定される。その値は，物体の運動の様子に依存しない。

B × 肢Aで述べたとおり，重力加速度は物体の質量に依存しない。

C ○ 記述のとおりである。物体を放り投げたとき，その物体は放物運動をする。このとき，物体には水平方向に力がはたらかないため，等速度運動をする。一方，垂直方向には重力がはたらくため，重力加速度による等加速度直線運動を行う。

D ○ 記述のとおりである。空気中においては，物質の形状に応じて異なる大きさの空気抵抗がはたらくため，落下時の加速度に差が生じる。一方，真空中のように空気抵抗がはたらかない状況においては，重力のみが物体に作用する。したがって，物体は向き，大きさともに一定の重力加速度で落下運動を行う。重力加速度は万物に共通の値であるため，その落下の様子は同じである。

E × 空気中では，運動の方向や速度の大きさ，物体の形状に依存した抵抗力が作用するため，物体の加速度は運動の途中で変化が生じる。しかし，たとえば真空中においては，投げ上げられた物体は重力加速度により一定の方向および加速度で運動を行う。したがって，選択肢の内容は必ずしも正しいとはいえない。

　以上より，妥当なものはC，Dとなる。

　よって，正解は肢4である。

正答 4

SECTION 1 物理 力と運動

実践 問題 16 基本レベル

問 図のように，質量 m 又は $2m$ の小球を長さ l 又は $2l$ の軽いひもでつるした単振り子 A〜E がある。単振り子 A，B，C を地球上で，D，E を月面で鉛直面内で微小振動させるとき，それぞれの振動の周期 T_A〜T_E の大小関係として最も妥当なのはどれか。

ただし，空気抵抗は考えないものとし，また，月面での重力加速度の大きさは地球上の $\frac{1}{6}$ とする。

（国税・財務・労基2019）

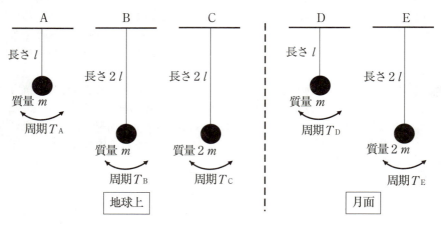

1： $T_A < T_B < T_C < T_D < T_E$
2： $T_A < T_B = T_C < T_D < T_E$
3： $T_A = T_D < T_B = T_C = T_E$
4： $T_E < T_D < T_B = T_C < T_A$
5： $T_E < T_D < T_C < T_B < T_A$

OUTPUT

チェック欄		
1回目	2回目	3回目

実践 問題 **16** の解説

〈単振り子〉

糸に小球をつるして，鉛直面内で左右に振動させたものを**単振り子**という。微小振動させたときの単振り子の周期 T は，ひもの長さ L と重力加速度の大きさ g を用いた近似式として，

$$T = 2\pi\sqrt{\frac{L}{g}}$$

と表すことができる。単振り子の周期は，微小振動であれば振幅や小球の質量に無関係という等時性とよばれる性質をもつ。これより，上の式からA〜Eの周期の大小関係を検討する。

まず，単振り子AとBについて，Bのひもの長さがAの2倍であるため，AとBの周期は，

$$T_A = 2\pi\sqrt{\frac{\ell}{g}}$$

$$T_B = 2\pi\sqrt{\frac{2\ell}{g}} = \sqrt{2}\,T_A$$

となり，Bの周期はAの $\sqrt{2}$ 倍とわかる。

次に，単振り子BとCを比べると，異なるのは単振り子の小球の質量のみであるから，2つの周期は等しく $T_B = T_C$ となる。

次に，単振り子Dは月面で重力加速度の大きさが地球の $\frac{1}{6}$ 倍であるため，Dの周期は，

$$T_D = 2\pi\sqrt{\frac{\ell}{\frac{g}{6}}} = 2\pi\sqrt{\frac{6\ell}{g}} = \sqrt{6}\,T_A$$

となり，Aの $\sqrt{6}$ 倍とわかる。

最後に，月面での単振り子Eの周期は，

$$T_E = 2\pi\sqrt{\frac{2\ell}{\frac{g}{6}}} = 2\pi\sqrt{\frac{12\ell}{g}} = 2\sqrt{3}\,T_A$$

となり，Aの $2\sqrt{3}$ 倍とわかる。

したがって，A〜Eの単振り子の周期を小さいほうから並べると，

$$T_A < T_B = T_C < T_D < T_E$$

となる。

よって，正解は肢2である。

正答 **2**

LEC東京リーガルマインド 2022-2023年合格目標 公務員試験 本気で合格！過去問解きまくり！ 45
⑦自然科学Ⅰ

第1章 SECTION 1 物理
力と運動

実践 問題 17 基本レベル

頻出度: 地上★★ 国家一般職★★ 東京都★★ 特別区★★
裁判所職員★★ 国税・財務・労基★★ 国家総合職★★

問 次の図のように，天井からつるした長さ $2l$ の糸の端に，質量 $2m$ [kg] のおもりをつけた円すい振り子が，水平面内で等速円運動をしているとき，おもりの円運動の周期として，妥当なのはどれか。ただし，糸と鉛直線のなす角を θ [rad]，重力加速度を g [m/s²] とし，糸の質量及び空気の抵抗は考えないものとする。

(特別区2013)

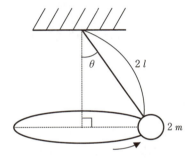

1 ： $2\pi\sqrt{\dfrac{l\cos\theta}{g}}$ [s]

2 ： $2\pi\sqrt{\dfrac{2l\tan\theta}{g}}$ [s]

3 ： $2\pi\sqrt{\dfrac{l\sin\theta}{g}}$ [s]

4 ： $2\pi\sqrt{\dfrac{2l\cos\theta}{g}}$ [s]

5 ： $2\pi\sqrt{\dfrac{2l\sin\theta}{g}}$ [s]

実践 問題 17 の解説

〈円すい振り子〉

おもりが円運動している水平面から天井までの高さを h とする。

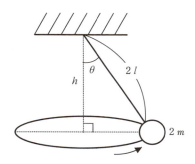

すると，円すい振り子の周期 T は，次の式で表される。

$$T = 2\pi\sqrt{\frac{h}{g}}$$

ここで，$h = 2l\cos\theta$ であるから，

$$T = 2\pi\sqrt{\frac{h}{g}}$$
$$= 2\pi\sqrt{\frac{2l\cos\theta}{g}}\ [\text{s}]$$

となる。

よって，正解は肢 4 である。

正答 4

SECTION 1 物理 力と運動

実践 問題 18 基本レベル

頻出度 地上★ 国家一般職★★★ 東京都★ 特別区★
　　　 裁判所職員★★★ 国税・財務・労基★★★ 国家総合職★★★

問 力に関する次のA～Dの記述のうち, 妥当なもののみを全て挙げているものはどれか。 （裁判所職員2021）

A：おもりを吊るされたばねがもとに戻ろうとする力を弾性力といい, その大きさは伸びの長さの2乗に比例する。
B：あらい水平面上に置かれた物体を面に平行な力で引くとき, その力を大きくしていくと物体はやがて動き出すが, 動き出す直前の静止摩擦力より, 動き出した後の動摩擦力の方が大きい。
C：自動車運転中に急ブレーキをかけると, 運転者は体がハンドル側に押し付けられそうに感じるが, これは慣性の法則が関係している。
D：スケートリンク上で人を押すと自分も動いてしまうが, これは2人の間に作用・反作用の法則が働いたためである。

1：A, B
2：A, C
3：A, D
4：B, C
5：C, D

OUTPUT

	チェック欄		
	1回目	2回目	3回目

実践 問題 **18** **の解説** ────────────

第1章 物理

〈力〉

A ✕ 前半の記述は正しいが，弾性力の大きさはばねの伸びの長さの1乗に比例する。これを**フックの法則**といい，弾性力の大きさを F [N]，ばねの伸び（縮み）を x [m] とすると，

$F = kx$

と表され，比例定数 k をばね定数といい，単位は [N/m] である。

B ✕ 動き出す直前の静止摩擦力より，動き出したあとの動摩擦力のほうが小さい。静止摩擦力は，引く力を大きくしていくと大きくなっていき，物体が動き出す直前で最大となる。これを**最大静止摩擦力**という。動き出したあとの動摩擦力は一定であり，最大静止摩擦力より小さい。

C ◯ 記述のとおりである。**慣性の法則**（運動の第1法則）によると，物体に力がはたらかない限り，運動している物体は等速直線運動を続ける。この法則に従い，動いている物体が急に止まるとき，その中の物体は元の運動を続けるようとするため前に動く。記述の内容は，これを意味する。

D ◯ 記述のとおりである。**作用・反作用の法則**（運動の第3法則）により，一方が他方に力を加えると，その力と逆向きで大きさが等しい力が相手から加えられる。このように，力は1つの物体に一方的にはたらくことはなく，常に2つの物体の間で及ぼし合う。このとき，2つの力のうちの一方を作用，もう一方を反作用という。

以上より，妥当なものはC，Dとなる。

よって，正解は肢5である。

正答 5

LEC 東京リーガルマインド 　2022-2023年合格目標 公務員試験 本気で合格！過去問解きまくり！ 　49
⑦自然科学Ⅰ

SECTION 1 物理 力と運動

実践 問題 19 基本レベル

問 物体と運動に関するA～Dの記述のうち，妥当なもののみをすべて挙げているのはどれか。 (国Ⅰ 2009)

A：一般に，物体に働いている力がつり合っているときには，物体は静止したままであり，物体が一定の力を受け続ける場合には，物体は等速度運動を続ける。これを慣性の法則という。カーリングのストーンを滑らせたとき，氷面を磨き，摩擦を少なくすれば，さらに遠くまで動き続ける現象は，慣性の法則により説明することができる。

B：ボート2艘にそれぞれ1人ずつが乗り，一方が他方のボートを押すと，押されたボートと押した人のボートは互いに逆向きに動き出す。このように，ある物体Aが他の物体Bに力を加えるときには，互いに垂直抗力を及ぼし，全体で力のモーメントの和が0になっているとみることができる。

C：地球が物体を引く力を重力という。地球上にある物体にはすべて重力が働いており，一般に同じ物体に働く重力の大きさは高度が高いところほど，また低緯度地方ほど小さいことが分かっている。月の表面では，月が物体を引く力が働き，これを月の重力という。月面上での月の重力は地球上の重力の約6分の1である。

D：鉛直につり下げたばねにおもりをつるすと，おもりには重力とばねからの力が働くが，このばねの力をばねの弾性力という。弾性力の大きさとばねの伸びの関係を調べると，ばねの変形が少ないうちは，ばねの弾性力は自然の長さからの伸びに比例することが分かっており，これをフックの法則という。

1：A，B
2：A，C
3：B，C
4：B，D
5：C，D

OUTPUT

実践 問題 **19** **の解説**

チェック欄		
1回目	2回目	3回目

〈物理法則〉

A × **慣性の法則**は,「物体に外部から力がはたらかないとき,または,いくつか
の力がはたらいても,それらの力がつりあっているとき,物体はいつまで
も静止またはその運動の状態を持続する」ということである。物体が一定
の力を受け続けるとき,その力がつりあっていなければ,慣性の法則は成
り立たず,物体は等加速度運動をする。

B × **作用・反作用の法則**とは,「物体Aから物体Bに力をはたらかせると,物体
Bから物体Aに,同じ作用線上で,大きさが等しく,向きが反対の力がは
たらく」ということである。互いに垂直抗力を及ぼし,力のモーメントの
和が0になることではない。

C ○ 記述のとおりである。地球とその付近に存在する物体との間には**万有引力**
がはたらいている。ここでいう万有引力は,地球各部が物体に及ぼす万有
引力の合力であるが,これは地球の全質量が地球の中心にあると仮定した
場合と等しくなる。そして,万有引力と地球の自転による遠心力との合力
が,地球の重力となる(計算するときは,万有引力から遠心力を引く)。万
有引力は,地球と物体との間の距離の2乗に反比例する。また,遠心力は
半径に比例する。したがって,物体にはたらく重力の大きさは高度が高い
ほど,また,低緯度地方ほど小さくなる。さらに,月の全質量は地球のそ
れの約6分の1であるから,月の重力は地球の約6分の1となる。

D ○ 記述のとおりである。**フックの法則**において,弾性力の大きさと比例する
のは,ばねの自然の長さからの伸びである。なお,鉛直につり下げたばね
におもりをつるす場合は,ばねとおもりのつりあいの位置からの伸びに比
例するのではないため,注意しなければならない。

以上より,妥当なものはC,Dとなる。

よって,正解は肢5である。

正答 **5**

第1章 SECTION 1 物理
力と運動

実践 問題 20 応用レベル

問 図のように、密度 ρ [kg／m³]、底面積 S [m²]、高さ h [m] の円柱が取り付けられた同じ軽いばねが二つ天井に取り付けられている。一方を液体に $\frac{3}{4}h$ [m] だけ浸したところ、どちらのばねも静止し、液体に浸した方のばねの伸びは、もう一方のばねの伸びの $\frac{1}{2}$ 倍であった。このとき、この液体の密度として最も妥当なのはどれか。
ただし、重力加速度の大きさは一定である。 （国家一般職2014）

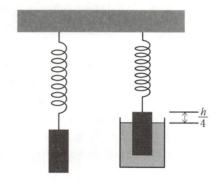

1 ： $\frac{3}{8}\rho$ [kg／m³]

2 ： $\frac{2}{3}\rho$ [kg／m³]

3 ： $\frac{3}{4}\rho$ [kg／m³]

4 ： $\frac{4}{3}\rho$ [kg／m³]

5 ： $\frac{3}{2}\rho$ [kg／m³]

実践 問題 20 の解説

〈力のつりあい〉

重力加速度の大きさを g [m/s²] とする。

まず、円柱の質量 m [kg] を求める。円柱の底面積 S [m²]、高さ h [m] であるから、その体積は Sh [m³] である。そして、密度 ρ [kg/m³] であるから、

$m = \rho Sh$ ……①

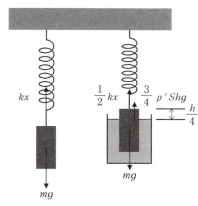

次に、図の左側のばねと円柱のつりあいについて考える。ばね定数を k [N/m]、ばねの伸びを x [m] とすると、図のように、ばねが円柱を上に引っ張る力と、円柱にはたらく重力とが、つりあっているから、

$kx = mg$ ……②

そして、図の右側のばねと円柱のつりあいについて考える。この場合には液体による浮力が円柱にはたらく。液体に沈んでいる円柱の高さは $\frac{3}{4}h$ [m] であるから、沈んでいる体積は $\frac{3}{4}Sh$ [m³] である。これより、液体の密度を ρ' [kg/m³] とすると、円柱にはたらく浮力は $\rho' \times \frac{3}{4}Sh \times g = \frac{3}{4}\rho' Shg$ となる。このときのばねの伸びは $\frac{1}{2}x$ [m] であるから、つりあいの式は次のようになる。

$\frac{1}{2}kx + \frac{3}{4}\rho' Shg = mg$ ……③

③に、②を代入すると、

$\frac{1}{2}mg + \frac{3}{4}\rho' Shg = mg \Leftrightarrow \frac{3}{4}\rho' Shg = \frac{1}{2}mg$

$\rho' = \frac{2}{3}\frac{m}{Sh}$

上式に①を代入すると、

$\rho' = \frac{2}{3}\frac{\rho Sh}{Sh} = \frac{2}{3}\rho$

よって、正解は肢2である。

正答 2

第1章 ①物理 力と運動

実践 問題 21 応用レベル

頻出度	地上★★★	国家一般職★★★	東京都★★★	特別区★★★
	裁判所職員★★	国税・財務・労基★★★	国家総合職★★★	

問 下図のように，定滑車，動滑車，ワイヤーを用いて物体A，Bを天井からつるしたところ，つり合って静止した。物体Aの質量が15kgであるとき，物体Bの質量として，正しいのはどれか。ただし，ワイヤーは伸び縮みせず，定滑車，動滑車，ワイヤーのそれぞれの質量及び摩擦は無視する。　　（東京都2012）

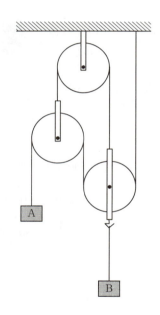

1：15kg
2：30kg
3：45kg
4：60kg
5：75kg

OUTPUT

実践 問題 21 の解説

〈力のつりあい〉

　滑車の問題では，1本の糸にはたらく力の大きさはすべて等しいことに注意して考えていく。

　本問では，物体Aに直接つながっているワイヤー（ワイヤー1とする，破線で表す）と，2つの動滑車をつないでいるワイヤー（ワイヤー2とする，実線で表す），滑車から物体Bをつるしているワイヤー（ワイヤー3とする，点線で表す）の3本がある。

　まず，ワイヤー1にはたらく力を考える。図1の左端において，ワイヤー1だけで物体Aをつるしているから，重力加速度をgとすると，$15g$［N］の力がワイヤー1にはたらいている。したがって，ワイヤー1にはたらいている力はすべて$15g$［N］となるから，これを図1に書き込む。

　次に，物体Aがぶら下がっている滑車に着目すると図2のようになる。ワイヤー1の2本がそれぞれ$15g$［N］ずつで下に引っ張る力と，ワイヤー2の1本が上に引っ張る力がつりあっているため，ワイヤー2にはたらいている力はすべて$30g$［N］となるから，これを図1に書き込む。

　そして，物体Bをつるしている滑車に着目すると図3のようになる。ワイヤー1の2本がそれぞれ$15g$［N］ずつで上に引っ張る力とワイヤー2の1本が$30g$［N］で上に引っ張る力の合計と，ワイヤー3の1本が下に引っ張る力がつりあっているため，ワイヤー3にはたらいている力は$15g×2+30g×1=60g$［N］となるから，これを図に書き込む。

　すると，滑車がワイヤー3を上に引っ張る力と物体Bがワイヤー3を下に引っ張る力はともに$60g$［N］であるから，物体Bの質量は$60g÷g=60$［kg］となる。

　よって，正解は肢4である。

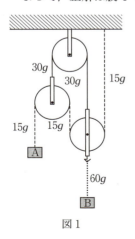
図1

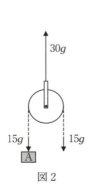
図2

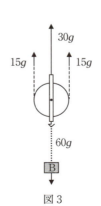
図3

正答 4

第1章 ① 物理 力と運動

実践 問題 22 応用レベル

問 次の図のように、質量10kg、長さ1mの一様な棒の一端を、ひもで水平な天井からつるし、この棒を水平方向に力 F で引き、ひもが鉛直と30°の角をなす状態で静止させた。棒が鉛直となす角を θ としたとき、$\tan\theta$ はどれか。ただし、重力加速度は9.8m／s^{2}とし、ひもの自重は考えないものとする。

（特別区2011）

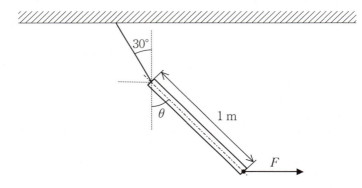

1 ： $\dfrac{1}{\sqrt{3}}$

2 ： $\dfrac{\sqrt{3}}{2}$

3 ： 1

4 ： $\dfrac{2}{\sqrt{3}}$

5 ： $\sqrt{3}$

実践 問題 22 の解説

〈剛体・モーメント〉

剛体(力が加わっても変形しない理想的な物体)に，はたらく力のつりあいの条件は，次の2つが成り立つことである。
(1) 剛体にはたらくすべての力の合力は0である。
(2) 任意の点のまわりの力のモーメントの和は0である。

まず，棒の質量を m，糸の張力を T，重力加速度を g として，物体系にはたらく力を書き込むと下図のようになる。ただし，一様な棒にはたらく重力は棒の重心（棒の中点）にすべての力が集中すると考える。

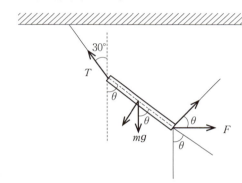

ここで，剛体にはたらく力のつりあいの条件の(1)より，
$T\cos30° = mg$ ……①
$T\sin30° = F$ ……②

同様に，剛体にはたらく力のつりあい条件の(2)を求める。棒が天井からつるされているひもとつながっている点まわりについて，剛体にはたらく力のモーメントを考えるとき，力の向きが剛体に垂直であることを考慮すると，
$0.5 \times mg\sin\theta = 1 \times F\cos\theta$ ……③

となる。①，②を③に代入すると，
$0.5 \times T\cos30° \sin\theta = 1 \times T\sin30° \cos\theta$
$\tan\theta = \dfrac{\sin\theta}{\cos\theta} = \dfrac{1 \times \sin30°}{0.5 \times \cos30°} = \dfrac{2}{\sqrt{3}}$

となる。

よって，正解は肢4である。

正答 4

第1章 物理 ① 力と運動

実践 問題 23 応用レベル

問 次の図のように、地上から小球を、水平方向と角度θをなす向きに初速度 v_0 [m/s] で打ち上げたとき、小球の落下点までの水平到達距離 l [m] はどれか。
ただし、重力加速度を g [m/s²] とし、空気の抵抗は考えないものとする。

(特別区2015)

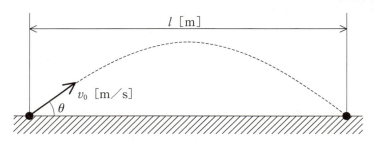

1 : $\dfrac{v_0^2 \sin\theta \cos\theta}{g}$ [m]

2 : $\dfrac{v_0^2 \sin 2\theta}{g}$ [m]

3 : $\dfrac{v_0^2 \sin^2\theta}{g}$ [m]

4 : $\dfrac{2v_0 \sin\theta \cos\theta}{g}$ [m]

5 : $\dfrac{2v_0 \sin 2\theta}{g}$ [m]

OUTPUT

チェック欄		
1回目	2回目	3回目

実践 問題 **23** の解説 ―――――――――――――――

第1章 物理

〈斜方投射〉

　小球の水平方向の速度を v_x [m/s]，鉛直方向の速度を v_y [m/s] とすると，t 秒後の各速度は，

　　$v_x = v_0 \cos\theta$ [m/s]，　$v_y = v_0 \sin\theta - gt$ [m/s]

と表すことができる。

　最高点に達したとき，鉛直方向の速さの成分が 0 となるため，小球が最高点に達するまでの時間を t_1 [s] とすれば，

　　$v_0 \sin\theta - gt_1 = 0$

　　　　$t_1 = \dfrac{v_0 \sin\theta}{g}$ [s]

となる。また，**小球が落下点に達するまでの時間を t_2 とすると**，$t_2 = 2t_1$ より，求める水平到達距離は，

$$v_0 \cos\theta \cdot t_2 = v_0 \cos\theta \cdot 2 \cdot \frac{v_0 \sin\theta}{g}$$

$$= \frac{2 v_0{}^2 \sin\theta \cos\theta}{g}$$

$$= \frac{v_0{}^2 \sin 2\theta}{g} \text{[m]}$$

である。

　よって，正解は肢 2 である。

【コメント】

　最後の式変形は，2 倍角の公式「$2\sin\theta\cos\theta = \sin 2\theta$」を利用している。

正答 2

LEC東京リーガルマインド　2022-2023年合格目標 公務員試験 本気で合格！過去問解きまくり！ 59
⑦自然科学Ⅰ

SECTION 1 物理 力と運動

実践 問題 24 応用レベル

問 図Ⅰのように崖の端から水平方向に l ，高さ方向に h 離れた空中に小球Ａがある。小球Ａを自由落下させると同時に，小球Ｂを崖の端から初速 v_0（＞０）で発射して，空中で小球Ｂを小球Ａに衝突させることを考える。小球Ｂを発射する条件の説明として最も妥当なのはどれか。

ただし，崖は十分に高いとし，空気抵抗は無視する。また，重力加速度は一定とする。 　　　　　　　　　　　　　　　　　　　　　（国税・労基2007）

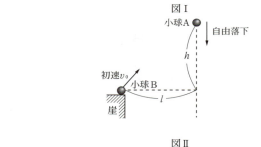

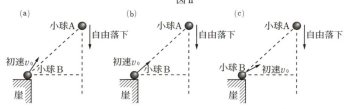

1 ：図Ⅱ(a)のように小球Ａよりも上のある点に向けて発射する必要があり，v_0 も l と h によって決まるある値にしなくてはならない。
2 ：図Ⅱ(a)のように小球Ａよりも上のある点に向けて発射すれば，どのような v_0 でも衝突させることができる。
3 ：図Ⅱ(b)のように小球Ａに向けて発射する必要があり，v_0 も l と h によって決まるある値にしなくてはならない。
4 ：図Ⅱ(b)のように小球Ａに向けて発射すれば，どのような v_0 でも衝突させることができる。
5 ：図Ⅱ(c)のように小球Ａよりも下のある点に向けて発射する必要があり，v_0 も l と h によって決まるある値にしなくてはならない。

OUTPUT

実践 問題 **24** の解説

〈等加速度運動〉

小球Bを発射させるときの仰角を θ とする。時刻 $t = 0$ に発射したとすると，初速の水平成分は $v_0\cos\theta$ であるから，小球Aの衝突する時刻 T は，

$$T = \frac{l}{v_0\cos\theta}$$

と表せる。このときの小球Bの高さ y_B を考えると，初速の鉛直成分が $v_0\sin\theta$ であるから，

$$y_B = T \cdot v_0\sin\theta - \frac{1}{2}gT^2$$

$$= \frac{v_0\sin\theta}{v_0\cos\theta} \cdot l - \frac{1}{2}g \cdot \frac{l^2}{v_0^2\cos^2\theta}$$

$$= l\tan\theta - \frac{gl^2}{2v_0^2\cos^2\theta}$$

と表せる。

一方，時刻 T における小球Aの高さ y_A は，

$$y_A = h - \frac{1}{2}gT^2$$

$$= h - \frac{gl^2}{2v_0^2\cos^2\theta}$$

と表せる。

小球Aと小球Bが衝突するのは，$y_A = y_B$ であるときであるから，

$$y_A = y_B$$

$$h - \frac{gl^2}{2v_0^2\cos^2\theta} = l\tan\theta - \frac{gl^2}{2v_0^2\cos^2\theta}$$

$$h = l\tan\theta$$

$$\tan\theta = \frac{h}{l}$$

という関係が成立する。これは，小球Aと小球Bの初期状態の位置関係に一致する。つまり，小球Aに向けて発射すればよい。また，この関係式には v_0 が含まれていないため，小球Aと小球Bは v_0 の値に関係なく衝突する。

よって，正解は肢4である。

正答 4

SECTION 1 物理 力と運動

実践 問題 25 応用レベル

頻出度	地上★★	国家一般職★★	東京都★★	特別区★★
	裁判所職員★	国税・財務・労基★★	国家総合職★★	

問 下図のように，質量が共に m である物体Aと物体Bとを糸の両端につなぎ，物体Aを固定した状態で滑車を介して物体Bを吊り下げ，その後，物体Aの固定を解くとき，物体Aの固定を解いた直後の物体Bの加速度の大きさとして，正しいのはどれか。ただし，重力加速度は g とし，摩擦抵抗，滑車の質量及び糸の質量は無視する。

（東京都2009）

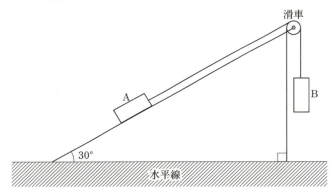

1 ： $\frac{1}{4}g$

2 ： $\frac{1}{4}mg$

3 ： $\frac{1}{2}g$

4 ： $\frac{1}{2}mg$

5 ： $1g$

OUTPUT

実践 問題 25 の解説

〈運動方程式〉

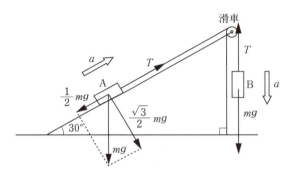

　物体Aの固定を解いたあとの，物体Aおよび物体Bの加速度を a（図の向きを正）とする。また，物体Aと物体Bの間にはたらく張力を T とする。

　物体A，物体Bそれぞれについて**運動方程式**を立てると，

　　物体A： $ma = T - \dfrac{1}{2}mg$ ……①

　　物体B： $ma = mg - T$ 　　……②

となる。ここで，①＋②より，

　　$2ma = mg - \dfrac{1}{2}mg$

　　$2ma = \dfrac{1}{2}mg$

　　　$a = \dfrac{1}{4}g$

　よって，正解は肢1である。

正答 1

物理 運動量とエネルギー

第1章 SECTION 2

必修問題 セクションテーマを代表する問題に挑戦！

このセクションで出題される問題は，すべて有名なパターン問題です。出題形式，解法を覚えてしまいましょう。

問 下の図のように，滑らかな水平面上において速度20m／sで直線運動している質量 M の小球Aと，その同一直線上の前方に静止している質量 M の小球Bとがある。小球Aが小球Bに衝突したとき，衝突前後の小球A及び小球Bの速度の組合せとして，妥当なのはどれか。ただし，二つの小球の大きさは無視し，反発係数（はねかえり係数）は0.5とする。　　　　（東京都2018）

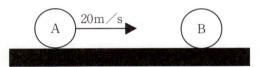

	小球A	小球B
1：	4m／s	16m／s
2：	5m／s	15m／s
3：	6m／s	14m／s
4：	7m／s	13m／s
5：	8m／s	12m／s

直前復習

頻出度	地上★★★　国家一般職★★★　東京都★★★　特別区★★★
	裁判所職員★★　国税・財務・労基★★★　国家総合職★★★

必修問題の解説

チェック欄		
1回目	2回目	3回目

〈運動量保存則〉

第1章 物理

　小球Aが進んでいる方向を正とし，衝突後のAの速さを V_A，Bの速さを V_B とする。

　AとBの衝突前後における運動量保存の式を作ると，

$$20\,M = MV_A + MV_B$$
$$20 = V_A + V_B \quad \cdots\cdots①$$

となる。

　はねかえり係数が0.5であるから，

$$0.5 = -\frac{V_A - V_B}{20 - 0}$$
$$10 = -V_A + V_B \quad \cdots\cdots②$$

　①と②より，連立方程式を解く。①＋②より，

$$30 = 2\,V_B$$
$$V_B = 15\,[\mathrm{m/s}]$$

①に代入して，

$$20 = V_A + 15$$
$$V_A = 5\,[\mathrm{m/s}]$$

したがって，小球A：5 m／s，小球B：15m／s となる。

よって，正解は肢2である。

正答 **2**

LEC東京リーガルマインド　2022-2023年合格目標 公務員試験 本気で合格！過去問解きまくり！　65
⑦自然科学Ⅰ

第1章 ② 物理
運動量とエネルギー

1 衝突問題の解法

(1) 運動量と運動量保存則

物体のもつ運動の激しさを表す量を運動量といい，

　質量×速度

で表します。この運動量は，他の外力がはたらかない限り，全体の運動量は変わらないという性質があります。つまり，衝突前後の運動量の総和は等しく，一定に保たれるのです。これを**運動量保存則**といいます。

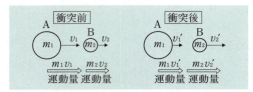

衝突前後の2つの物体の運動量の総和は変わらないため，上図より，

$$m_1v_1 + m_2v_2 = m_1v_1' + m_2v_2'$$

が成り立ちます。

(2) 2物体間のはねかえり係数

2物体間での衝突の際に起こる速度の変化は，はねかえり係数（反発係数）e を用いて，下図の次のように表されます。

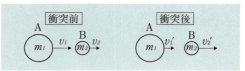

このとき，はねかえり係数は，

$$e = -\frac{v_1' - v_2'}{v_1 - v_2} = -\frac{衝突後の2物体の速度の差}{衝突前の2物体の速度の差}$$

衝突問題のほとんどが運動量保存則と，はねかえり係数の式を用いて解くことになります。

2 エネルギーと力学的エネルギー保存則

物体に一定の力 F を加え続け，物体が力の向きに距離（変位）s だけ移動したとき，この力 F は物体に仕事をしたといいます。物体が仕事をする能力をもっているとき，その物体はエネルギーをもっているといいます。エネルギーにはさまざまなものが存在しますが，ここでは公務員試験に多く出るものだけを紹介します。

INPUT

(1) 運動エネルギー

質量 m の物体が速さ v で運動しているとき，この物体のもつエネルギーは，

$$K = \frac{1}{2}mv^2 \, [\text{J}]$$

(2) 位置エネルギー

質量 m の物体が h の高さにあるとき，この物体のもつエネルギーは，重力加速度を g とすると，

$$U = mg \, [\text{J}]$$

(3) 弾性エネルギー

ばね定数 k のばねが x だけ縮んでいるとき，このばねの弾性エネルギーは，

$$U' = \frac{1}{2}kx^2 \, [\text{J}]$$

(4) 力学的エネルギー保存則

重力や弾性力のような力がはたらく場所で，物体が運動するときには，外力がはたらかない限り，エネルギーの総和は一定に保たれます。これを**力学的エネルギー保存則**といいます。

例）下図における物体の落下運動において，各場所での位置エネルギーと運動エネルギーの合計は常に一定の量となる。

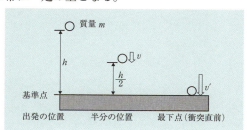

エネルギー保存則より，

$$mgh = mg\frac{h}{2} + \frac{1}{2}mv^2 = \frac{1}{2}mv'^2$$

エネルギー保存則は１つの物体において，２つ以上の状態におけるエネルギーを見比べている法則ともいえます。つまり，「１つの物体に２つ以上のシチュエーションがあったらエネルギー保存則が使えるかも」と思ってみてください（ただし，そのような問題すべてに使えるわけではないので，その点には気をつけてください）。

第1章 SECTION 2 物理 運動量とエネルギー

実践 問題 26 基本レベル

頻出度 地上★★★ 国家一般職★★★ 東京都★★★ 特別区★★★
裁判所職員★★ 国税・財務・労基★★★ 国家総合職★★★

問 滑らかで水平な直線上で，右向きに速さ5.0m／sで進む質量2.0kgの小球Aと，左向きに速さ3.0m／sで進む質量3.0kgの小球Bが正面衝突した。AとBの間の反発係数(はねかえり係数)が0.50であるとき，衝突後のAの速度はおよそいくらか。

ただし，速度は右向きを正とする。

なお，AとBの間の反発係数 e は二つの物体の衝突前後の相対速度の比であり，A，Bの衝突前の速度をそれぞれ v_A，v_B，衝突後の速度をそれぞれ v_A'，v_B' とすると，次のように表される。

$$e = -\frac{v_A' - v_B'}{v_A - v_B}$$

（国家一般職2021）

1 ： -2.2m／s
2 ： -1.4m／s
3 ： -0.6m／s
4 ： $+0.2$m／s
5 ： $+1.0$m／s

直前復習

OUTPUT

実践 問題 **26** の解説 ────────────

〈物体の衝突〉

衝突後の小球AとBの速度を V_A, V_B とすると,

運動量保存則：$2.0 \times 5.0 + (-3.0) \times 3.0 = 2.0 \times V_A + 3.0 \times V_B$

反発係数：$-\dfrac{V_A - V_B}{5.0 - (-3.0)} = 0.50$

運動量保存則の式より,

$2V_A + 3V_B = 1$ ……①

反発係数の式より,

$V_A - V_B = -4$ ……②

①＋②×3より,

$5V_A = -11$

$V_A = -2.2\,[\mathrm{m/s}]$

よって，正解は肢1である。

【コメント】

本問では，直接問われていなかったが， $V_A = -2.2\,[\mathrm{m/s}]$ を②に代入すると,

$-2.2 - V_B = -4$

$V_B = 1.8\,[\mathrm{m/s}]$

となる。

正答 1

第1章 SECTION 2 物理 運動量とエネルギー

実践 問題 27 基本レベル

頻出度	地上★★★	国家一般職★★★	東京都★★★	特別区★★★
	裁判所職員★★	国税・財務・労基★★★	国家総合職★★★	

問 次は，物体に加える力がする仕事に関する記述であるが，A，B，Cに当てはまるものの組合せとして最も妥当なのはどれか。
ただし，重力加速度の大きさを10m／s²とする。 （国家一般職2016）

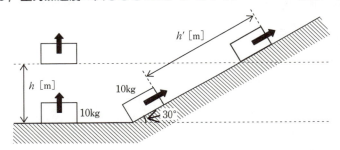

「図のように，10kgの物体をある高さ h [m] までゆっくりと引き上げることを考える。傾斜角30°の滑らかな斜面に沿って物体を引き上げる場合，物体を真上に引き上げる場合に比べて，必要な力を小さくすることができるが，物体を引き上げる距離は増加する。

このとき，物体を真上に引き上げたときの仕事 W 及び斜面に沿って引き上げたときの仕事 W' は，それぞれ次のように表すことができ，$W = W'$ となる。

$W = \boxed{\text{A}}$ [N] × h [m]
$W' = \boxed{\text{B}}$ [N] × h' [m]

また，図の斜面の傾斜角を60°とすると，斜面に沿って物体を引き上げるのに必要な力は，$\boxed{\text{C}}$ [N] となる。

このように斜面を用いることで，必要な力の大きさを変化させることができるが，仕事は変化しない。」

	A	B	C
1：	100	50	$50\sqrt{2}$
2：	100	50	$50\sqrt{3}$
3：	100	$50\sqrt{2}$	$50\sqrt{3}$
4：	200	100	$100\sqrt{3}$
5：	200	$100\sqrt{2}$	$100\sqrt{3}$

実践 問題 27 の解説

〈仕事〉

　物理で扱う仕事とは，日常生活の仕事とは異なっていて，物体にはたらく力と移動した距離によって決まる。物体に力がはたらいていて，その力と同じ方向に物体が移動したとき，力が仕事をしたことになる。
　また，仕事は経路によらず，始点と終点が同じであれば，時間がどれだけかかっていても，行った仕事は同じとなる。
　真上に引き上げたときの仕事 W は，物体を支える力と距離をかけたもので表すことができる。
　真上に引き上げたときの物体を支える力は，物体にかかる重力と同じであるから，

　　$F = mg = 10 \times 10 = 100 \,[\text{N}]$　　……　A

となる。
　次に，斜面に沿って引き上げたときの仕事は，斜面の水平方向にかかる物体の重力が支える力となり，次のようになる。

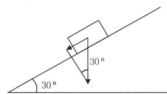

　図より，斜面の水平方向にかかる物体の重力および支える力は，

　　$mg \sin 30° = 10 \times 10 \times \dfrac{1}{2} = 50 \,[\text{N}]$　　……　B

となる。
　また，斜面の角度が60°となったときは，上の図より，

　　$mg \sin 60° = 10 \times 10 \times \dfrac{\sqrt{3}}{2} = 50\sqrt{3} \,[\text{N}]$　　……　C

となる。
　よって，正解は肢2である。

正答　2

第1章 SECTION 2 物理
運動量とエネルギー

実践 問題 28 基本レベル

頻出度 地上★★★ 国家一般職★★★ 東京都★★★ 特別区★★★
裁判所職員★★ 国税・財務・労基★★★ 国家総合職★★★

問 次の文章の空欄ア～ウに当てはまる語句又は式の組合せとして，正しいのはどれか。

下図のように，滑らかな曲面上の地点Aにおいて小球から静かに手を離すと，小球は降下し，最下点Bを通過するとき，小球の位置エネルギーは ア ，運動エネルギーは イ となり，そのときの小球の速さは，基準面から地点Aまでの高さを h ，重力加速度を g とすると ウ で表される。ただし，小球の大きさ，曲面上の摩擦及び空気抵抗は無視する。　（東京都2016）

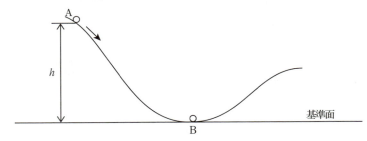

	ア	イ	ウ
1	最大	ゼロ	$\sqrt{gh}$
2	最大	ゼロ	$\sqrt{2gh}$
3	最大	ゼロ	$2\sqrt{gh}$
4	ゼロ	最大	$\sqrt{gh}$
5	ゼロ	最大	$\sqrt{2gh}$

OUTPUT

チェック欄		
1回目	2回目	3回目

実践 問題 **28** の解説

第1章 物理

〈力学的エネルギー保存則〉

　物体には外部からの力がはたらかない限り，ある基準面からの位置エネルギーと
その時の運動による運動エネルギーの総和は常に一定である。

　これを**エネルギー保存の法則**といい，基準面からの高さを h，物体の質量を m，
重力加速度を g，物体の速さを v とすると，次のように表すことができる。

　　（位置エネルギー）＋（運動エネルギー）＝ $mgh + \dfrac{1}{2}mv^2$ ＝一定　　……　①

　問題において，最下点となる点Bを通過するとき，小球の位置エネルギーは基準
面と同じであるから，高さが0となるため，

　　$mgh = 0$

となる。

　問題の図より負の位置エネルギーは考慮せず，①式の位置エネルギーが0である
から，運動エネルギーは最大となる。

　このとき，小球の速さを考えると，地点Aでは速さが0であるから，地点Aの位
置エネルギーが地点Bですべて運動エネルギーになったと考えられる。

　したがって，地点Bでの速さを v とすると，

　　$mgh = \dfrac{1}{2}mv^2$

　　$v = \sqrt{2gh}$

となる。

　したがって，ア：ゼロ，イ：最大，ウ：$\sqrt{2gh}$ となる。

　よって，正解は肢5である。

正答 5

LEC東京リーガルマインド　2022-2023年合格目標 公務員試験 本気で合格！過去問解きまくり！　73
⑦自然科学Ⅰ

第1章
SECTION ② 物理
運動量とエネルギー

実践 問題 **29** 〈 基本レベル 〉

頻出度	地上★★★　国家一般職★★★　東京都★★★　特別区★★★ 裁判所職員★★　　国税・財務・労基★★★　国家総合職★★★

問 棒高跳びの選手が助走して秒速9.0mのときに飛び上がった。選手の運動エネルギーがすべて位置エネルギーになるとしたとき，最も高い位置に達したときのこの選手の重心の高さはおよそいくらか。

ただし，飛び上がる瞬間の選手の重心の高さを1.2mとし，重力加速度を10m／s^{2}とする。

なお，棒の重さ及び飛び上がるときの蹴りによる運動エネルギーは無視するものとする。 (国Ⅱ2010)

1 ： 4.9m

2 ： 5.3m

3 ： 5.7m

4 ： 6.1m

5 ： 6.5m

OUTPUT

実践 問題 **29** **の解説**

〈力学的エネルギー保存則〉

棒高跳びの選手を質点(大きさを無視できる物体)とみなし，最高点を求め，後から1.2mを加えることにする。

選手の質量を m，最高点の高さを h とする。**力学的エネルギー保存則**より，

$$\frac{1}{2} \times m \times 9.0^2 = m \times 10 \times h$$

が成り立つ。これを解くと $h = 4.05[\text{m}]$ が得られる。

したがって，この選手の重心の最高点 H は，

$$H = 4.05 + 1.2 = 5.25 \fallingdotseq 5.3[\text{m}]$$

となる。

よって，正解は肢2である。

正答 2

運動量とエネルギー

実践　問題 30　基本レベル

問 滑らかな水平面上を速さ14.0m／sで進んできた質量6.0kgの物体が，水平面と滑らかにつながっている斜面をすべり上がったとき，水平面からの高さが6.4mの地点でのこの物体の速さとして，妥当なのはどれか。ただし，重力加速度を9.8m／s²とし，物体と水平面及び斜面との摩擦や空気の抵抗は考えないものとする。　　　　　　　　　　　　　　　　　　　　　　　　（特別区2014）

1：8.4m／s
2：9.1m／s
3：9.8m／s
4：10.5m／s
5：11.2m／s

OUTPUT

実践 問題 **30** の解説

第1章 物理

〈力学的エネルギー保存則〉

物体と水平面および斜面との摩擦や空気の抵抗は考えないため，物体の**力学的エネルギー（＝位置エネルギー＋運動エネルギー）**が保存される。

物体が斜面をすべり上がって高さ6.4mの地点に至ったときの速さをv［m／s］とし，物体の質量をm［kg］とする。また，水平面の高さを，位置エネルギーの基準にとる。

まず，物体が水平面上を14.0m／sで進んでいるときの力学的エネルギーは，位置エネルギーが0であり，運動エネルギーが$\left(\frac{1}{2}\times m\times14.0^2\right)$［J］である。

次に，物体が斜面をすべり上がって高さ6.4mの地点に至ったときの力学的エネルギーは，位置エネルギーが（$m\times9.8\times6.4$）［J］であり，運動エネルギーが$\frac{1}{2}mv^2$［J］である。

したがって，力学的エネルギー保存則より，

$$0+\left(\frac{1}{2}\times m\times14.0^2\right)=(m\times9.8\times6.4)+\frac{1}{2}mv^2$$

$$\frac{1}{2}\times14.0^2=(9.8\times6.4)+\frac{1}{2}v^2$$

$$v^2=14.0^2-(2\times9.8\times6.4)=196-125.44=70.56$$

$$v=8.4［m／s］$$

よって，正解は肢1である。

【コメント】

物体の質量は6.0kgとなっているが，m［kg］とおいて計算した。計算過程を見ると，物体の質量に関係なく同じ結論となることがわかる。また，途中の計算を，

$$v^2=14.0^2-(2\times9.8\times6.4)=196-19.6\times6.4=196-196\times0.64=196\times(1-0.64)$$
$$=196\times0.36=14^2\times0.6^2=8.4^2$$

と工夫することで計算が楽になる。なお，上記のような計算をしなかった場合，$v^2=70.56$の平方根が計算できなくても，$9^2=81$であるから，肢2～肢5は不適であるとわかる。

正答 1

LEC東京リーガルマインド　2022-2023年合格目標 公務員試験 本気で合格！過去問解きまくり！⑦自然科学Ⅰ　77

第1章
SECTION ② 物理
運動量とエネルギー

実践 問題 **31** 〈基本レベル〉

頻出度	地上★★	国家一般職★★	東京都★★	特別区★★
	裁判所職員★★	国税·財務·労基★★		国家総合職★★

問 物体の運動等に関する記述として最も妥当なのはどれか。　（国家総合職2020）

1：小球を斜め上に投げた場合，その軌跡は放物線を描く。一方，木槌などの，重心が偏った物体を斜め上に投げた場合，物体中のいずれの点をとっても，その軌跡は放物線ではなく，複雑な軌跡を描く。このような運動は，ブラウン運動と呼ばれ，この軌跡を解析的に求めることはできない。

2：物体が円運動を行うと，その物体には円の中心から遠ざかる向きに遠心力がはたらく。鉛直の円形ループ状のレール上を運動するジェットコースターには，遠心力のみがはたらいており，遠心力はループの最高点において最大となるように設計されているため，ジェットコースターはレールから離れることなくループを通過することができる。

3：静止した状態で空中から物体を落とすと，空気抵抗や風の影響がなければ，慣性の法則により物体はまっすぐ下に落ちる。空中を移動中の航空機などから物体を目標地点に投下する場合も同様に，風等の影響がなければ目標地点の真上から投下すればよい。一方，実際には，風等の影響を考慮し，目標地点より風上側で物体を投下する必要がある。

4：通常の自動車が走行中にブレーキをかける場合，ブレーキの摩擦により，自動車の運動エネルギーは全て音に変換されて空気中に放出されるので，車は運動エネルギーを失う。一方，ハイブリッド自動車は，回生ブレーキによって熱を発生させ，その熱を電気エネルギーに変換して回収することで，余分な運動エネルギーを電気エネルギーとして蓄えている。

5：ある軸のまわりで物体が回転するとき，物体にはたらく力の大きさと，回転軸から力の作用線までの距離の積は，力のモーメントと呼ばれる。てこの原理は力のモーメントで説明することができ，力点に加える力の大きさが同じでも，支点と力点の距離が大きくなればなるほど，加える力による支点のまわりの力のモーメントが大きくなり，作用点にはたらく力が大きくなる。

OUTPUT

実践 問題 **31** の解説

チェック欄
1回目	2回目	3回目

第1章 物理

〈物体の運動〉

1 ✕ 木槌のような重心が偏った物体を斜め上に投げた場合でも，重心の軌跡は放物線を描く。同時に，木槌は重心のまわりに回転している。また，ブラウン運動とは，コロイドなどの微粒子が行う不規則な運動のことを指すが，その原因は熱運動であり，重心の偏りによるものではない。

2 ✕ ジェットコースターと同じ運動をする観測者から見て，ジェットコースターにはたらく力は遠心力のみならず，レールからの垂直抗力および摩擦力，重力などがある。また，遠心力は速度の２乗に比例するため，最大速度となるループの最下点において最大となる。加えて，ジェットコースターがレールから離れることなくループを通過するための条件は，最高点でレールから受ける垂直抗力が０以上となることである。
なお，静止する観測者から見て，ジェットコースターには円運動の中心へ向かう力がはたらく。これを向心力という。

3 ✕ 慣性の法則（運動の第１法則）とは，「物体に力がはたらかないとき，または物体にはたらく力の和が０のとき，物体はその運動（静止）状態を維持する」ことである。静止した状態から落下した物体はまっすぐ下に落ちるが，重力を受けているため，運動の第２法則により等加速度運動を行う。また，空中を移動中の航空機などから物体を投下する場合，物体は水平方向に力を受けないことから，その方向については慣性の法則が作用する。その結果，物体の水平方向の運動は，航空機と同じ速さでの等速直線運動となる。したがって，目標地点の真上から投下すると，水平移動により目標地点を通過してしまう。

4 ✕ 自動車が走行中にブレーキをかける場合，運動エネルギーが音に変換されるだけでなく，ブレーキの摩擦により，自動車の運動エネルギーは熱エネルギーに変換されて放出される。また，回生ブレーキは，熱ではなく車輪の運動エネルギーを電気エネルギーに変換する。

5 ◯ 記述のとおりである。物体の回転は力のモーメント M によって記述され，その値は力の大きさ F と，回転軸から力の作用線までの距離 h の積で決定され，

$$M = Fh$$

となる。てこは，支点と力点との距離を大きくすることにより，作用点に大きな力をもたらす道具である。この原理は，回転軸（支点）から力の作用線（力点）までの距離に比例するという力のモーメントの特性により，説明することができる。

正答 5

第1章 SECTION 2 物理 運動量とエネルギー

実践　問題 32　基本レベル

頻出度　地上★　国家一般職★　東京都★　特別区★
　　　　裁判所職員★　国税・財務・労基★　国家総合職★

[問] 熱容量が84J／Kのティーカップに水100gが入っており，水とティーカップの温度は両方とも10℃となっている。このティーカップへ温度が60℃の水80gを加えて熱平衡の状態になったときの水とティーカップの温度として，正しいのはどれか。ただし，水の比熱は4.2J／（g・K）とし，ティーカップと水の間以外の熱の出入りはないものとする。　　　　（東京都2014）

1：28℃
2：30℃
3：32℃
4：34℃
5：36℃

OUTPUT

実践 問題 32 の解説

〈熱容量〉

比熱が c [J／g・K]で，質量が m [g]の物体の温度を，T [℃]上げるために必要な熱量 Q [J]は，

$$Q = mcT$$

となる。これを熱容量 C [J／K]($= mc$)を用いて表すと，

$$Q = CT$$

となる。ここで，熱容量とは，ある物体の温度を 1 K 上げるのに必要な熱量である。

10℃になっていたティーカップと水へ温度が60℃の水を入れたとき，後から入れた水は熱量を失って温度が下がり，ティーカップと水は熱量を受け取って温度が上がる。このときの，**60℃の水が失う熱量と10℃になっていたティーカップと水が受け取る熱量は等しい**。これを**熱量の保存**という。

熱平衡の温度を T [℃]とすると，10℃になっていたティーカップと水について，受け取った熱量 $Q_{ティ}$ は，

$$Q_{ティ} = 84(T-10) + 100 \times 4.2 \times (T-10) = 504T - 5040$$

となり，60℃の水が失った熱量 $Q_{水}$ は，

$$Q_{水} = 80 \times 4.2 \times (60-T) = 20160 - 336T$$

となる。熱量の保存より，$Q_{ティ} = Q_{水}$ であるから，

$$504T - 5040 = 20160 - 336T$$
$$840T = 25200$$
$$T = 30 [℃]$$

となる。

よって，正解は肢 2 である。

【別解】

次のように天びん図を用いて解くこともできる。

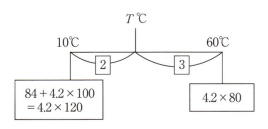

SECTION 2 物理 運動量とエネルギー

天びん図において,支点からの腕の長さの比はおもりの重さの逆比となる。ここで,左側は4.2×120,右側は4.2×80であるから,おもりの比は,

　左：右 = (4.2×120)：(4.2×80) = 3：2

となるため,図のように腕の長さの比は2：3となる。

左右の腕の長さは60−10＝50[℃]であるから,Tは,

$$T = \frac{2}{2+3} \times 50 + 10 = 30 [℃]$$

となる。

【コメント】
　セ氏温度℃と絶対温度Kの関係は,0℃≒273Kであり,目盛りの間隔は両者とも同じである。したがって,温度差を考えるときはどちらで計算してもよい。一方,ボイル・シャルルの法則や状態方程式を考えるときは絶対温度でなければならない。

正答 2

memo

第1章 物理

SECTION ② 物理
運動量とエネルギー

実践 問題 **33** 〈 基本レベル 〉

頻出度	地上★	国家一般職★	東京都★	特別区★
	裁判所職員★	国税・財務・労基★		国家総合職★

問 熱と気体分子の運動に関する次のA～Cの法則の名称の組合せとして最も適当なものはどれか。 （裁判所職員2016）

A：一定量の気体を圧力を一定に保って圧縮または膨張させると，気体の体積は絶対温度に比例する。

B：気体の温度を一定に保って圧力や体積を変化させると，圧力と体積は反比例する。

C：気体に外から熱量を与えたり，仕事を加えると，気体の内部エネルギーはその分だけ増加する。

	A	B	C
1	シャルルの法則	ボイルの法則	熱力学第2法則
2	ボイル・シャルルの法則	シャルルの法則	熱力学第2法則
3	シャルルの法則	ボイルの法則	熱力学第1法則
4	ボイルの法則	シャルルの法則	熱力学第1法則
5	ボイルの法則	ボイル・シャルルの法則	熱力学第2法則

OUTPUT

実践 問題 **33** の解説

〈気体の分子運動〉

一定量の気体に対する，温度と圧力，体積の関係にボイルの法則，シャルルの法則，これらを組み合わせたボイル・シャルルの法則がある。

(1) **ボイルの法則**

温度が一定であるときの圧力と体積の関係に関する法則である。**圧力 P と体積 V の積が常に等しい**ということで，圧力（体積）は体積（圧力）に反比例するというものである。

$$PV = 一定 \quad \Leftrightarrow \quad P = \frac{k}{V} \quad \Leftrightarrow \quad V = \frac{k}{P} \quad （k は定数）$$

(2) **シャルルの法則**

圧力が一定であるときの体積と温度の関係に関する法則である。**気体の体積 V は絶対温度 T に比例する**というものである。

$$\frac{V}{T} = 一定 \quad \Leftrightarrow \quad V = kT \quad （k は定数）$$

(3) **ボイル・シャルルの法則**

ボイルの法則とシャルルの法則を組み合わせたもので，圧力 P と体積 V，絶対温度 T の関係は次の式で表される。

$$\frac{PV}{T} = 一定$$

また，熱力学の第1法則と第2法則は次のようなものである。

(4) **熱力学第1法則**

気体が外部から加熱されるなどして熱量 Q [J] を吸収し，外部から圧縮されるなど W [J] の仕事をされるとき，この気体の内部エネルギーの変化 ΔU [J] は，

$\Delta U = Q + W$

で表されるというものである。

(5) **熱力学第2法則**

熱の不可逆変化に関する法則であり，**熱は自然には高温から低温に移動するのみ**であり，低温に移動した熱が自然に高温に移動することはないというものである。この不可逆変化のために，**与えられた熱をすべて仕事に変換する熱効率が100%となる熱機関は存在しない**ということもいえる。

以上よりA～Cを検討すると，次のようになる。

LEC東京リーガルマインド　2022-2023年合格目標 公務員試験 本気で合格！過去問解きまくり！
⑦自然科学Ⅰ

- **A** **シャルルの法則** 圧力を一定に保った状態で体積と絶対温度に関する法則の記述であるから，シャルルの法則である。
- **B** **ボイルの法則** 温度を一定に保った状態で圧力と体積に関する法則の記述であるから，ボイルの法則である。
- **C** **熱力学第1法則** 外からの熱量および仕事と気体の内部エネルギー変化に関する記述であるから，熱力学第1法則である。

よって，正解は肢3である。

正答 3

memo

第1章　物理

第1章

SECTION ② 物理
運動量とエネルギー

実践 問題 **34** ＜応用レベル＞

頻出度	地上★★　　国家一般職★★　　東京都★★　　特別区★★
	裁判所職員★★　　国税・財務・労基★★　　国家総合職★★

問 1.6ｍの高さから水平な床にボールを自由落下させたところ繰り返しはね上がった。ボールが2度目にはね上がった高さが10㎝であったとき，ボールと床とのはね返り係数はどれか。ただし，空気の抵抗は考えないものとする。

(特別区2009)

1 ： 0.16
2 ： 0.25
3 ： 0.32
4 ： 0.50
5 ： 0.64

OUTPUT

実践 問題 **34** の解説

〈運動量保存則〉

　水平な床から高さhにあるボールを自由落下させたとき，床に衝突する直前のボールの速さをv，衝突直後のボールの速さをv'，**はねかえり係数**をe，はね上がった高さをh'，重力加速度をgとすると，

$$v^2 - 0^2 = 2gh \qquad \cdots\cdots①$$
$$0^2 - v'^2 = -2gh' \qquad \cdots\cdots②$$
$$e = -\frac{(-v')}{v} \qquad \cdots\cdots③$$

が成り立つ。ここで，②÷①をして，③を代入すると，

$$h' = e^2 h \qquad \cdots\cdots④$$

となる。本問では，ボールが2度はね上がったため，2度目の高さをh''とすると，

$$h'' = e^2 h' = e^2 \times e^2 h = e^4 h$$

である。$h'' = 0.1$，$h = 1.6$を代入すると，

$$e^4 = \frac{0.1}{1.6} = \frac{1}{16}$$

$$e = \frac{1}{2} = 0.5$$

となる。

　よって，正解は肢4である。

正答 **4**

SECTION ② 物理
運動量とエネルギー

実践 問題 **35** 応用レベル

頻出度	地上★★	国家一般職★★	東京都★★	特別区★★
	裁判所職員★★	国税・財務・労基★★	国家総合職★★	

問 滑らかな水平面上を，質量3kgの物体Aがx軸の正の向きに8m／sの速度で進んできた。これにy軸の正の向きに18m／sの速度で進んできた質量1kgの物体Bが衝突し，一体となって運動した。衝突後の速さとして，妥当なのはどれか。　　　　　　　　　　　　　　　　　　　　　　　　　　　　　　（特別区2012）

1：5.5m／s
2：6.0m／s
3：6.5m／s
4：7.0m／s
5：7.5m／s

実践 問題 35 の解説

〈運動量保存則〉

物体Aと物体Bの衝突の前後で外力がはたらかないため，これらの物体について，それぞれの進行方向を正として，x 軸方向，y 軸方向についての**運動量保存**を考える。

物体Aと物体Bについて，右図のように設定すると，

x 軸方向：$M_A v_{Ax} + M_B v_{Bx}$
$= (M_A + M_B) V_x$
$3 \times 8 + 1 \times 0 = (3 + 1) \times V_x$
$24 = 4 V_x$
$V_x = 6 \,[\mathrm{m/s}]$

y 軸方向：$M_A v_{Ay} + M_B v_{By}$
$= (M_A + M_B) V_y$
$3 \times 0 + 1 \times 18 = (3 + 1) \times V_y$
$18 = 4 V_y$
$V_y = \dfrac{9}{2} \,[\mathrm{m/s}]$

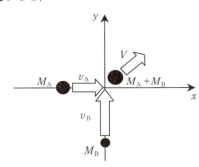

一体となって運動しているときの速さは，**x 軸方向の速さと y 軸方向の速さの合成**となるから，このときの速さ V は，

$V = \sqrt{V_x^2 + V_y^2}$
$= \sqrt{6^2 + \left(\dfrac{9}{2}\right)^2}$
$= \sqrt{36 + \dfrac{81}{4}}$
$= \sqrt{\dfrac{225}{4}}$
$= \dfrac{15}{2}$
$= 7.5 \,[\mathrm{m/s}]$

となる。

よって，正解は肢5である。

正答 5

第1章 SECTION ② 物理
運動量とエネルギー

実践 問題 36 応用レベル

頻出度	地上★★★	国家一般職★★★	東京都★★★	特別区★★★
	裁判所職員★★	国税・財務・労基★★★		国家総合職★★★

問 図のように、質量4.0kgの小球Aが、なめらかな斜面を10.0mの高さから初速度0.0m／sですべりおりて、高さ0.0mで静止している質量2.0kgの小球Bと衝突する。Bの衝突直後の速度はおよそいくらか。

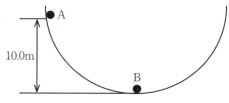

ただし、重力加速度は9.8m／s²、AとBとの間の反発係数を0.20とする。

（国税・労基2011）

1：7.5 m／s
2：8.4 m／s
3：10 m／s
4：11 m／s
5：14 m／s

OUTPUT

チェック欄		
1回目	2回目	3回目

実践 問題 **36** の解説

第1章 物理

〈力学的エネルギー保存則〉

　小球Aが小球Bと衝突する直前までの運動は，小球Aについて力学的エネルギー保存の考えを用い，小球Aと小球Bが衝突した直後の小球Bの速さについては，運動量保存則を用いる。

　まず，小球Aが小球Bに衝突する直前の速さを求める。小球Aの重さを m，小球Aが小球Bに衝突する直前の速さを v とすると，**力学的エネルギー保存則**より，

$$mgh = \frac{1}{2}mv^2$$
$$v = \pm\sqrt{2gh}$$
$$= \pm\sqrt{2 \times 9.8 \times 10}$$
$$= \pm 14$$

　速さは正であるから，衝突する直前の小球Aの速さは $v = 14\,[\mathrm{m/s}]$ となる。

　次に，**小球Aと小球Bが衝突する前後で運動量が保存される**ことから，小球Bの重さを M，衝突後の小球Aの速さを v_A，小球Bの速さを v_B とすると，次のように表すことができる。

$$mv = mv_A + Mv_B$$
$$4v = 4v_A + 2v_B$$
$$2v = 2v_A + v_B \quad \cdots\cdots①$$

　また，**反発係数**が0.2であることから，v と v_A，v_B の関係は次のようになる。

$$0.2 = -\frac{v_A - v_B}{v - 0}$$
$$0.2v = -v_A + v_B$$
$$v_A = v_B - 0.2v \quad \cdots\cdots②$$

②を①に代入して，

$$2v = 2(v_B - 0.2v) + v_B$$
$$2.4v = 3v_B$$
$$v_B = 0.8v$$

これに $v = 14$ を代入して，

$$v_B = 0.8 \times 14 = 11.2\,[\mathrm{m/s}]$$

となる。以上より，衝突直後の小球Bの速度は11.2m／sとなり，選択肢を検討すると，11m／sが該当する。

　よって，正解は肢4である。

正答 4

LEC 東京リーガルマインド　2022-2023年合格目標 公務員試験 本気で合格！過去問解きまくり！　93
⑦自然科学Ⅰ

物理
波動

第1章 SECTION 3

必修問題 セクションテーマを代表する問題に挑戦！

波の分野は知識問題が多いです。計算が苦手な人もぜひ学習しておきましょう。

問 音に関する記述として妥当なのはどれか。 （東京都1997）

1：晴れた昼間は上空より地表近くの気温が高いため上へ向かった音は下のほうに屈折して進み，遠くの音がよく聞こえる。

2：音は振幅や振動数が大きいほど高く，小さいほど低く聞こえるが，音楽では振幅が2倍の音のことを1オクターブ高い音という。

3：超音波は可聴音より振動数が小さく波長が短いため，回折が少なく直進する性質を持ち，測探機や魚群探知機に用いられる。

4：音の強さは振幅の2乗に比例するが，媒質の密度は振動数に反比例し，音の強さはデシベルを用いる。

5：音の速さは，空気中では音の振動の影響を受けないが，空気の温度が高くなると速くなる。水中では空気中より音は速くなる。

直前復習

	地上★★★　国家一般職★★★　東京都★★★　特別区★★★
頻出度	裁判所職員★★★　国税·財務·労基★★★　国家総合職★★★

必修問題の解説

チェック欄		
1回目	2回目	3回目

〈波の性質（音波）〉

1 × 音波の屈折は，**1つの媒質中でも部分的に音速が異なれば起こる**。晴れた**昼間**は上空より地表近くの気温が高いため，上へ向かった音波はさらに**上**のほうへ曲がり，反対に**下**のほうへ曲がる**夜間**に比べ，音は遠くまで聞こえない。

2 × 音は波であるから，**波一般の基本式**が成り立つ。すなわち，音波の波長 λ，振動数 f，伝搬速度 v の間には，$v = f\lambda$ の関係がある。音の高さは振動数 f によって決まり，f が大きいほど高い。さらに，f が2倍になっている音を1オクターブ高い音という。

3 × 超音波は可聴音より振動数が大きく，波長が短いため回折が少ない。

4 × 音の強さは音波の進む向きに垂直な単位面積を1秒間に通過する**波のエネルギー**（振幅と振動数それぞれの2乗，媒質の密度，波の伝搬速度の積）に**比例する**。音の大きさの単位として，人間の耳に感じる最も弱い音を基準とした**デシベル[dB]** と，耳に聞こえる感じをもとにして音の大きさを表す**ホン[phon]** がよく使われる。

5 ○ 記述のとおりである。**空気中の音速** v は，

$v = 331.5 + 0.6\,t$ [m／s] （t は温度[℃]）

と示せ，振動数によらないが，空気の温度が高くなると速くなる。水中では，体積弾性率と密度により速さが決まり，淡水ではおよそ1,450m／s，海水ではおよそ1,500m／s となるため，空気中での速さ（およそ340m／s）より速くなる。

正答 5

物理 波動

1 波の性質

波とは、振動が次々に伝えられていく現象のことをいいます。物質自体が移動するわけではなく、振動のエネルギーだけが伝わっていくため、たとえば水面に浮かんでいる木の葉は、波によってその場で上下に揺れるだけで、移動することはありません。

(1) 波と媒質

波を伝える物質のことを媒質といいます。水面の波では水、音では空気(ただし水中では水)、地震波では地球がそれぞれ媒質となります。

光や電磁波は波の一種ですが、媒質を必要としません。そのため、音は真空中では伝わりませんが、光は真空中でも伝わります。

(2) 縦波と横波

波の種類	定義	例
①縦波	波の進行方向と媒質の振動方向が同じ波。疎密波ともいう。	音波、地震のP波
②横波	波の進行方向と媒質の振動方向が垂直である波。	光波、電磁波、地震のS波、弦の振動

(3) 波の基本公式

図のような波があるとき、波の山から山までの長さを波長 λ (ラムダ)といいます。

波の波長: λ [m]　波の振動数: f [Hz]　波の速さ: v [m／s]

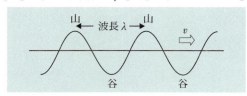

このとき、$v = f\lambda$ の関係があります。

ここで、振動数 f とは、媒質の1点が1秒間に振動する回数のことで、1秒間に通過する波の数(1波長が何個分通過したか)を表していると考えることもできます。

逆に、媒質の1点が1往復の振動をして、元の位置に戻るまでの時間を、波の周期 T [s] といいます。これは、波が1波長分進むのにかかる時間と同じことで、$f = \dfrac{1}{T}$ の関係にあります。

INPUT

(4) 波の性質

①反射（音波・光波）	異なる媒質の境界面で波の一部が反射することです。入射角と反射角は等しくなります。
②屈折（音波・光波）	異なる媒質の境界面で波の一部が反射せずに，別の媒質中に進むときに進行方向が変わることです。
③回折（音波・光波）	進行する波が障害物の後ろ側まで回り込んで伝わることです。波長が長い波のほうが回折の程度が大きくなります。
④干渉（音波・光波）	2つ以上の波が重なって，強め合ったり，弱め合ったりすることです。波の重ね合わせの原理によります。
⑤うなり（音波）	振動数がわずかに異なる音波を同時に鳴らしたときに，音が干渉して周期的に強弱を繰り返すことです。1秒間に起こるうなりの回数は，2つの音波の振動数の差の絶対値になります。
⑥分散（光波）	光をプリズムに通したとき，各色の光が分離することを光の分散といいます。光が波長の順に並んだ色帯をスペクトルといいます。

補足
可視光線の色帯
　　赤　橙　黄　緑　青　藍　紫
　　長い　←波長→　短い
　（赤外線）　　　　（紫外線）

SECTION 3 物理 波動

2 ドップラー効果

(1) ドップラー効果とは

たとえば、だんだん近づいてくる救急車のサイレン音は高く聞こえ、すれ違ったとたんに低く聞こえます。このような現象をドップラー効果といいます。

音源と観測者が相対的に、

互いに近づくとき、音源の振動数はより高く
互いに遠のくとき、音源の振動数はより低く

観測者に聞こえることになります。

(2) ドップラー効果の公式

音速を V、音源の振動数を f_0、音源の移動速度を v、観測者の移動速度を u とします。さらに、下図のように音源と観測者が同じ向き(右向き)に進み、観測者が音源の前方(右側)にいる場合を標準の状態とよぶことにします。

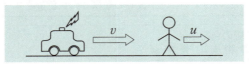

この標準の状態において、ドップラー効果の公式は以下のようになります。

$$f = \frac{V-u}{V-v} \times f_0 \quad (fは観測される振動数)$$

分数線の上(分子)には観測者、下(分母)には音源に関係する速度がくるという点を間違えないように注意しましょう。

音源と観測者の運動が上記の標準の状態と異なる場合には、条件に応じて v と u の正負の符号を変える(標準の状態と向きが逆になった部分の符号を負にする)ことで、対応できます。たとえば、観測者が音源に向かって移動(上図で左向きに移動)している場合(音源の移動方向は右向きのまま)、

$$f = \frac{V-(-u)}{V-v}f_0 = \frac{V+u}{V-v}f_0$$

となります。

3 レンズ

　凸レンズに平行光線を当てると，光は1点に集中します。この点を焦点といいます。凸レンズの中心と焦点との距離を結んで延長した直線を光軸といい，中心と焦点の距離を焦点距離（f）といいます。光軸上に物体を置き，レンズと物体との距離（a）別に，できる像の種類・大きさ・レンズと像の距離（b）をまとめると，次のようになります。

　なお，実像とはスクリーンに映る像をいい，虚像とはスクリーンには映らないけれどもレンズを覗き込むと見える像のことをいいます。

① **焦点距離の2倍より大きい場合**
　物体より小さい倒立の実像

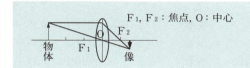

$$\frac{1}{a} + \frac{1}{b} = \frac{1}{f}$$

② **焦点距離の2倍の場合**
　物体と等しい大きさの倒立の実像

③ **焦点距離の1倍より大きく2倍より小さい場合**
　物体より大きい倒立の実像

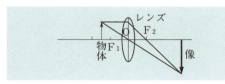

$$\frac{1}{a} + \frac{1}{b} = \frac{1}{f}$$

④ **焦点距離と等しい場合**
　像はできない

⑤ **焦点距離より小さい場合**
　物体より大きな正立の虚像

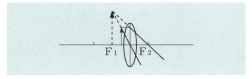

$$\frac{1}{a} - \frac{1}{b} = \frac{1}{f}$$

像は物体の$\frac{b}{a}$倍

第1章 SECTION 3 物理 波動

実践 問題 37 基本レベル

頻出度 地上★★　国家一般職★★★　東京都★★★　特別区★★
　　　　裁判所職員★★★　国税・財務・労基★★★　国家総合職★★★

問 音に関する次の記述中のA～Eの空欄に入る語句の組合せとして最も妥当なものはどれか。
（裁判所職員2018）

　音の高さは，音波の（　A　）によって決まり，音の強さは（　B　）によって，音色は（　C　）によって決まる。高い音の（　A　）は，低い音よりも（　D　）。
　また，一般に音速は（　E　）の順に大きい。

	A	B	C	D	E
1	振動数	振幅	波形	大きい	固体中＞液体中＞気体中
2	振動数	波形	振幅	小さい	気体中＞液体中＞固体中
3	振幅	振動数	波形	大きい	液体中＞気体中＞固体中
4	振幅	振動数	波形	小さい	固体中＞液体中＞気体中
5	波形	振動数	振幅	大きい	気体中＞液体中＞固体中

OUTPUT

チェック欄		
1回目	2回目	3回目

実践 問題 **37** の解説

〈波の性質（音波）〉

音の特徴は，高さ，大きさ（強さ），音色によって決まり，これらを音の3要素という。

音は，振動数が大きいと高い音に，振動数が小さいと低い音に聞こえる。1オクターブ高い音は，振動数が2倍の音である。人間が聞くことのできる音の振動数は，およそ20～20,000Hzであり，人間が聞き取ることができない高い振動数の音波のことを超音波という。

同じおんさであっても，強くたたいたときと，弱くたたいたときを比べると，音の高さは同じであっても，音の大きさが異なる。同じ高さの音であれば，振幅が大きいと大きい音に，振幅が小さいと小さい音に聞こえる。なお，音の大きさは人の感覚に基づく量であるのに対し，音の強さはエネルギーに基づいた物理量であり，振幅が大きいほど，また，振動数が大きいほど大きい。

同じ高さの音でも，フルートとオーボエでは音色が異なって聞こえる。これは波形が異なるためである。楽器などから出る音の複雑な波形は，さまざまな振幅や振動数の正弦波の重ね合わせによって成り立っている。

音は，圧縮と膨張を繰り返しながら，空気などの媒質中を疎密波（縦波）として伝わっていく。音速は媒質によって異なり，媒質の密度が大きいほうが速くなるため，一般に音速は，気体よりも液体，液体よりも固体のほうが大きくなる。なお，真空中では，媒質がないため音波は伝わらない。

以上より，本文の空欄を埋めていくと，次のようになる。

音の高さは，音波の振動数（A）によって決まり，音の強さは振幅（B）によって，音色は波形（C）によって決まる。高い音の振動数（A）は，低い音よりも大きい（D）。

また，一般に音速は固体中＞液体中＞気体中（E）の順に大きい。

よって，正解は肢1である。

第1章

物理

正答 1

第1章 SECTION 3 物理 波動

実践 問題 38 基本レベル

頻出度 地上★★ 国家一般職★★★ 東京都★★★ 特別区★★
　　　裁判所職員★★★ 国税・財務・労基★★★ 国家総合職★★★

問 光の性質に関する記述として、妥当なのはどれか。 （東京都2003）

1：光の色は波長によって決まり、太陽光はいろいろな波長の光を含むが、電球の白色光は単色光であり1つの波長しかもたない。

2：光の散乱は、光が大気中の分子やちりなどの粒子により進路を曲げられる現象であり、太陽光が昼間に比べて大気中を長く通過する夕方になると、赤い光は青い光に比べて散乱されにくいため、夕焼けは赤く見える。

3：光の速さは、真空中と空気中とではほぼ等しいが、光が空気中からガラスに入ると、波長の長い光ほど、速さは遅くなり屈折率が大きくなる。

4：光の分散は、薄い膜の表面での反射光と裏面での反射光とが重なり合うことにより、ある特定の波長の反射光だけが強め合って特定の色として見える現象であり、シャボン玉の表面や雨上がりの虹に見られる。

5：光は、進行方向と垂直に振動する横波であるが、偏光板を通過すると縦波となり、進行方向と振動方向が同一となるため、偏光板のサングラスを用いると水面やガラス板から反射光を遮ることができる。

直前復習

OUTPUT

実践 問題 **38** の解説

チェック欄

1回目	2回目	3回目

第1章 物理

〈波の性質（光波）〉

1× 電球の白色光も太陽光と同様にさまざまな波長の光を含んでおり，それぞれが特有のスペクトルをもっている。

2○ 記述のとおりである。光が散乱される割合は波長が短いほど大きい。したがって，波長が短い青色の光は散乱されやすく，波長の長い赤色の光は散乱されにくい。昼間は，太陽光は大気中の短い距離を通過するため，散乱された青系統の光が目に入り，朝夕は太陽光が大気中の長い距離を通過するため，青系統の光は多く散乱されてしまい，赤系統の光はあまり散乱されずに進むため，朝焼け，夕焼けは赤く見える。

3× 空気やガラスの屈折率は入射光の波長によって変わり，波長が短い光ほど，速さは遅くなり屈折率が大きくなる。

4× 本肢の記述は，光の分散についてではなく，光の干渉についての説明である。

5× 太陽光や電球の光は，振動の方向に偏りがなく，いろいろな方向に振動する波が含まれている（自然光）。一方，電気石かポラロイドの薄い板でつくった偏光板に光を通すと，特定の方向だけに偏った偏光が得られる。

正答 **2**

LEC東京リーガルマインド　2022-2023年合格目標 公務員試験 本気で合格！過去問解きまくり！
⑦自然科学Ⅰ

問 光の性質に関する記述として最も妥当なのはどれか。　　（国家一般職2019）

1：光は、いかなる媒質中も等しい速度で進む性質がある。そのため、定数である光の速さを用いて、時間の単位である秒が決められており、1秒は、光がおよそ30万キロメートルを進むためにかかる時間と定義されている。

2：太陽光における可視光が大気中を進む場合、酸素や窒素などの分子によって散乱され、この現象は波長の短い光ほど強く起こる。このため、青色の光は散乱されやすく、大気層を長く透過すると、赤色の光が多く残ることから、夕日は赤く見える。

3：太陽光などの自然光は、様々な方向に振動する横波の集まりである。偏光板は特定の振動方向の光だけを増幅する働きをもっているため、カメラのレンズに偏光板を付けて撮影すると、水面やガラスに映った像を鮮明に撮影することができる。

4：光は波の性質をもつため、隙間や障害物の背後に回り込む回折という現象を起こす。シャボン玉が自然光によって色づくのは、シャボン玉の表面で反射した光と、回折によってシャボン玉の背後に回り込んだ光が干渉するためである。

5：光は、絶対屈折率が1より小さい媒質中では、屈折という現象により進行方向を徐々に変化させながら進む。通信網に使われている光ファイバーは、絶対屈折率が1より小さいため、光は光ファイバー中を屈折しながら進む。そのため、曲がった経路に沿って光を送ることができる。

OUTPUT

実践 ▶ 問題 **39** ▶ の解説

チェック欄		
1回目	2回目	3回目

第1章

物理

〈波の性質（光波）〉

1 ✕ 光は，媒質によって速度が変わる。**光は真空中では最も速く進み，物質中では真空中より遅く進む**。真空中の光速は重要な物理定数である。現在の1秒は，セシウム133の原子の基底状態の2つの超微細構造準位の間の遷移に対応する放射の周期の9,192,631,770倍の継続時間と定義されている。また，光が真空中で299,792,458分の1秒間に進む距離をメートルと定義している。

2 ○ 記述のとおりである。太陽光における可視光には，波長の長い順に赤色，橙色，黄色，緑色，青色，藍色，紫色の光が含まれている。波長の短い青色の光は，空気中の分子によって散乱が起こりやすく，波長が長い赤色の光はあまり散乱されない。**昼間は，散乱した青色の光があらゆる方向に散乱し，青い光が目に入るため，空が青色に見える。夕方は，太陽光の入射が昼間より大気を長く通過するため，途中で青色の光は散乱してしまい，残った散乱されにくい波長の長い赤や黄色の光が見える。**

3 ✕ 太陽光などの自然光は，さまざまな方向に振動する横波の集まりである。偏光板は特定の振動方向の光のみを通して，その他の振動方向の光を通さない。水面やガラスでは，自然光の乱反射により特定の方向に振動する偏光が多くなって，ぎらぎらと見えづらくなる。また，水面やガラスには映り込みが発生する。このとき，カメラのレンズに偏光板を付けて撮影すると，偏光板によって乱反射光を取り除くため，水面やガラスに映った像をカットして鮮明に撮影できる。同様の原理を用いた偏光サングラスもある。

4 ✕ 光は電磁波であるため，**隙間や障害物の背後に回り込む回折**という現象を起こす。回折は，電波など比較的波長が長い電磁波ほど起こりやすい現象である。一方，**シャボン玉や油膜の表面にさまざまな色がつくのは，太陽光からシャボン玉表面の上面で直接反射した光と，シャボン玉表面の上面を透過して下面で反射した光が干渉を起こすためである。**

5 ✕ 光の屈折は，**絶対屈折率が異なる2つの媒質の境界で起こる。また，絶対屈折率が大きい媒質から小さい媒質に光が進むとき，ある入射角以上になると屈折を起こさず，光はすべて全反射をする。**通信網に使われている光ファイバーは，中心部に絶対屈折率が1より大きなガラスの部分があり，その周辺をガラスより絶対屈折率が小さいものが取り巻く構造になっている。そのため，光は光ファイバー中を全反射しながら進むことから，光ファイバーの経路に沿って光で情報を送ることができる。

正答 2

物理 波動

実践 問題 40 基本レベル

頻出度　地上★★　国家一般職★★★　東京都★★★　特別区★★
　　　　裁判所職員★★★　国税・財務・労基★★★　国家総合職★★★

[問] 電磁波に関する記述として，妥当なのはどれか。　　　　（東京都2017）

1：電磁波は，波長又は周波数によって分類されており，AMラジオ放送に利用される電磁波には，マイクロ波がある。
2：真空中における電磁波の速さは，周波数によって異なり，周波数が高いほど速い。
3：可視光線の波長は，中波の波長や短波の波長よりも長く，X線の波長よりも短い。
4：紫外線は，波長がγ線よりも長く，殺菌作用があるので殺菌灯に利用されている。
5：赤外線は，X線と比べて物質を透過しやすく，大気中の二酸化炭素に吸収されない。

OUTPUT

チェック欄		
1回目	2回目	3回目

実践 ▶ 問題 **40** ▶ の解説 ──────────

第1章 物理

〈波の性質（電磁波）〉

1 ✕ 電磁波は，波長または周波数によって分類されており，AMラジオ放送に利用される電磁波は中波である。マイクロ波は，衛星テレビ放送やレーダー，電子レンジ，携帯電話などに利用されている。

2 ✕ 真空中における可視光線などの電磁波の速さは，周波数にかかわらず一定であり，およそ秒速30万kmである。

3 ✕ 電磁波は，波長の長いほうから電波，赤外線，可視光線，紫外線，X線，γ線に分類されている。可視光線の波長はおよそ360～830nmであり，電波である中波や短波の波長よりも短く，X線の波長よりも長い。

4 ◯ 記述のとおりである。紫外線は，波長がγ線よりも長く，殺菌作用があるため殺菌灯に利用されている。また，日焼けを起こしたり，ビタミンDの生合成にかかわっている。

5 ✕ 赤外線は，X線と比べると物質は透過しにくいが，煙や薄い布などは透過することができる。また，大気中の二酸化炭素に吸収されやすい性質があり，地球温暖化の原因となっていると考えられている。

正答 **4**

実践 問題 41 基本レベル

> 振幅と波長がそれぞれ等しい二つの波㋐（実線），㋑（破線）が互いに逆向きに進んでおり，図は時刻 $t = 0$［秒］のときの二つの波の様子を表している。このとき，二つの波の合成波は x 軸と一致する。
> 波の周期は両方とも 8 秒であるとすると，時刻 $t = 2$［秒］のとき，二つの波の合成波において $y = 0$ となる点は A ～ M のうちに何点あるか。
> ただし，二つの波は無限に続いており，振幅は減衰しないものとする。
> （国税・財務・労基2015）

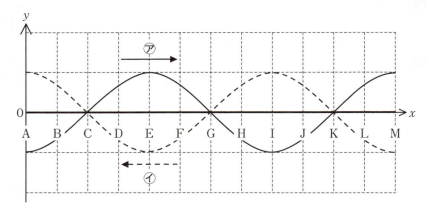

1 ： 1 点
2 ： 2 点
3 ： 4 点
4 ： 6 点
5 ： 8 点

OUTPUT

実践 問題 41 の解説

〈定常波〉

2つの波㋐および㋑は，波の周期が両方とも8秒であるため，時刻 $t = 2$［秒］のとき，それぞれ下記の太実線および太破線のとおりになる。

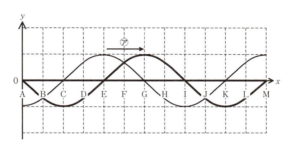

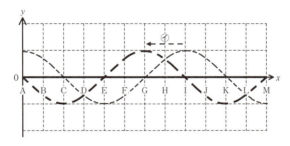

したがって，時刻 $t = 2$［秒］のとき，2つの波の合成波は次のとおりとなり，$y = 0$ となる点は，A，E，I，Mの4点となる。

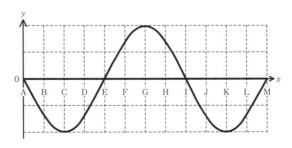

よって，正解は肢3である。

正答 3

物理 波動

実践 問題 42 基本レベル

頻出度	地上★★★	国家一般職★★★	東京都★★★	特別区★★★
	裁判所職員★★★	国税・財務・労基★★★	国家総合職★★★	

問 下の図のように屈折率 n_1 の媒質1と屈折率 n_2 の媒質2が三層に接しており，光が媒質1，媒質2，媒質1の順に進む。このとき，光の屈折の法則（スネルの法則）に従うと，入射角 θ_1，屈折角 θ_2 及び θ_3 の関係として最も適当なのはどれか。ただし，$n_1 > n_2$ とする。　　　　（裁事・家裁2007）

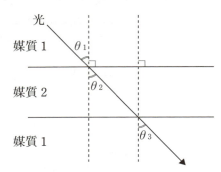

1：$\theta_1 < \theta_2 < \theta_3$
2：$\theta_1 < \theta_2$，$\theta_1 = \theta_3$
3：$\theta_1 < \theta_2$，$\theta_2 = \theta_3$
4：$\theta_2 < \theta_1 < \theta_3$
5：$\theta_3 < \theta_2 < \theta_1$

OUTPUT

実践 問題 **42** の解説

〈屈折〉

真空中と媒質中での光の速さをそれぞれ c, v とするとき,

$$\frac{c}{v} = n$$

となる n をその媒質の**絶対屈折率**または単に**屈折率**という。

屈折率 n_1 の媒質から入射角 θ_1 で入射し,屈折率 n_2 の媒質の中で屈折角 θ_2 で屈折していくとき,

$$n_1 \sin\theta_1 = n_2 \sin\theta_2$$

の関係が成り立つ。これを**スネルの法則**という。

異なる媒質が何層か重なって,その境界面がすべて平行であれば,各境界面を通って進む1つの光線は,

$$n_1 \sin\theta_1 = n_2 \sin\theta_2 = n_3 \sin\theta_3$$

が成り立つ。すなわち,$n \cdot \sin\theta = $ 一定となる。

これを本問にあてはめると,

$$n_1 \sin\theta_1 = n_2 \sin\theta_2 = n_1 \sin\theta_3$$

となって,$n_1 > n_2$ より,

$$\sin\theta_1 < \sin\theta_2$$

が成り立つ。$\sin\theta$ の値は,θ が十分小さいときには,

$$\sin\theta_1 < \sin\theta_2 \quad \Leftrightarrow \quad \theta_1 < \theta_2$$

が成り立つ。また,当然 $\theta_1 = \theta_3$ である。

よって,正解は肢2である。

正答 2

第1章 SECTION 3 物理 波動

実践 問題 43 基本レベル

問 弦楽器から振動数439Hzの音を発生させ,その近くで音叉を鳴らしたところ,2秒間に4回のうなりが聞こえた。そこで,弦を張る力を少しだけ強めたところ,弦楽器から発生する音は高くなり,その結果,うなりはなくなった。音叉の振動数として,妥当なのはどれか。　　　　　　　　　（東京都2020）

1 : 435Hz
2 : 437Hz
3 : 439Hz
4 : 441Hz
5 : 443Hz

実践 問題 43 の解説

〈うなり〉

振動数の近い２つの音源からの音波が重なるとき，音が干渉して周期的に強弱を繰り返す「うなり」が生じる。1秒間に起こるうなりの回数は，２つの音源の振動数の差の絶対値に等しい。いま，うなりが２秒間に４回聞こえたことから，１秒あたりのうなりの回数は２回とわかる。

したがって，音叉の振動数をfとすると，
　$|f - 439| = 2$
これより，音叉の振動数fは441Hzまたは437Hzと推測される。

音の高さと振動数については，振動数が多いと音が高くなり，振動数が少ないと音が低くなる。また，弦を張る強さの大小と音の高さについては，弦を強く張ると音が高くなり，弦を緩く張ると音が低くなる。

問題の条件より，弦を張る力を強めると音が高くなったため，その振動数が高くなったと考えられるが，その結果うなりがなくなったことから，音叉の振動数は，弦楽器が初めに発生させていた439Hzの音よりも高い，441Hzであることがわかる。

よって，正解は肢４である。

正答 4

第1章 SECTION 3 物理 波動

実践 問題 44 基本レベル

頻出度 地上★★★ 国家一般職★★★ 東京都★★★ 特別区★★★
裁判所職員★★★ 国税・財務・労基★★★ 国家総合職★★★

[問] 電車が振動数864Hzの警笛を鳴らしながら，20m／sの速さで観測者に近づいてくる。観測者が静止しているとき，観測される音の振動数はどれか。ただし，音速を340m／sとする。 （特別区2020）

1 ：768Hz
2 ：816Hz
3 ：890Hz
4 ：918Hz
5 ：972Hz

OUTPUT

実践 ▶ 問題 **44** ▶ の解説 ─────────────

チェック欄		
1回目	2回目	3回目

〈ドップラー効果〉

音速を V，音源の振動数を f_0，音源の移動速度を v，観測者の移動速度を u とすると，観測者が観測する音の振動数 f は以下の式により求められる。

$$f = \frac{V-u}{V-v} \times f_0$$

ただし，速度の正方向は，音源から観測者へ向かう向きにとる。

いま，$V = 340\text{m}/\text{s}$，$f_0 = 864\text{Hz}$，$v = 20\text{m}/\text{s}$，$u = 0\,\text{m}/\text{s}$ である。これを上式に代入すると，

$$f = \frac{340-0}{340-20} \times 864 = \frac{17}{16} \times 864 = 918\,[\text{Hz}]$$

よって，正解は肢 4 である。

正答 **4**

第1章 SECTION 3 物理 波動

実践 問題 45 基本レベル

頻出度 地上★★★ 国家一般職★★★ 東京都★★★ 特別区★★★
裁判所職員★★★ 国税・財務・労基★★★ 国家総合職★★★

問 次の記述のア及びイに当てはまる値の組合せとして正しいのはどれか。
(国Ⅱ2002)

ある直線線路とその脇に平行した直線道路が，共に東西に走っている。

いま，その直線線路上を電車が速さ20m／sで西から東に向かって走っており，直線道路上を自動車が速さ15m／sで東から西に向かって走っている。電車が振動数1152Hzの警笛を鳴らしながら自動車とすれ違ったとき，自動車の運転手に聞こえる警笛の振動数は，すれ違う前はおよそ ア Hzであり，すれ違った後はおよそ イ Hzである。

ただし，音の速さを340m／sとする。

	ア	イ
1	1278	1040
2	1278	1136
3	1278	1170
4	1170	1040
5	1170	1136

OUTPUT

チェック欄		
1回目	2回目	3回目

実践 ▶ 問題 **45** ▶ の解説 ──────────────

〈ドップラー効果〉

音速を V，音源の速度を v，観測者の速度を u（ただし，u，vは音源から観測者へ向かう方向を正の向きとする），音源が出す音の振動数を f_0 とすると，観測者が観測する音の振動数 f は，

$$f = \frac{V - u}{V - v} \times f_0 \quad \cdots\cdots ①$$

となる（ドップラー効果の公式）。

そこで，まず，自動車が電車とすれ違う前に，自動車の運転手が警笛を観測した場合を考える。

自動車が電車とすれ違う前には，音源は「音源から観測者へ向かう方向」，すなわち正の方向に20m／sの速度（$v = +20$［m／s］）で運動しており，他方，自動車は「観測者から音源へ向かう方向」，すなわち負の方向に15m／sの速度（$u = -15$［m／s］）で移動しているといえる。

したがって，これらの値を①に代入して，

$$f = \frac{340 - (-15)}{340 - 20} \times 1152 = \underline{1278}\,[\text{Hz}]\,(ア)$$

となる。

次に，自動車が電車とすれ違ったあとに，自動車の運転手が警笛を観測した場合を考える。この場合もすれ違う前の場合と同様に考えると，音源の速度 $v = -20$［m／s］，観測者の速度 $u = +15$［m／s］である。

したがって，これらの値を①に代入して，

$$f = \frac{340 - 15}{340 - (-20)} \times 1152 = \underline{1040}\,[\text{Hz}]\,(イ)$$

となる。

よって，正解は肢1である。

正答 **1**

第1章 SECTION 3 物理 波動

実践 問題 46 基本レベル

問 次は，凸レンズによる実像に関する記述であるが，ア，イに当てはまるものの組合せとして最も妥当なのはどれか。 （国家総合職2015）

「光は，レンズによって屈折し，収束したり発散したりする。図のように，凸レンズの焦点距離を f，物体から凸レンズまでの距離を a，凸レンズから像までの距離を b とすると，物体から見て凸レンズの後方にできる像の倍率 $\dfrac{P'Q'}{PQ}$ は ア である。また，像の倍率 $\dfrac{P'Q'}{PQ}$ は，△OO'F と △Q'P'F の関係からも求めることができるが，これらにより，a，b，f の間には イ という関係があることが分かる。」

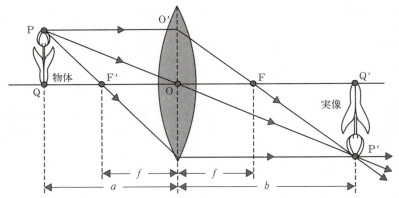

	ア	イ
1	$\dfrac{a}{b}$	$\dfrac{1}{a} - \dfrac{1}{b} = \dfrac{1}{f}$
2	$\dfrac{a}{b}$	$\dfrac{1}{a} + \dfrac{1}{b} = \dfrac{1}{f}$
3	$\dfrac{b}{f}$	$\dfrac{1}{a} - \dfrac{1}{b} = \dfrac{1}{f}$
4	$\dfrac{b}{a}$	$\dfrac{1}{a} - \dfrac{1}{b} = \dfrac{1}{f}$
5	$\dfrac{b}{a}$	$\dfrac{1}{a} + \dfrac{1}{b} = \dfrac{1}{f}$

直前復習

OUTPUT

実践 問題 **46** の解説 ――――――――――

チェック欄

1回目	2回目	3回目

第1章

物理

〈レンズ〉

ア $\triangle$OPQ$\backsim$$\triangle$OP'Q'より,$\dfrac{P'Q'}{PQ}=\dfrac{OQ'}{OQ}$であり,OQ$=a$,OQ'$=b$であるから,

$$\dfrac{P'Q'}{PQ}=\dfrac{b}{a}$$

イ $\triangle$OO'F$\backsim$$\triangle$Q'P'Fであるから,O'O:P'Q'$=$OF:Q'Fである。

O'O$=$PQであるから, ア より,O'O:P'Q'$=$PQ:P'Q'$=a:b$となる。

また,OF$=f$,Q'F$=b-f$であるから,

$$O'O : P'Q'=OF : Q'F$$
$$a : b = f:(b-f)$$
$$a(b-f)=bf$$
$$ab-af=bf$$

ここで,両辺をabfで割ると,

$$\dfrac{1}{f}-\dfrac{1}{b}=\dfrac{1}{a}$$

$$\dfrac{1}{a}+\dfrac{1}{b}=\dfrac{1}{f}$$

となる。

よって,正解は肢5である。

正答 5

LEC東京リーガルマインド 2022-2023年合格目標 公務員試験 本気で合格！過去問解きまくり！ 119
⑦自然科学Ⅰ

物理
電磁気

必修問題 セクションテーマを代表する問題に挑戦！

電気回路は公式を知っているだけでは解けません。回路の性質を上手く使えるようにしておきましょう。

問 次の図のような直流回路において，各抵抗の抵抗値は $R_1=30Ω$，$R_2=20Ω$，$R_3=20Ω$で，R_1に流れる電流が1.4Aであるとき，R_3を流れる電流はどれか。ただし，電源の内部抵抗は考えないものとする。 (特別区2011)

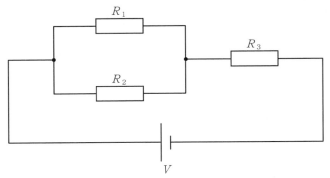

1 : 3.1 A
2 : 3.2 A
3 : 3.3 A
4 : 3.4 A
5 : 3.5 A

直前復習

必修問題の解説

〈オームの法則〉

R_1, R_2, R_3に流れる電流をそれぞれI_1, I_2, I_3とする。並列接続されている抵抗に流れる電流の大きさは，各抵抗の大きさに反比例するため，

$$I_1 : I_2 = \frac{1}{R_1} : \frac{1}{R_2} = \frac{1}{30} : \frac{1}{20} = 2 : 3$$

が成り立つ。すると，$I_1 = 1.4 \,[\text{A}]$より，$I_2 = 2.1 \,[\text{A}]$である。

また，図よりI_3の値はI_1とI_2の和に等しいため，

$$I_3 = 1.4 + 2.1 = 3.5 \,[\text{A}]$$

となる。

よって，正解は肢5である。

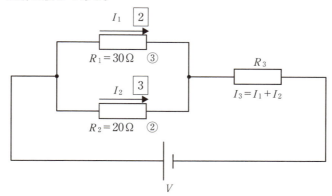

正答 5

第1章 物理 SECTION 4 電磁気

1 クーロンの法則

(1) 電荷
帯電した物体がもつ電気を電荷といいます。電荷がもつ電気の量を電気量といい，単位はクーロン（記号C）を使います。電荷には正電荷と負電荷があります。

(2) クーロンの法則
電荷を帯びた2つの粒子には力がはたらきます（正どうし，負どうしであれば斥力，異符号であれば引力）。その力の大きさ F は，電荷の積に比例し，距離の2乗に反比例するため，2つの電荷を q_1，q_2，距離を r，比例定数を k とすると，

$$F = k\frac{q_1 q_2}{r^2}$$

（図：q_1 ←→ r ←→ q_2）

と表されます。

2 電流・電圧・電気抵抗の関係

(1) 電流 I
電気の流れを電流といいます。1秒間あたりに導体を流れる電気量（電荷）を電流といい，電流の単位は1［C］の電気量が1秒間に流れる強さを1［A］（アンペア）とします。

(2) 電気抵抗 R
電気抵抗は，電荷の流れ（電流）を妨げるものです。単位は［Ω］（オーム）です。導線の電気抵抗 R は，その長さに比例して，断面積 S に反比例します。

(3) 電圧 V
1［C］の電荷がもつ位置エネルギーを電位といい，2点間の電位の差を電圧といいます。電圧（起電力）の単位は［V］（ボルト）です。

電流，電気抵抗，電圧は以下のようなイメージで理解するとよいでしょう。

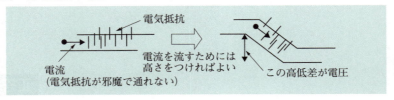

(4) オームの法則

前ページのイメージ図からわかるように，電流の大きさは，電圧の大きさに比例し，電気抵抗の大きさに反比例します。つまり，1つの抵抗に関して，

$$V = RI$$

が成り立ちます。これをオームの法則といいます。

(5) 消費電力 P

電流が1秒間にする仕事の量を，消費電力または電力といいます。単位は[W]（ワット）です。消費電力の値 P は，以下のように表されます。

$$P = VI = RI^2 = \frac{V^2}{R}$$

3 直流回路

(1) 直列回路・並列回路

図のような回路を直列回路，並列回路といい，各回路における電流，電圧，電気抵抗の合成の関係は，以下のようになります。なお，抵抗の合成とは，直列または並列に接続されている複数の抵抗を，1つの抵抗とみなすことをいいます。

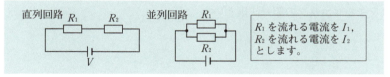

	直　列	並　列
R_1, R_2 を流れる電流	等しい	電気抵抗の値に反比例する $I_1 : I_2 = \frac{1}{R_1} : \frac{1}{R_2}$
R_1, R_2 にかかる電圧	電気抵抗に比例する $V_1 : V_2 = R_1 : R_2$ 電圧の和は，電池の電圧に等しい $I_1 R_1 + I_2 R_2 = V$	等しい
電気抵抗の合成	$R = R_1 + R_2 + R_3 + \cdots$	$\frac{1}{R} = \frac{1}{R_1} + \frac{1}{R_2} + \frac{1}{R_3} + \cdots$

SECTION 4 物理 電磁気

実践 問題 47 基本レベル

頻出度 地上★★★　国家一般職★★★　東京都★★　特別区★★★
　　　　裁判所職員★★　国税・財務・労基★★　国家総合職★★

問 電気についての法則に関する記述として，妥当なのはどれか。（特別区2015）

1：2つの点電荷の間にはたらく静電気力の大きさは，それぞれの電気量の大きさの積に反比例し，点電荷間の距離の2乗に比例する。これをクーロンの法則という。

2：電流，磁場，力の向きの関係は，左手の人さし指を磁場の向き，中指を電流の向きに合わせると，親指の向きが力の向きに一致する。これをオームの法則という。

3：十分に長い導線を流れる直線電流がつくる磁場の向きは，右ねじの進む向きを電流の進む向きに合わせたときの右ねじの進む向きになる。これを右ねじの法則という。

4：誘導起電力は，誘導電流のつくる磁束がコイルを貫く磁束の変化を妨げるような向きに生じる。これをレンツの法則という。

5：回路の中の任意の点について，流れ込む電流の和と電圧降下の和は等しい。これをキルヒホッフの第一法則という。

OUTPUT

チェック欄		
1回目	2回目	3回目

実践 問題 **47** の解説 ―――――――――――

〈電気の法則〉

1× 2つの点電荷の間にはたらく静電気力の大きさは，それぞれの電気量の大きさの積に比例し，**点電荷間の距離の2乗に反比例する**。これをクーロンの法則という。

2× 電流，磁場，力の向きの関係は，**左手の人さし指と中指と親指を互いに直角に開き，人さし指を磁場の向き，中指を電流の向きに合わせると，親指の向きが力の向きに一致する**。これをフレミングの左手の法則という。
なお，**オームの法則**は，電流の大きさ I [A]は，電圧の大きさ V [V]に比例し，電気抵抗の大きさ R [Ω]に反比例することであり，**$V = RI$** と表せる。

3× **直線電流がつくる磁場の向きは，右ねじの進む向きを電流の進む向きに合わせたときのねじを回す向き**になる。これを右ねじの法則という。
なお，コイルでは，それぞれの導線から右ねじの法則にしたがう磁場ができ，その方向は右手の親指以外の4本指を電流の向きにあわせたときの親指の向きとなる。また，コイルに電流が流れると磁石と同じはたらきをする。これを電磁石という。

4○ 記述のとおりである。磁石をコイルに近づけたり，遠ざけたりすると，コイルの両端に電圧が生じ，電流が流れる。この現象は，電磁誘導とよばれる。電磁誘導で生じる電圧を誘導起電力，流れる電流を誘導電流という。電磁誘導を利用したものとして，ＩＨ炊飯器，電磁調理器，電子マネー用のＩＣカードなどがある。**誘導起電力は，誘導電流のつくる磁束がコイルを貫く磁束の変化を妨げるような向きに生じる**。これをレンツの法則という。たとえば，Ｎ極をコイルに近づけると，近づけた方向の磁力線が増加するため，それと反対向きの磁力線ができるように誘導電流が流れる。逆に，Ｎ極をコイルから遠ざけると，磁力線が減少するため，遠ざけたのと反対向きの磁力線ができるように誘導電流が流れる。

5× **回路の中の任意の点について，流れ込む電流の和と流れ出る電流の和は等しい**。これをキルヒホッフの第1法則という。つまり，電流は回路の途中で増減することはない。
また，**回路内の任意の閉じた経路において，起電力の和は電圧降下の和に等しい**。これをキルヒホッフの第2法則という。つまり，電源によって電圧が上昇した分と，抵抗によって電圧が下降した分が等しい。
これらを用いると，複雑な回路においても，電流や電圧を求めることができる。

正答 4

第1章 物理

LEC東京リーガルマインド 2022-2023年合格目標 公務員試験 本気で合格！過去問解きまくり！ 125
⑦自然科学Ⅰ

問 磁気に関する次のA〜Eの記述の正誤の組合せとして最も妥当なものはどれか。 (裁判所職員2019)

A：磁石が鉄片を引きつけたり，磁石同士が引き合ったりする力を磁気力(磁力)といい，磁気力は磁石の両端で最も強く，この部分を磁極という。
B：磁極にはN極とS極があり，同種の極は互いに反発し，異種の極は互いに引き合う。
C：磁気力(磁力)の及ぶ空間には磁界が生じているといい，磁界の向きはN極が受ける力の向きと定める。
D：磁界の向きに沿って引いた曲線を磁力線といい，この線の密なところは磁場が弱い。
E：電流は周囲に磁場をつくるが，電流の強さや電流の進む向きは，この磁場に影響を与えない。

	A	B	C	D	E
1	正	正	正	誤	誤
2	正	正	正	誤	正
3	誤	正	誤	誤	正
4	誤	誤	正	正	誤
5	誤	誤	誤	正	正

OUTPUT

実践 問題 **48** **の解説**

〈磁気〉

A○ 記述のとおりである。電荷が作る電界(電場)に対して，磁極が作るものを**磁界(磁場)**という。また，磁石にはN極とS極があり，現在のところN極だけやS極だけの磁石はないと考えられている。

B○ 記述のとおりである。**北極側を向く磁極をN極**(north pole)，**南極側を向く磁極をS極**(south pole)という。なお，**地球全体では北極付近にS極，南極付近にN極がある**。

C○ 記述のとおりである。これより，**磁界はN極から出てS極に入る向き**となる。

D× 磁界(磁場)の様子をゴムひものようなイメージで視覚化したものが磁力線であり，この磁力線の密なところは磁界(磁場)が強い。磁力線の性質は，電界における電気力線と同じように考えることができる。**磁力線は，N極から出てS極に入り，途切れたり枝分かれしたりしない。**

E× たとえば，直線電流がそのまわりにつくる磁界(磁場)を考えると，**磁界の向きは電流が進む方向に対し右ねじが回る方向(右ねじの法則)**となり，磁界(磁場)の強さは，電流が強くなるほど強くなる。

よって，正解は肢1である。

正答 1

LEC東京リーガルマインド　2022-2023年合格目標 公務員試験 本気で合格！過去問解きまくり！　127
⑦自然科学Ⅰ

SECTION ④ 物理 電磁気

実践 問題 49 基本レベル

頻出度　地上★★　国家一般職★★　東京都★★　特別区★★
　　　　裁判所職員★★　国税・財務・労基★★　国家総合職★★

[問] 電流と磁場に関する次の文中のア～エに入るものについて、いずれも妥当なものを選んでいるものはどれか。
（地上2021）

図Ⅰに示すように，十分な長さの直線導線Ｐと，正方形のコイルABCDがあり，Ｐと辺ABが平行になるように置かれ，電流の流れる向きは図Ⅰのとおりである。Ｐの周りには同心円状に磁場ができ，その向きは右ねじの法則によると，図Ⅰに示すとおりである。したがって，コイルの置かれた場における磁場の向きは，紙の表から裏へ向かう向きである。コイルABCDは，Ｐの磁場から力を受けるが，図Ⅱに示すフレミングの法則により，辺ABは ア 向きの力 F_1 を，辺CDは イ 向きの力 F_2 を受けている。辺ABと辺CDのＰからの距離を考えると，力の大きさは ウ の方が大きい。辺ADと辺BCが磁場から受ける力は，それぞれ互いに打ち消しあうため，コイルがＰの磁場から受ける力は エ 向きとなる。

図Ⅰ

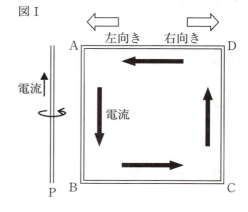

図Ⅱ

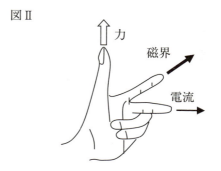

	ア	イ	ウ	エ
1 :	右	右	F_1	右
2 :	右	左	F_1	右
3 :	右	左	F_2	左
4 :	左	右	F_1	左
5 :	左	左	F_2	左

実践 問題 49 の解説

〈フレミングの法則〉

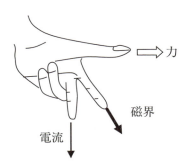

辺ABに対するフレミングの左手の法則

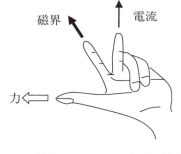

辺CDに対するフレミングの左手の法則

　辺ABおよびCDに対する**フレミングの左手の法則**は，上図のようになる。したがって，辺ABには右向きの力が，辺CDには左向きの力が作用する。この力の大きさは，磁界の強さに比例する。また，磁界の強さは，それを作る電流からの距離に反比例する。したがって，辺ABが受ける力F_1の大きさは，辺CDが受ける力F_2の大きさよりも大きく，正方形のコイルにはたらく合力の向きは右向きである。

　したがって，ア：右，イ：左，ウ：F_1，エ：右となる。
　よって，正解は肢2である。

【コメント】
　本問題からわかるように，互いに平行な導線に電流を流したときにはたらく力は，電流の向きが同じときは引力，逆のときは斥力となる。また，大きさIの直線電流が距離rの位置につくる磁界の強さは，$\dfrac{I}{2\pi r}$（πは円周率）である。

正答 **2**

第1章 物理
SECTION 4 電磁気

実践 問題 50 基本レベル

頻出度	地上★★	国家一般職★★	東京都★★	特別区★★
	裁判所職員★★	国税・財務・労基★★	国家総合職★★	

[問] 次は、磁気に関する記述であるが、A～Dに当てはまるものの組合せとして最も妥当なのはどれか。　　　　　　　　　　　　　　　　（国家一般職2017）

　磁極にはN極とS極があり、同種の極の間には斥力、異種の極の間には引力が働き、磁気力が及ぶ空間には磁場が生じる。磁場の向きに沿って引いた線である磁力線は、　A　極から出て　B　極に入る。

　また、電流は周囲に磁場を作り、十分に長い導線を流れる直線電流が作る磁場の向きは、右ねじの進む向きを電流の向きに合わせたときの右ねじの回る向きになる。

　以上の性質及びレンツの法則を用いて、次の現象を考えることができる。

　図Ⅰのように、水平面にコイルを置き、コイルに対して垂直に上方向から棒磁石のN極を近づけた。このときコイルには　C　の向きに電流が流れる。これは、コイルを貫く磁束の変化を妨げる向きの磁場を作るような電流が流れるためである。また、図Ⅱのように、図Ⅰと同じコイルに対して垂直に上方向へ棒磁石のS極を遠ざけたときは、　D　の向きに電流が流れる。

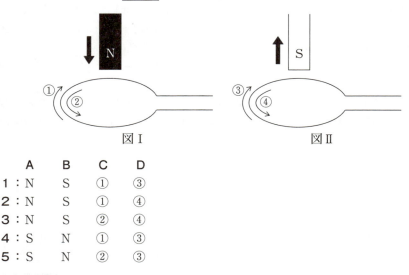

	A	B	C	D
1 :	N	S	①	③
2 :	N	S	①	④
3 :	N	S	②	④
4 :	S	N	①	③
5 :	S	N	②	③

OUTPUT

実践 問題 **50** の解説

〈電磁誘導〉

磁極にはN極とS極があり，磁場の向きに沿って引いた線である**磁力線はN極から出てS極に入る**。

電流は周囲に磁場をつくり，**十分に長い導線を流れる直線電流がつくる磁場の向きは，右ねじの進む向きを電流の向きに合わせたときの右ねじの回る向きになる**。また，円形電流がその中心付近につくる磁場の向きは，右ねじの進む向きを電流の向きに合わせたときの右ねじの回る向きになる。これらを**右ねじの法則**という。

コイルに対して棒磁石を近づけたり遠ざけたりすると，コイルの中の磁場が変化し電流が流れる。この現象を**電磁誘導**という。このとき，**コイルを貫く磁束の変化を妨げる**（磁力線が増加するときは減少させるよう，減少しているときは増加させるような）**向きの磁場をつくる電流が流れる**（レンツの法則）。

図Ⅰでは，コイルに対して上方向から棒磁石のN極を近づけているため，下向きの磁力線（実線矢印）が増加している。レンツの法則より，これを打ち消すようにコイルには上向きの磁力線（破線矢印）を発生させるような電流が流れる。右ねじの法則より，その電流の向きは②である。

図Ⅱでは，コイルに対して上方向へ棒磁石のS極を遠ざけているため，上向きの磁力線（実線矢印）が減少している。レンツの法則より，これを打ち消すようにコイルには上向きの磁力線（破線矢印）を発生させるような電流が流れる。右ねじの法則より，その電流の向きは④である。

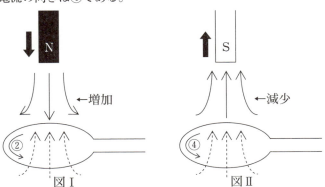

したがって，A：N，B：S，C：②，D：④となる。
よって，正解は肢3である。

正答 3

第1章 SECTION 4 物理 電磁気

実践 問題 51 基本レベル

頻出度 地上★★★ 国家一般職★★★ 東京都★★★ 特別区★★★
　　　　裁判所職員★★★ 国税・財務・労基★★★ 国家総合職★★★

問 次の図のような直流回路がある。今，20Ωの抵抗を流れる電流が2Aのとき，AB間の電圧はどれか。　　　　　　　　　　　　　　　　（特別区2018）

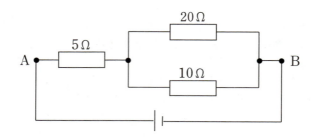

1 : 50 V
2 : 60 V
3 : 70 V
4 : 80 V
5 : 90 V

OUTPUT

実践 ▶ 問題 **51** ▶ の解説 ―――――――――――――――

〈オームの法則〉

20Ωの抵抗を流れる電流が2Aであるから，この抵抗にかかる電圧は，**オームの法則**より，

$20 \times 2 = 40$ [V]

並列回路では，各部分に加わる電圧の大きさは等しいため，10Ωの抵抗にかかる電圧も40Vであるから，この抵抗を流れる電流は，

$40 \div 10 = 4$ [A]

並列回路では，枝分かれする前の電流は，枝分かれしたあとの電流の和に等しいため，

$2 + 4 = 6$ [A]

の電流が，5Ωの抵抗に流れる。

したがって，5Ωの抵抗にかかる電圧は，

$5 \times 6 = 30$ [V]

直列回路では，各部分に加わる電圧の大きさの和は，全体に加わる電圧の大きさに等しいから，AB間の電圧は，

$30 + 40 = 70$ [V]

よって，正解は肢3である。

正答 3

SECTION 4 物理 電磁気

実践 問題 52 　基本レベル

頻出度	地上★★★	国家一般職★★★	東京都★★★	特別区★★★
	裁判所職員★★★	国税・財務・労基★★★	国家総合職★★★	

問 図のブリッジ回路において，可変抵抗 R と点 A での電流 I との関係を定性的に示した図として最も妥当なのはどれか。

ただし，電流 I は図中の矢印の向きを正とする。　　　　　　　　　　(国 I 2004)

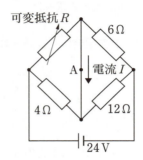

1 :
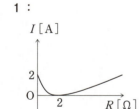

2 :
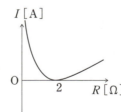

3 :
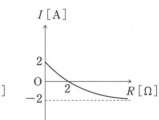

4 :
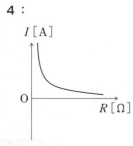

5 :
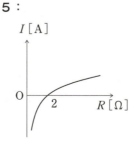

OUTPUT

実践 問題 52 の解説

〈オームの法則〉

　可変抵抗 R の値が 0 のときと ∞ のときについて考える。また，この問題では電流の向きが指定されているため，その点にも注意する。

　R の値が 0 のとき，R に並列接続されている 4Ω の抵抗には電流が流れない。すなわち，図Ⅰの回路と等価になる。図を見ればわかるように，この状態では電流 I は12Ωの抵抗に流れる電流である。したがって，

$$I = \frac{24}{12} = 2 \text{ [A]}$$

　R の値が無限大のとき，R には電流が流れない。すなわち，図Ⅱの回路と等価になる。この状態では電流 I は 6Ω に流れる電流である。まず，6Ω と12Ωの合成抵抗 r を求めると，

$$r = \frac{6 \times 12}{6 + 12} = 4 \text{ [Ω]}$$

となる。次に，r に流れる電流 i を求めると，

$$i = \frac{24}{4 + 4} = 3 \text{ [A]}$$

となる。並列抵抗では各抵抗に流れる電流は抵抗値の逆比と等しいため，6Ω の抵抗に流れる電流は，

$$3 \times \frac{12}{12 + 6} = 2 \text{ [A]}$$

となる。ここで，定義されている向きと逆であるから，$I = -2$ [A] と求められる。

　以上より，$R = 0$ のとき $I = 2$ [A]，$R = ∞$ のとき $I = -2$ [A] となっている図を探せばよい。

　よって，正解は肢3である。

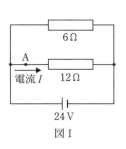
図Ⅰ

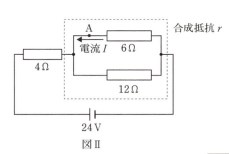
図Ⅱ

正答 3

SECTION 4 電磁気

実践 問題 53 基本レベル

頻出度 地上★★★ 国家一般職★★★ 東京都★★★ 特別区★★★
裁判所職員★★★ 国税・財務・労基★★★ 国家総合職★★★

問 断面が円のニクロム線Aは，100Vの電源に接続すると消費電力が500Wであり，断面が円でAと材質が等しく長さが2倍のニクロム線Bは，40Vの電源に接続すると消費電力が1000Wとなった。このとき，Aの断面の半径r_AとBの断面の半径r_Bとの比として，正しいのはどれか。ただし，それぞれの電源の電圧は一定であり，ニクロム線の抵抗は温度によって変化しない。

（東京都2003）

$r_A : r_B$
1： 2 ： 1
2： 3 ： 2
3： 1 ： 2
4： 1 ： 3
5： 1 ： 5

OUTPUT

実践 ▶ 問題 **53** の解説 ──────────

〈電気抵抗〉

ニクロム線の断面積を S，長さを l とすると，**電気抵抗 R** は，

$$R = \rho \frac{l}{S} \quad \cdots\cdots ①$$

となる。ここで，ρ は抵抗率とよばれ，導線の材質によって異なる。

電圧 V，電気抵抗 R における消費電力 W は，$W = \dfrac{V^2}{R}$ であるから，ニクロム線 A，B の電気抵抗 R_A，R_B は，

$$R_A = \frac{100^2}{500} = 20\,[\Omega]$$

$$R_B = \frac{40^2}{1000} = 1.6\,[\Omega]$$

となる。

ニクロム線 A，B の長さをそれぞれ l_A，$2l_A$，断面積をそれぞれ S_A，S_B とおくと，A，B はともに同じニクロム線であるため抵抗率は等しいから，①より，

$$\frac{R_A S_A}{l_A} = \frac{R_B S_B}{2l_A}$$

$$\frac{20 S_A}{l_A} = \frac{1.6 S_B}{2l_A}$$

$$S_A : S_B = 1 : 25$$

$S = \pi r^2$ より，

$$r_A : r_B = 1 : 5$$

よって，正解は肢 5 である。

正答 5

──────────

2022-2023年合格目標 公務員試験 本気で合格！過去問解きまくり！ ⑦自然科学Ⅰ

第1章 SECTION 4 物理 電磁気

実践 問題 54 基本レベル

頻出度	地上★★	国家一般職★★	東京都★★	特別区★★
	裁判所職員★★	国税・財務・労基★★	国家総合職★★	

問 電熱器を水の中に入れて水を温め、温度の上昇と時間の関係から電熱器の電気抵抗の比を求めたい。次の空欄ア、イに当てはまるものとして最も妥当なのはどれか。 (地上2017)

右図のように電熱器X、Yを同じ量の水を入れた容器に入れ、同じ大きさの電圧を加える。水温が1℃上昇するのに電熱器Xは2分、Yは3分かかったので、電熱器Xの2分で発する熱と電熱器Yの3分で発する熱の大きさは等し

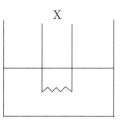 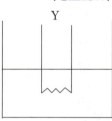

い。発熱量は単位時間あたりの発熱量(ワット)に時間をかけたものであるので、「発熱量=電力×時間」となる。

電熱器XとYの単位時間あたりの発熱量の比はX:Y=　ア　となる。また、電力は「電力=電圧×電流」であるので、加えている電圧が同じことから電熱器XとYの電流の比はX:Y=　　　　となる。

オームの法則より「電圧=電流×抵抗」であるので、電熱器XとYの電気抵抗の比はX:Y=　イ　である。

```
     ア       イ
1 : 2 : 3   2 : 3
2 : 2 : 3   3 : 2
3 : 1 : 1   2 : 3
4 : 3 : 2   2 : 3
5 : 3 : 2   3 : 2
```

OUTPUT

実践 問題 54 の解説

〈電力と熱〉

電熱器などの抵抗に電流を流すと熱が発生する。これをジュール熱という。発熱量は単位時間あたりの発熱量（ワット）に時間をかけたものであるため，

発熱量 Q ＝電力 P ×時間 t

となる。

電熱器Xの2分で発する熱と電熱器Yの3分で発する熱の大きさは等しいため，電熱器Xの1分あたりの発熱量を P_X とし，電熱器Yの1分あたりの発熱量を P_Y とすると，

$$2P_X = 3P_Y$$
$$P_X : P_Y = 3 : 2 \quad \cdots\cdots ア$$

となる。

また，電力は，

電力 P ＝電圧 V ×電流 I

であるため，加えている電圧 V が同じことから，電熱器Xの電流 I_X と電熱器Yの電流 I_Y の比は，アの $P_X : P_Y = 3 : 2$ より，

$$VI_X : VI_Y = 3 : 2$$
$$I_X : I_Y = 3 : 2 \quad \cdots\cdots 空欄$$

となる。

そして，オームの法則より，

電圧 V ＝電流 I ×抵抗 R

であるから，電熱器から1分あたりに発生する熱量 P は，

$$P = VI = \frac{V^2}{R}$$

となるから，電熱器Xの電気抵抗 R_X と電熱器Yの電気抵抗 R_Y の比は，アより，

$$\frac{V^2}{R_X} : \frac{V^2}{R_Y} = 3 : 2$$

$$\frac{2}{R_X} = \frac{3}{R_Y}$$

$$R_X : R_Y = 2 : 3 \quad \cdots\cdots イ$$

よって，正解は肢4である。

正答 4

第1章 SECTION 4 物理 電磁気

実践 問題 55 基本レベル

頻出度	地上★★	国家一般職★★	東京都★★	特別区★★
	裁判所職員★★	国税・財務・労基★★	国家総合職★★	

問 図のA～Eのように，抵抗値がそれぞれ等しいニクロム線を電池とそれぞれ接続し，同じ量の水が入った水槽に浸した。一定時間経過後の水の温度上昇が最大のものと最小のものの組合せとして，最も妥当なのはどれか。ただし，使用する電池はそれぞれ電圧が等しく同じ規格のものとする。

なお，一定時間中に電池切れになったり，水が沸騰したりすることはなかった。

（国税・労基2014）

A
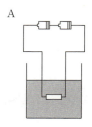

B
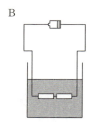

C
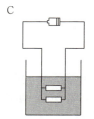

D
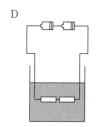

E
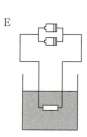

─⊡─ 電池
─□─ ニクロム線

```
     最大    最小
1 ：  A      B
2 ：  A      E
3 ：  D      B
4 ：  D      C
5 ：  E      C
```

OUTPUT

チェック欄		
1回目	2回目	3回目

実践 ▶ 問題 **55** ▶ の解説

〈電力と熱〉

　導線に電流を流すと熱が発生する。これを**ジュール熱**という。抵抗値 R［Ω］のニクロム線に I［A］の電流が t 秒間流れるとき，ニクロム線に発生する**熱量 Q［J］**は，

$$Q = I^2 Rt$$

で表される。ニクロム線にかかる電圧を V［V］とすると，オームの法則より $V = RI$ であるから，

$$Q = I^2 Rt = IVt = \frac{V^2}{R} t$$

となる。これを**ジュールの法則**という。ニクロム線で発生したジュール熱が水の温度上昇に使われるのであるから，A〜Eにおいて発生するジュール熱を計算して比較すればよい。以下，ニクロム線の抵抗値を R［Ω］，電池の起電力を E［V］とする。

A　電池は 2 個が直列接続であるため，回路の電圧は $E + E = 2E$，ニクロム線は 1 本であるから，回路の抵抗値は R となる。したがって，t 秒間に発生するジュール熱は，

$$Q = \frac{(2E)^2}{R} t = 4 \frac{E^2}{R} t$$

B　電池は 1 個であるため，回路の電圧は E，ニクロム線は 2 本が直列接続であるから，回路の抵抗値は $R + R = 2R$ となる。したがって，t 秒間に発生するジュール熱は，

$$Q = \frac{E^2}{2R} t = \frac{1}{2} \frac{E^2}{R} t$$

C　電池は 1 個であるため，回路の電圧は E，ニクロム線は 2 本が並列接続であるから，回路の抵抗値は $\frac{R \times R}{R + R} = \frac{1}{2} R$ となる。したがって，t 秒間に発生するジュール熱は，

$$Q = \frac{E^2}{\frac{1}{2} R} t = 2 \frac{E^2}{R} t$$

D　電池は 2 個が直列接続であるため，回路の電圧は $E + E = 2E$，ニクロム線は 2 本が直列接続であるから，回路の抵抗値は $R + R = 2R$ となる。したがって，t 秒間に発生するジュール熱は，

LEC東京リーガルマインド　　2022-2023年合格目標 公務員試験 本気で合格！過去問解きまくり！　141
⑦自然科学Ⅰ

$$Q = \frac{(2E)^2}{2R} t = 2\frac{E^2}{R} t$$

E　電池は2個が並列接続であるため，1個のときと同じく回路の電圧はE，ニクロム線は1本であるから，回路の抵抗値はRとなる。したがって，t秒間に発生するジュール熱は，

$$Q = \frac{E^2}{R} t$$

以上より，A～Eにおいて発生するジュール熱は，A＞C＝D＞E＞Bとなるから，最大のものはA，最小のものはBとなる。

よって，正解は肢1である。

【参考】

仕事の単位は，ジュール(記号J)を使う。また，1秒間あたりにする仕事の割合を仕事率といい，単位はワット(記号W)を使う。すなわち，

　　W＝J／s

という関係である。

電力は，電気がする単位時間あたりの仕事，すなわち仕事率のことであるから，その単位はワット(記号W)となる。また，電力量は，電気がする仕事であるから，その単位はジュール(記号J)となる。

正答 1

memo

第1章 物理

SECTION 4 物理 電磁気

実践 問題 56 基本レベル

問 電気の直流と交流に関する記述として，妥当なのはどれか。　　（東京都2018）

1：電圧や電流の向きが一定の電気のことを直流といい，電圧や電流の向きが周期的に変化する電気のことを交流という。
2：変圧器(トランス)を用いることにより，交流の周波数を変化させることができるが，電圧や電流を変化させることはできない。
3：日本において，家庭に供給される交流の周波数は，本州では50ヘルツであり，北海道，四国及び九州では60ヘルツである。
4：蛍光灯，パソコンでは交流を直流に変換して使用されるが，テレビ，DVDプレーヤーでは直流に変換されず，交流のまま使用される。
5：発電所から変電所に送電するときは，電力損失を小さくするため，直流100ボルトの低電圧で送電され，変電所で交流100ボルトに変換して家庭に供給される。

OUTPUT

実践 ▶ 問題 **56** ▶ の解説 ────────────

チェック欄
1回目	2回目	3回目

第1章

物理

〈直流と交流〉

1○ 記述のとおりである。直流は，乾電池のように，常に電圧は＋極側のほうが大きく，電流は＋極から－極への向きをもつ。一方，交流は，＋極と－極の間で1秒間に数十回，電圧，電流の向きが周期的に変化している。

2× 変圧器は，相互誘導を利用した交流電源の電圧の大きさを変えるための装置である。直流電源では，電流の値に変化がないため，相互誘導を用いて電圧を変えることはできないが，交流電源はそれが可能である。発電所から送電の際にも応用され，発電所からの送電は高電圧で，変電所で家庭への送電のために低電圧に変換する。したがって，変圧器によって電圧や電流を変化させることができるが，交流の周波数を変化させることはできない。

3× 日本では，一般的には，糸魚川静岡構造線とよばれる静岡県静岡市の安倍川から新潟県糸魚川市に走っている断層に沿う形で，交流電源の周波数も異なり，関東から北側の交流周波数は50ヘルツ，中部北陸から西側の交流周波数は60ヘルツである。日本で差異があるのは，明治時代に東京ではドイツ製，大阪ではアメリカ製と異なる発電機を導入したためである。

4× 交流の家庭用電源を電圧が小さい直流電源に変換する装置をACアダプターとよび，通常は電子機器をもつ小型の家電製品に使われる。したがって，照明器具や洗濯機などの電化製品には利用しない。ACアダプターは，DVDプレーヤーやパソコンには利用されるが，テレビや蛍光灯には利用されない。

5× 発電所から変電所への送電は，電力損失を小さくするために高電圧で送電される。これは，低電圧の送電では，電流が大きくなるから，送電線の抵抗により電力がジュール熱として失われるためである。変電所で，実効値100［V］の低電圧の交流電源に変換されて家庭に届けられる。

正答 **1**

━━ 東京リーガルマインド　2022-2023年合格目標 公務員試験 本気で合格！過去問解きまくり！　145
⑦自然科学Ⅰ

第1章 SECTION 4 物理 電磁気

実践 問題 57 応用レベル

[問] 次の図のような直流回路において,各電源の電圧が $E_1=50.0\,\text{V}$,$E_2=20.0\,\text{V}$,各抵抗の抵抗値が $R_1=1.0\,\Omega$,$R_2=2.0\,\Omega$,$R_3=1.0\,\Omega$ であるとき,抵抗 R_3 に流れる電流はどれか。ただし,電源の内部抵抗は考えないものとする。

(特別区2012)

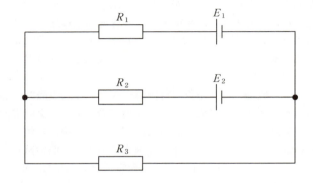

1 : 20.0 A
2 : 22.0 A
3 : 24.0 A
4 : 26.0 A
5 : 28.0 A

OUTPUT

実践 問題 57 の解説

〈キルヒホッフの法則〉

各抵抗に流れる電流の大きさを，図のように I_1, I_2, I_3 とし，矢印の方向を正として，①，②の2つの回路についてキルヒホッフの法則を用いる。

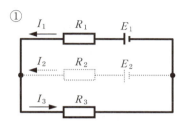 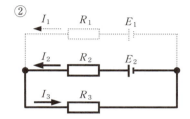

①の回路について，
$E_1 = R_1 I_1 + R_3 I_3$
$50 = I_1 + I_3$ ……③

が得られる。

②の回路について，
$E_2 = R_2 I_2 + R_3 I_3$
$20 = 2 I_2 + I_3$ ……④

が得られる。

また，電流の大きさについて，
$I_3 = I_1 + I_2$ ……⑤

が得られる。

これより，③，④，⑤を連立して解いていく。⑤-③より，
$I_3 - 50 = I_2 - I_3$
$2I_3 - 50 = I_2$

これを④に代入して，
$20 = 2 \times (2I_3 - 50) + I_3$
$5I_3 = 120$
$I_3 = 24 \,[\text{A}]$

となる。

よって，正解は肢3である。
なお，$I_1 = 26 \,[\text{A}]$, $I_2 = -2 \,[\text{A}]$ となる。

正答 3

第1章 SECTION 5 物理
原子・その他

必修問題 セクションテーマを代表する問題に挑戦！

物理的な性質に関して，数式ではなく，文章で表した問題が，公務員試験では出題されることがあります。計算が苦手な人も敬遠せずに学習してみましょう。

問 原子と原子核，放射線に関する記述として最も妥当なのはどれか。
(国家総合職2021)

1：原子は，その中心にある1〜3個の原子核とその周りを運動する陽子から構成される。また，原子核は，電荷をもたない中性子と負の電荷をもつ電子から構成される。原子の種類は，陽子の数で決まり，その数を原子番号という。

2：陽子，中性子及び電子の数の和を原子の質量数という。原子には，原子番号が同じでも，中性子の数の違いによって質量数が異なる原子が存在するものがあり，これらを互いに異性体という。

3：軽い原子核どうしを高速でぶつけると，それらが結び付いて別の原子核ができる。これを核融合という。原子力発電では，火力発電のように水蒸気を利用して発電するのではなく，ヘリウム(He)を利用して核融合により発電している。

4：放射線は，物質を通り抜ける性質や，物質に当たると物質中の原子から電子を引き剥がしてイオンをつくる作用(電離作用)があり，非破壊検査，病気の診断，がんの治療，農作物の品種改良など，産業，医学などの分野で幅広く利用されている。

5：鉛(Pb)やケイ素(Si)など，天然に存在する原子核の多くは不安定で，放射線を出しながら自然に別の原子核に変化する。この現象を放射性崩壊(放射性壊変)という。放射線には，マイクロ波，γ線などがあり，これらは可視光線より波長の長い電磁波に分類される。

直前復習

頻出度	地上★★	国家一般職★★	東京都★	特別区★
	裁判所職員★★★	国税・財務・労基★★		国家総合職★★

必修問題の解説

チェック欄

1回目	2回目	3回目

第1章 物理

〈原子・原子核・放射線〉

1 × 原子は，その中心にある1個の原子核とそのまわりを運動する電子から構成される。また，原子核は，電荷をもたない中性子と正の電荷をもつ陽子から構成される。原子の種類は，陽子の数で決まり，その数を原子番号という。

2 × 陽子および中性子の数の和を原子の質量数という。原子には，原子番号が同じでも，中性子の数の違いによって質量数が異なる原子が存在するものがあり，これらを互いに同位体という。なお，異性体とは，分子式が同じでも構造が異なる物質どうしのことである。

3 × 軽い原子どうしを高速でぶつけると，それらが結びついて別の原子核ができる。これを核融合という。一方，原子力発電は，ウランの核分裂により得られるエネルギーを用いて蒸気タービンを回転させて発電する方式であり，発電方式そのものは火力発電と共通である。

4 ○ 記述のとおりである。放射線は，透過力や電離作用などを有し，本肢で挙げられたようなさまざまな場面で利用されている。

5 × 不安定な原子核の多くは，放射線を出しながら自然に別の原子核に変化するが，この現象を放射性崩壊という。原子核の不安定性は同位体によって異なり，本肢の記述のように元素種で定められるものではない。放射線には，α線，β線，γ線などがある。α線はヘリウム $_2^4\mathrm{He}$ 原子核，β線は電子または陽電子からなる粒子放射線であり，γ線は可視光線より波長が短い電磁波からなる電磁放射線である。

正答 4

SECTION ⑤ 物理
第1章
原子・その他

❶ 原子の構造

(1) 原子の構造

　原子は，原子核と電子(マイナスの電荷をもつ)から構成されています。そして，原子核は，プラスの電荷をもつ陽子と，電荷をもたない中性子から構成されています。陽子数＝電子数であるため，原子は電子的に中性です。

$$
原子
\begin{cases}
原子核
\begin{cases}
陽子(プラスの電荷) \\
\\
中性子(電荷をもたない)
\end{cases} \\
電子(マイナスの電荷)
\end{cases}
$$

(2) 原子番号と質量数

　原子の種類(元素)ごとに陽子の数は異なるため，原子の種類(元素)は原子核内の陽子の数によって区別できます。そこで，原子核内の陽子の数を，その原子の原子番号といいます。

　また，陽子と中性子の質量はほぼ等しいですが，電子の質量は陽子や中性子の質量の約$\frac{1}{1840}$しかありません。このように，原子の質量は，陽子と中性子の数によってほぼ決まるため，陽子と中性子の数の和をその原子の質量数といいます。

　原子番号は元素記号の左下，質量数は元素記号の左上に書き添えます。たとえば，原子番号6，質量数12の炭素は，$_{6}^{12}C$ と表します。

❷ 放射線

(1) 放射能

　ウラン$_{92}^{238}U$のような質量数の大きい原子核の中には，不安定で，自然に放射線(物体が電磁波や粒子の形で放出するエネルギーのことを，放射線といいます)を放出して他の原子核に変わっていくものがあります。この現象を放射性崩壊といいます。また，自然に放射線を出す性質を放射能といいます。

(2) 放射線の種類

　天然に存在する放射性物質から放出される放射線には，次の3種類があります。

性質 ＼ 放射線	α(アルファ)線	β(ベータ)線	γ(ガンマ)線
本体	ヘリウム原子核	電子	電磁波
電荷	正	負	なし
透過力	小	中	大
電界・磁界中	曲がる	曲がる	曲がらない

150　LEC東京リーガルマインド　2022-2023年合格目標 公務員試験 本気で合格！過去問解きまくり！⑦自然科学Ⅰ

INPUT

(3) 放射性崩壊

放射性崩壊には，α線を出して崩壊するα崩壊，β線を出して崩壊するβ崩壊があります。γ線の放出は，α崩壊やβ崩壊に伴って発生することがあります。

3 単位系

(1) 単位系

国際単位系(SI)を基本とします。

これは，MKS単位系を拡張した7つの基本単位を組み合わせた単位系となります。

長さ：[m]
質量：[kg]　MKS単位系
時間：[s]
電流：[A]
温度：[K]
物質量：[mol]
光度：[cd]

(2) 物理で使う単位

① 力学で使う単位

速度：[m／s]

加速度：$[m／s^2]$

力：$[N]=[kg・m／s^2]$

エネルギー(仕事)：$[J]=[N・m]$

熱量：$1[cal]=4.1858[J]$

圧力：$[Pa]=[N／m^2]$

気圧：$1[hPa]=100[Pa]$
　　　$1[atm]=1013.25[hPa]=101325[Pa]$

② 波動で使う単位

振動数：$[Hz]=[1／s]$

③ 電気で使う単位

電流：[A]

電圧：[V]

電気抵抗：[Ω]

電力：$[W]=[A・V]$

電力量(エネルギー)：$[J]=[W・s]$

電気量：$[C]=[A・s]$

電気容量：$[F]=[C／V]$

第1章 SECTION 5 物理
原子・その他

実践 問題 58 基本レベル

頻出度	地上★	国家一般職★	東京都★	特別区★
	裁判所職員★	国税・財務・労基★	国家総合職★	

問 原子に関する記述として、妥当なのはどれか。　　　　（特別区2003）

1：原子核では、陽子と中性子が電気力によって強く結び付いている。
2：原子核に含まれる中性子の数を原子番号という。
3：α線は高速の電子であり、β線はヘリウムの原子核である。
4：核子は、陽子と電子から構成されている。
5：原子の質量数は、陽子の数と中性子の数との和である。

OUTPUT

実践 問題 58 の解説

〈原子〉

　原子は，正の電荷をもつ陽子と電荷をもたない中性子からなる原子核と，負の電荷をもつ電子から構成されている。陽子や中性子など原子核を構成している粒子を核子という。
　原子核内の陽子の数が，その原子の種類を決定しており，陽子の数をその原子の原子番号という。また，原子核を構成する核子の数を質量数といい，

　　（陽子の数）＋（中性子の数）＝（質量数）

である。
（例）ナトリウム原子の場合
　　陽子11個，中性子12個，電子11個が含まれている。
　　$^{23}_{11}Na$と書くのが一般的である。
　　　　23→質量数＝陽子の数＋中性子の数
　　　　11→原子番号＝陽子の数

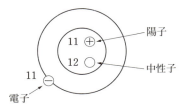

1× 中性子は電荷をもたないため，電気力ははたらかない。原子核の陽子と中性子は，核力という力によって強く結びついている。
2× 前述したように，原子核に含まれる陽子の数を原子番号という。
3× α線は高速のヘリウムの原子核であり，β線は高速の電子である。
4× 核子は，陽子や中性子など原子核を構成している粒子のことをいう。
5○ 記述のとおりである。原子の質量数は，原子核を構成する陽子と中性子の数の和，つまり，核子の総数である。

正答 **5**

第1章 SECTION 5 物理 原子・その他

実践 問題 59 基本レベル

[問] 放射線について述べた次の記述のうち、正しいのはどれか。　（特別区1999）

1：α線が放射すると、原子核の質量数は4下がり原子番号は2下がる。
2：γ線が放射すると、原子核の質量数は同じだが原子番号は1上がる。
3：天然の放射性同位体の放射のうち、物質の透過能力が大きいのはβ線である。
4：天然の放射性同位体の放射のうち、電離作用が大きいのはγ線である。
5：放射線の方向に垂直に電界をかけると、α線は負の側に少し曲がるがβ線は影響がない。

OUTPUT

実践 問題 59 の解説

〈放射線〉

1 ○ 記述のとおりである。α線とはヘリウムの原子核$^4_2$Heのことであり、中性子2個と陽子2個からなる。α線が放射すると、原子番号は陽子の数2だけ減り、質量数は陽子と中性子あわせて4減る。

2 × γ線が放射しても質量数も原子番号も変化しない。γ線の正体は電磁波である。β線が放射すると、原子核の質量数は同じで原子番号だけが1上がる。β線の正体は中性子が崩壊して陽子と電子になったときの電子のことである。

3 × 天然の放射線のうちで物質の透過能力は大きい順にγ線、β線、α線となっている。したがって、物質の透過能力が大きいのはγ線である。

4 × 電離作用とは放射線が原子や分子に当たって、正負のイオンにする作用のことである。電離作用は大きい順にα線、β線、γ線となるため、電離作用の大きいのはα線である。

5 × α線は負の側に少し曲がり、β線は正の側に大きく曲がる。γ線は影響なくまっすぐに進む。α線はヘリウムの原子核であるから、正の電荷をもっており負の側に曲がる。β線は電子であるから負の電荷をもっており正の側に曲がる。このとき、α線は質量が大きいため少ししか曲がらず、β線は質量が小さいため大きく曲がる。γ線は電磁波であるから電荷をもたず、影響されない。

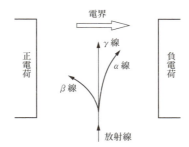

放射線の性質

性質＼放射線	α（アルファ）線	β（ベータ）線	γ（ガンマ）線
本体	ヘリウム原子核	電子	電磁波
電荷	正	負	なし
透過力	小	中	大
電界・磁界中	曲がる	曲がる	曲がらない

正答 1

SECTION 5 物理 原子・その他

実践 問題 60 基本レベル

問 放射線に関する記述として、妥当なのはどれか。 （東京都2019）

1：放射性崩壊をする原子核を放射性原子核といい、放射性崩壊によって放出される放射線には α 線、β 線及び γ 線などがある。
2：α 線は非常に波長の短い電磁波で、磁場内で力を受けず直進し、厚さ数cmの鉛板でなければ、これをさえぎることはできない。
3：β 線の放出は、原子核から陽子2個と中性子2個が $^{4}_{2}He$ となって出ていく現象で、原子核は質量数が4、原子番号が2だけ小さい原子核に変わる。
4：半減期とは、放射性元素が崩壊して原子核が消滅し、もとの放射性元素の半分の質量になるまでにかかる時間をいう。
5：物質に吸収されるときに放射線が物質に与えるエネルギーを吸収線量といい、シーベルト（記号Sv）という単位が用いられる。

OUTPUT

実践 問題 **60** の解説

〈放射線〉

1○ 記述のとおりである。放射線を放出して別の原子核に変化することを放射性崩壊といい，放射性崩壊をする原子核を放射性原子核とよぶ。α崩壊，β崩壊で生じる原子核は不安定な状態にあることが多く，余分なエネルギーを電磁波として放出（γ線）して安定な状態となる。

2× γ線についての記述である。γ線は電気的に中性であり，物質を透過する作用は最も強く，厚さ数cmくらいの金属板も通り抜ける。

3× α線の放出についての記述である。α線の本体は高速のヘリウム原子核であり，正の電荷をもつため電場や磁場内では進行方向は曲げられる。また，α線の透過性は小さく，紙でも遮蔽できる。なお，β崩壊では，原子核中の中性子が陽子と電子に変わり，そのうちの電子がβ線として高速で放出される。このとき，原子番号は1増加するが質量数はそのままである。物質を透過する作用はα線よりは強いが，γ線よりは弱く，厚さ数mmの金属板で止まる。

4× 半減期は，放射性崩壊（放射線を放出して別の種類の原子核に変化すること）をする原子核の個数が半分になる時間のことをいう。放射性元素が崩壊すると，別の種類の原子核に変化するだけで，原子核が消滅することはない。仮に原子核そのものが消滅するならば，質量とエネルギーの等価性の式 $E = mc^2$ より恐ろしいほどのエネルギーが放出されることになる。

5× 吸収線量にはグレイ（記号Gy）という単位が用いられる（物質1kgあたり1Jのエネルギー吸収があるときの吸収線量を1Gyとする）。シーベルト（記号Sv）は，等価線量の単位であり，等価線量は，放射線の種類による人体への影響を考慮するもので，エネルギー吸収線量だけでなく放射線の種類も考慮した値である。

正答 **1**

第1章 SECTION 5 物理 原子・その他

実践 問題 61 基本レベル

問 原子核や放射線に関する記述として最も妥当なのはどれか。(国家一般職2018)

1：原子核は、原子番号と等しい個数で正の電荷を持つ陽子と、陽子と等しい個数で電荷を持たない中性子から成っている。陽子と中性子の個数の和が等しい原子核を持つ原子どうしを同位体といい、物理的性質は大きく異なっている。

2：放射性崩壊とは、放射性原子核が放射線を放出して他の原子核に変わる現象をいう。放射性崩壊によって、元の放射性原子核の数が半分になるまでの時間を半減期といい、半減期は放射性原子核の種類によって決まっている。

3：放射性物質が放出する放射線のうち、α線は陽子1個と中性子1個から成る水素原子核の流れであり、β線は波長の短い電磁波である。α線は、β線と比べてエネルギーが高く、物質に対する透過力も強い。

4：核分裂反応では、1個の原子核が質量数半分の原子核2個に分裂する。太陽の中心部では、ヘリウム原子核1個が水素原子核2個に分裂する核分裂反応が行われ、莫大なエネルギーが放出されている。

5：X線は放射線の一種であり、エネルギーの高い電子の流れである。赤外線よりも波長が長く、γ線よりも透過力が強いため、物質の内部を調べることができ、医療診断や機械内部の検査などに用いられている。

OUTPUT

実践 ▶ 問題 **61** ▶ の解説

チェック欄		
1回目	2回目	3回目

第1章 物理

〈原子核・放射線〉

1 × 　**原子核**は，原子番号と等しい個数の正の電荷をもつ**陽子**と，電荷をもたない**中性子**から構成されている。陽子の個数と中性子の個数には関係はなく，原子核中の陽子と中性子の個数の合計を**質量数**とよび，元素記号の左下に原子番号，左上に質量数をつけて表す。**同位体**は，陽子の個数が同じで，中性子の個数が異なる原子どうし，つまり同じ元素の質量数が異なる原子どうしを表す。たとえば，水素の同位体として，質量数がそれぞれ1，2，3である水素 $_1^1H$，重水素 $_1^2H$，三重水素 $_1^3H$ が，炭素の同位体として，質量数がそれぞれ12，13，14である $_6^{12}C$，$_6^{13}C$，$_6^{14}C$ がよく知られている。一般に，同じ元素の同位体の化学的性質はほぼ同じであるが，質量が異なるなど，物理的性質は大きく異なることがある。

2 ○ 　記述のとおりである。放射性崩壊とは，天然に存在する原子核の中にウランやラジウム，質量数14の炭素原子 $_6^{14}C$ などのような不安定な状態にある放射性原子核が，何のはたらきかけもなしに自然に放射線あるいは電磁波を放出して他の原子核に変わる現象をいう。このとき，放出される放射線として**α線**，**β線**，**γ線**などが知られており，これらの放射線の放出によりそれぞれ**α崩壊**，**β崩壊**，**γ崩壊**が起こる。放射性崩壊により，放射性原子核が数を減らしていって元の半分になるまでの時間を**半減期**とよぶ。半減期は，原子核ができてからの時間や原子核の数に関係がなく，放射性原子核の種類によって決まっている。

3 × 　放射性物質が放出する放射線のうち，α線は陽子2個と中性子2個からなる質量数4のヘリウム原子核 $_2^4He$ の流れである。また，β線はエネルギーが高くて負の電荷をもつ電子の流れであるから，電場と磁場を交互に発生して空中を伝わっていく電磁波ではない。おおむねα線のほうがβ線よりエネルギーが高いが，電子が小さいためβ線のほうが物質への透過性が大きいため，α線は紙や大気などにより容易に遮蔽でき，β線は紙は透過するが鉛の板などは透過できない。

4 × 　**核分裂反応**は，質量数が大きく不安定である1種類の原子核が2種類以上の原子核に分かれることで，全体的に原子核の質量数を減らして安定になる反応をいう。一般的に，分かれた2種類の原子核の質量数は同じにならない。反応前後の原子核のエネルギー差をエネルギーとして取り出すことができる。核分裂反応が次々に起きることを核分裂連鎖反応とよび，それ

LEC 東京リーガルマインド　2022-2023年合格目標 公務員試験 本気で合格！過去問解きまくり！　159
⑦自然科学Ⅰ

を利用して大量のエネルギーを取り込んでタービンを回して発電しているのが原子力発電である。

また，太陽の中心部で起こるのは**核融合反応**とよばれているもので，水素原子核4個がいくつかの段階を経て，1個のヘリウム原子核になるように，質量数の小さい安定な2種類の原子核から，より質量数の大きな1種類の原子核を生み出す反応である。また，これもエネルギーを取り出す反応であり，その点では核分裂反応より効率がよいという利点がある。

5 × **X線**は放射線の一種であり，赤外線や紫外線より波長が短くエネルギーの高い電磁波であるが，電場や磁場に影響されずに直進するため，荷電粒子の流れではない。X線はγ線より波長が長いため，エネルギーとしてはγ線よりも低く，γ線ほど物質への透過性はないが，破壊せずに物質の内部を調べる構造解析や，レントゲンなどの医療診断に応用されている。

正答 **2**

memo

第1章

物理

161

第1章 物理
章末 CHECK

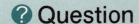

- **Q1** 時間あたりの速度の変化を加速度という。5秒間で，速度が秒速10m速くなったとき，加速度は$2\,\mathrm{m/s^2}$である。
- **Q2** 初速度$2\,\mathrm{m/s}$，加速度$3\,\mathrm{m/s^2}$のとき，6秒後の速度は$17\,\mathrm{m/s}$である。
- **Q3** Q2の場合に，6秒間で移動した距離は66mとなる。
- **Q4** ばね定数$0.5\,\mathrm{N/m}$のばねを，0.2m伸ばしたときの力は，0.1Nである。
- **Q5** ばね定数$2\,\mathrm{N/m}$のばねと$3\,\mathrm{N/m}$のばねを直列につないだとき，そのばね定数は$5\,\mathrm{N/m}$である。
- **Q6** 剛体を回転させる力を，力のモーメントという。
- **Q7** 質量2kgの物体が秒速5mで運動するときの運動量は，$20\,\mathrm{kg\cdot m/s}$である。
- **Q8** 完全弾性衝突ではない場合には，運動量保存則もエネルギー保存則も成り立たない。
- **Q9** はねかえり係数eは，$e = \dfrac{v_1' - v_2'}{v_1 - v_2}$の式で求めることができる。
- **Q10** ある物体に5Nの力を10秒間加えたときの仕事は，50Jである。
- **Q11** 質量2kgの物体が，速さ$10\,\mathrm{m/s}$で運動しているとき，その運動エネルギーは100Jである。
- **Q12** 重力加速度を$10\,\mathrm{m/s^2}$とすると，質量10kgの物体を10mもち上げたとき，この物体のもつ位置エネルギーは，1000J増加する。
- **Q13** ばね定数$10\,\mathrm{N/m}$のばねを，0.2m縮めたとき，その弾性エネルギーは1Jである。
- **Q14** 重力や弾性力と摩擦力を含めて，エネルギーは保存される。

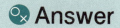

A1 ○ 加速度は，1秒あたりの速度の変化であるから，
$10\,[\text{m/s}] \div 5\,[\text{s}] = 2\,[\text{m/s}^2]$ である。

A2 × 初速度 $v_0 = 2\,[\text{m/s}]$，加速度 $3\,[\text{m/s}^2]$ のとき，6秒後の速度 v は，
$v = v_0 + at = 2 + 3 \times 6 = 20\,[\text{m/s}]$ である。

A3 ○ 初速度 $v_0 = 2\,[\text{m/s}]$，加速度 $3\,[\text{m/s}^2]$ のとき，6秒後までに進んだ距離 x は，$x = v_0 t + \frac{1}{2}at^2 = 2 \times 6 + \frac{1}{2} \times 3 \times 6^2 = 12 + 54 = 66\,[\text{m}]$ である。

A4 ○ フックの法則より，$F = kx$ であるから，
$F = 0.5\,[\text{N/m}] \times 0.2\,[\text{m}] = 0.1\,[\text{N}]$ である。

A5 × ばねを直列につないだときの合成ばね定数 K は，$\frac{1}{K} = \frac{1}{k_1} + \frac{1}{k_2}$ を満たすため，$\frac{1}{K} = \frac{1}{2} + \frac{1}{3} = \frac{5}{6}$ となるから，$K = \frac{6}{5}$ である。

A6 ○ 剛体を回転させる力のモーメントは，力 F と回転の中心までの距離 d との積 Fd で表される。

A7 × 質量 $2\,[\text{kg}]$ の物体が速度 $5\,[\text{m/s}]$ で運動するとき，
運動量は $2 \times 5 = 10\,[\text{kg}\cdot\text{m/s}]$ となる。

A8 × 完全弾性衝突ではない場合には，エネルギー保存則は成り立たないが，運動量保存則は成り立つ。したがって，衝突の問題では，はねかえり係数 e の値に関係なく，運動量保存則を用いることができる。

A9 × はねかえり係数 e は，$e = -\dfrac{v_1' - v_2'}{v_1 - v_2}$ の式で求めることができる。
マイナスを忘れないようにしよう。

A10 × 仕事（エネルギー）は（力）×（距離）で求められる。

A11 ○ 運動エネルギー K は，$K = \frac{1}{2}mv^2$ で求められるから，
$K = \frac{1}{2} \times 2 \times 10^2 = 100\,[\text{J}]$ である。

A12 ○ 位置エネルギー U は，$U = mgh$ で求められるから，
$U = 10 \times 10 \times 10 = 1000\,[\text{J}]$ である。

A13 × ばねの弾性エネルギー U' は，$U' = \frac{1}{2}kx^2$ で求められるから，
$U' = \frac{1}{2} \times 10 \times 0.2^2 = 0.2\,[\text{J}]$ である。

A14 × 摩擦のある粗い面上などで物体が運動するとき，摩擦による仕事がエネルギーを損失させる。したがって，エネルギーは保存されないことになる。

第1章 物理
章末 CHECK

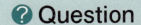

- **Q15** 音波も光波も媒質がないと伝わることができない。
- **Q16** 波の進行方向と媒質の振動方向が同じ波を横波という。
- **Q17** 光波や電磁波は，縦波である。
- **Q18** 波の速さ v，振動数 f，波長 λ の間には，$v = \dfrac{f}{\lambda}$ の関係がある。
- **Q19** 異なる媒質の境界面で波が反射するとき，反射角は入射角の2倍である。
- **Q20** 異なる媒質の境界面で波が屈折するとき，入射角と屈折角は等しくなる。これを屈折の法則という。
- **Q21** 音波の回折は，光波の回折より大きい。
- **Q22** 振動数のわずかに異なる音を同時に鳴らすと，音が干渉して周期的に強弱を繰り返す。これをドップラー効果という。
- **Q23** 光をプリズムに通すと，いろいろな色に分離する。これを光の偏光性という。
- **Q24** 音源が観測者に近づき，観測者が音源から遠ざかるとき，そのドップラー効果の式は $f = \dfrac{V+u}{V-v} f_0$ である。（f_0：音源の振動数，f：観測される振動数，V：音速，v：音源の速さ，u：観測者の速さ）
- **Q25** 凸レンズに平行光線を当てて，物体を焦点距離の2倍の距離に置くと，物体と等しい大きさの倒立の実像ができる。
- **Q26** 静電気には，正電荷と負電荷の2つがある。
- **Q27** 電気に関するクーロンの法則によると，電気の正負に関係なく引力がはたらく。
- **Q28** クーロン力は，距離の3乗に反比例する。
- **Q29** 電流の大きさは，導線の長さに比例し，導線の断面積に反比例する。
- **Q30** 電気抵抗の大きさは，導線の長さに比例し，導線の断面積に反比例する。
- **Q31** 電圧とは，2点間の電位の差のことであり，単位はボルトである。
- **Q32** オームの法則は，$R = VI$ と表される。

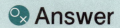

A15	×	音波は空気などの媒質がないと伝わることができないが，光波や電磁波は媒質がなくても伝わることができる。したがって，真空中では音は伝わらないが，光は伝わることができる。
A16	×	波の進行方向と媒質の振動方向が同じ波は縦波という。
A17	×	光波や電磁波は，横波である。
A18	×	波の速さ v，振動数 f，波長 λ の間には，$v = f\lambda$ の関係がある。
A19	×	波が反射するとき，入射角と反射角は等しくなる。
A20	×	異なる媒質の境界面で波が屈折するとき，入射角と屈折角は異なるために，波の進行方向が変わる。
A21	○	音波の回折は，光波の回折よりも大きい。廊下の曲がり角で，音はよく聞こえてくるが，光はあまり届いてこないのはこのためである。
A22	×	振動数のわずかに異なる音波どうしが干渉し合って強弱を繰り返す現象は，うなりである。
A23	×	プリズムで光がさまざまな色帯に分けられたり，虹が7色に見えたりするのは，光の分散のためである。
A24	×	音源と観測者が同じ向きで，観測者が音源から遠ざかるため，分子の符号はマイナスとなり，そのドップラー効果の式は $f = \dfrac{V-u}{V-v}f_0$ である。
A25	○	凸レンズにおいて，焦点距離の2倍の距離に置かれた物体の像は，物体と等しい大きさの倒立の実像である。
A26	○	静電気には，正に帯電した正電荷と負に帯電した負電荷がある。
A27	×	正に帯電した電荷どうし，負に帯電した電荷どうしには，互いに排斥し合う反発力(斥力)がはたらき，異符号に帯電した電荷の間には，互いに引き合う引力がはたらく。
A28	×	クーロンの法則より，$F = k\dfrac{q_1 q_2}{r^2}$ であるから，クーロン力は距離の2乗に反比例する。
A29	×	電流の大きさは，オームの法則にしたがって，電圧に比例し，電気抵抗に反比例する。
A30	○	導線が長ければ電気抵抗は大きくなり，太ければ(電流が流れやすいため)電気抵抗は小さくなる。
A31	○	2点間の電位差を電圧[V]という。
A32	×	オームの法則は，$V = RI$ と表される。

第1章 物理
章末 CHECK

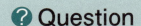

- **Q33** 電流による1秒あたりの仕事（仕事率）を電力量という。
- **Q34** 直列回路での合成抵抗は，$\dfrac{1}{R} = \dfrac{1}{R_1} + \dfrac{1}{R_2}$ で求められる。
- **Q35** 並列回路では，それぞれの抵抗を流れる電流の大きさは，電気抵抗の値に反比例する。
- **Q36** 直列回路では，それぞれの抵抗にかかる電圧の大きさは，電気抵抗の値に比例する。
- **Q37** 力の単位ニュートン[N]は，[kg・m／s^2]と表すことができる。
- **Q38** エネルギーの単位ジュール[J]は，力[N]に距離[m]をかけても表せるし[N・m]，電力[W]に時間[s]をかけても表すことができる[W・s]。
- **Q39** 電圧の単位ボルト[V]は，[A・Ω]で表すことができる。
- **Q40** 水1gの温度を1℃上げるのに必要なエネルギーは，1Jである。
- **Q41** 波の振動数 f とは，単位時間あたりに波が振動する回数であり，その単位は[Hz]である。これは波が1回振動するのに要する時間（波の周期 T）に比例する。
- **Q42** 動摩擦力は一定であるのに対して，静止摩擦力は変化するが，常に（動摩擦力）＜（静止摩擦力）の関係が成り立つ。
- **Q43** 空気抵抗がないとして，ビルの屋上からピンポン球と鉄球を同時に落としたとすると，両者は同時に地面に落下することになる。
- **Q44** 光波は空気中から水中に入ると速度が遅くなり，音波は空気中から水中に入ると速度が速くなる。
- **Q45** 電気回路において，抵抗の導線の太さを2倍にすると抵抗値は2倍になるため，同じ太さの抵抗を2つ並列につなげても合成抵抗の値は2倍になる。

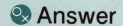

A33	×	電流による1秒あたりの仕事(仕事率)を電力[W]という。これに時間をかけたものが電力量[W・s]である。
A34	×	これは並列回路での合成抵抗を求める式である。直列回路では，$R = R_1 + R_2$で求める。
A35	○	並列回路の場合，それぞれの抵抗を流れる電流の大きさは電気抵抗の大きさに反比例し，それぞれの抵抗にかかる電圧の大きさは電気抵抗の大きさに関係なく等しい。
A36	○	直列回路の場合，それぞれの抵抗を流れる電流の大きさは電気抵抗の大きさに関係なく等しく，それぞれの抵抗にかかる電圧の大きさは電気抵抗の大きさに比例する。
A37	○	ニュートンの運動方程式を考えると，$F = ma$より，$[N] = [kg] \times [m/s^2]$であることがわかる。
A38	○	力学の分野では[J]は，[N]×[m]で表され，電磁気学の分野では[J]は，[W]×[s]で表される。
A39	○	オームの法則より，(電圧)=(電流)×(抵抗)であるから，$[V] = [A] \times [\Omega]$で表される。
A40	×	水1gの温度を1℃上げるのに必要なエネルギーは，4.2[J]である。
A41	×	波の振動数f[Hz]と周期T[s]は，$f = \frac{1}{T}$の関係にあるため，反比例の関係である。
A42	×	静止摩擦力は，物体が静止している限り外力と等しくなり，動き出す直前の摩擦力が最大静止摩擦力となるから，0≦(静止摩擦力)≦(最大静止摩擦力)の関係が成り立つ。動摩擦力は最大静止摩擦力よりは小さいが，常に(動摩擦力)<(静止摩擦力)が成り立つとはいえない。
A43	○	空気抵抗を無視するならば，重力による自由落下は，物体の質量に依存しない。
A44	○	記述のとおりである。また，異なる媒質に入ることで変化するのは速度と波長であり，振動数は変化しない。
A45	×	抵抗の導線の太さを2倍にすると，電流が流れやすくなるため抵抗値は$\frac{1}{2}$になる。同様に，同じ太さの抵抗を2本並列につなぐと，合成抵抗の値は$\frac{1}{2}$になる。

memo

第2章

化学

SECTION

① 物質の構成
② 物質の状態
③ 物質の反応
④ 無機化学
⑤ 有機化学・その他

第2章 化学

出題傾向の分析と対策

試験名	地　上			国家一般職 (旧国Ⅱ)			東京都			特別区			裁判所職員			国税・財務 ・労基			国家総合職 (旧国Ⅰ)		
年　度	13 15	16 18	19 21	13 15	16 18	19 21	13 15	16 18	19 21	13 15	16 18	19 21	13 15	16 18	19 21	13 15	16 18	19 21	13 15	16 18	19 21
出題数 セクション	7	6	7	3	3	3	4	4	4	7	6	6	3	3	3	3	3	4	3	3	4
物質の構成	★★	★	★	★	★		★	★★★	★★	★★★	★	★★				★	★	★	★		
物質の状態								★	★	★		★	★				★				
物質の反応	★	★	★★★	★	★	★	★	★	★	★	★	★				★	★★★				★
無機化学	★★★	★★★	★★			★	★	★		★	★	★★★					★			★	★
有機化学・ その他	★	★	★	★	★	★	★			★	★	★							★	★★	★★

（注） １つの問題において複数の分野が出題されることがあるため，星の数の合計と出題数とが一致しないことがあります。

　化学は「理論化学」，「無機化学」，「有機化学」の３つの分野に大別することができる。試験種によって多少の偏りはあるが，「理論化学」，「無機化学」からの出題が多い。「理論化学」の中では「酸化還元反応」からの出題が多い。また，「無機化学」からは「周期表」，「非金属・金属元素の性質」に関する問題が多い。いずれも計算問題は少なく，知識問題が多い。計算問題は「化学反応式」に関する問題が多く見られる。

地方上級

　例年１～２問出題される。知識問題，計算問題ともに出題される。近年は「化学反応式」に関する出題が多い。他には「酸・塩基」から出題されたことがある。知識問題については，時事的な内容から出題されることもあるが，教科書的な内容のほうが若干多い。難易度は幅がある。

国家一般職（旧国家Ⅱ種）

　例年１問出題される。知識問題が多いが，計算問題も出題されている。2009～2011年まで３年連続で「化学反応式」に関する問題が出題された。知識問題は「無機化学」からの出題が多い。「有機化学」は近年出題されていなかったが，2014年，2018年，2020年に出題された。時事的な内容をからめて出題されることもある。

第2章 化学

東京都

　2021年は行政一般方式，行政新方式では1問，技術一般方式では2問出題された。「理論化学」，「無機化学」を中心に出題される。「有機化学」は近年出題されていない。計算問題の出題は少ない。

特別区

　2014年から2問の出題となった。「理論化学」，「無機化学」，「有機化学」それぞれの分野から満遍なく出題されている。「化学反応式」の計算問題も出題されていることから，知識問題ばかりでなく，計算問題も学習しておきたい。以前は3題出題されていたこともあり，他の試験ではあまり出題されない「有機化学」や「コロイド」，「金属結晶の構造」などに関する出題もあった。

裁判所職員

　例年1問出題される。近年は，A～Dの4つの記述の正誤の組合せを選ぶ形式の知識問題が出題されていたが，2016年は電池についての空欄補充であった。全分野から満遍なく出題されているが，計算問題は出題されていない。

国税専門官・財務専門官・労働基準監督官

　例年1問出題される。知識問題が出題されることが多く，難易度は標準～やや難である。計算問題の出題は，2011年，2016年，2018年，2019年と近年増えている。

国家総合職（旧国家Ⅰ種）

　例年1問出題されている。全分野から満遍なく出題され，有機化合物などが出題されることもあり，2015年，2016年，2021年に出題された。教科書的な内容の出題が多いが，時事的な内容をからめたり，より専門的な内容の出題もある。計算問題の出題頻度は低いが，2013年，2014年と連続して出題された。

Advice アドバイス 学習と対策

　化学も，物理と同様に，計算問題と知識問題の2つに大別できる。

　計算問題が苦手な受験生は，知識問題だけを学習してもよいだろう。ただし，知識問題といっても，単に丸暗記をすればよいというものではない。特に「理論化学」，「有機化学」は原理を理解していないと暗記しづらい。一方，「無機化学」は性質や用途，製法などを個別的に暗記すればよく，それほど原理を理解する必要はない。したがって，自然科学が苦手であったり，学習する時間をあまり取れない受験生は「無機化学」のみ学習するのも1つの戦略である。

　化学全体を学習する場合は，「原子の構造」，「イオン」からしっかり学習しよう。この2つが「理論化学」，「有機化学」を理解する基礎となる。また，化学の計算問題を学習するためには「物質量＝mol」という概念をしっかり理解する必要がある。

第2章 1 化学
物質の構成

SECTION

必修問題 セクションテーマを代表する問題に挑戦！

原子の構造，イオン，化学結合は，化学の土台になります。まずはここから学習していきましょう。

問 原子の構造に関する記述として，妥当なのはどれか。

(特別区2018)

1：陽子1個の質量と電子1個の質量はほぼ等しく，中性子1個の質量は陽子，電子に比べて極めて小さいため，原子の質量は，原子核の質量にほぼ等しい。

2：電子は原子核に近いほどより強く原子核に引きつけられ，内側のK殻から順に電子が収容されることを周期律という。

3：原子中の電子は，原子核の周囲に電子殻とよばれるいくつかの層に分かれて存在し，内側からn番目の電子殻に収容できる電子の最大数は$2n^2$個である。

4：ドルトンは，最外殻電子のうち，原子がイオンになったり，互いに結びつくときに重要な役割を果たす価電子を提唱した。

5：ボーアは，原子はそれ以上分割できない究極の粒子と考えたが，その後，原子は更に小さな粒子からできていることが分かった。

| 頻出度 | 地上★★　　国家一般職★★　　東京都★★★　特別区★★★
裁判所職員★★　　国税・財務・労基★★　　国家総合職★★ |

チェック欄		
1回目	2回目	3回目

必修問題の解説

〈原子の構造〉

1 × 電子と中性子の記述が反対である。**陽子1個の質量と中性子1個の質量はほぼ等しく，電子1個の質量は陽子，中性子の約$\frac{1}{1840}$であるから**，原子の質量は，原子核の質量にほぼ等しい。

2 × 元素を原子番号の順に並べると，性質のよく似た元素が周期的に現れる周期性のことを，元素の周期律という。電子は原子核に近いほどより強く原子核に引きつけられ，内側のK殻から順に電子が収容されることは正しい。

3 ○ 記述のとおりである。**電子殻は，原子核に近い内側から順にK殻，L殻，M殻，N殻，…とあり，それぞれに入ることができる電子の数は，2個，8個，18個，32個，…と$2 \times n^2$で表すことができる。**

4 × ドルトンは，原子はそれ以上分割できない究極の粒子と考えた（原子説）。しかし，その後，原子は，陽子，電子，中性子というさらに小さな粒子からできていることがわかった。

5 × ボーアは，原子内の電子は，原子核を中心とするいくつかの層に分かれて存在するというボーアモデルを提唱した。

第2章

化学

正答 **3**

1 原子の構造

(1) 原子の構造

原子は，原子核と電子（マイナスの電荷をもつ）から構成されています。そして，原子核は，プラスの電荷をもつ陽子と電荷をもたない中性子から構成されています。陽子数＝電子数が成り立つため，原子は電気的に中性です。

原子
- 原子核
  - 陽子（プラスの電荷）
  - 中性子（電荷をもたない）
- 電子（マイナスの電荷）

(2) 原子番号と質量数

① 原子ごとに陽子の数は異なるため，原子の種類（元素）は，原子核内の陽子の数によって区別できます。そこで，原子核内の陽子の数をその原子の原子番号といいます。

原子番号＝陽子数（＝電子数）

② 陽子と中性子の質量はほぼ等しいですが，電子の質量は陽子や中性子の質量の約 $\frac{1}{1840}$ しかありません。したがって，原子の質量は，陽子と中性子の数によってほぼ決まるため，陽子と中性子の数の和をその原子の質量数といいます。

質量数＝陽子数＋中性子数（＝原子核の質量）

③ 原子番号は元素記号の左下，質量数は元素記号の左上に書き添えます。たとえば，原子番号6，質量数12の炭素は，$^{12}_{6}C$ と表します。

2 結晶の種類とその性質

結晶の種類	共有結合の結晶	イオン結晶	金属結晶	分子結晶 無極性分子
結晶の構成粒子	原子	陽イオンと陰イオン	原子と自由電子	分子
結晶の結合	共有結合	イオン結合	金属結合	分子間力
結合の強さ	きわめて強い	強い	強〜弱	非常に弱い
融点	高い ←―――――――――――――――――――→ 低い			
硬さ	きわめて硬い	硬いが，たたくと割れる	延性・展性を示す	軟らかくて，もろい
電気伝導性	なし※	なし	あり	なし
物質の例	ダイヤモンド，大理石	NaCl，$CuSO_4$	Fe，Cu，Al	I_2，CO_2，ナフタレン

※炭素の同素体であるグラファイトは電気伝導性がある。

INPUT

③ 物質量と化学反応式

(1) 原子量・分子量・式量

① 原子番号6，質量数12の炭素 $^{12}_{6}C$ の質量を12とし，これを基準として各原子の質量を比で表したものを相対質量（単位はありません）といいます。

② 同位体（原子番号が同じで，質量数が異なる原子どうしを同位体といいます）の相対質量にそれぞれの存在比をかけて計算した平均値を原子量といいます。なお，原子量は問題文で与えられるため，覚える必要はありません。

③ 分子からなる物質についても，原子量と同様に，$^{12}_{6}C = 12$ を基準としたときの分子1個の相対質量を求めることができます。分子の相対質量は分子量といいます。分子量は，分子を構成する原子の原子量の総和として求めることができます。

④ 組成式（物質を組成する原子数の比を表した化学式のことを組成式といいます）やイオン式で表される物質の相対質量は，式量といいます。組成式やイオン式に含まれる原子の原子量の総和として求めることができます。

(2) 物質量と化学反応式

① 物質量

物質を構成する原子，分子，イオンなどの個数をもとに表した物質の数量を物質量といい，単位はモル [mol] を用います。この物質量は次のようにして求めます。

$$物質量 = \frac{物質の質量}{モル質量} = \frac{粒子の数}{6.02 \times 10^{23}}（6.02 \times 10^{23} をアボガドロ定数といいます）$$

モル質量とは，同一種類の粒子1 mol あたりの質量 [g／mol] です。原子量，分子量，式量に g／mol をつけると，その物質のモル質量になります。

② 気体1 mol の体積

同温・同圧において，同数の分子は，気体の種類に関係なく，同体積を占めます（アボガドロの法則）。このことから，同温・同圧では，気体について，物質量の比＝体積の比となります。なお，0℃，1.013×10^5 Pa（1 atm）（標準状態といいます）では，気体の種類に関係なく，6.02×10^{23} 個の分子の占める体積は**22.4 L**となります。

③ 化学反応式の係数は，各物質の物質量 [mol] の比を表しています。たとえば，窒素と水素が反応し，アンモニアができる場合は，下表のようになります。

化学反応式	N_2	+	$3H_2$	→	$2NH_3$
分子数の関係	1分子		3分子		2分子
物質量の関係	1 mol		3 mol		2 mol
質量の関係	28g		3×2 g		2×17g
体積の関係（標準状態）	22.4 L		3×22.4 L		2×22.4 L

第2章 SECTION 1 化学
物質の構成

実践　問題 62　基本レベル

頻出度　地上★★　国家一般職★★　東京都★★★　特別区★★★
　　　　裁判所職員★★　国税・財務・労基★★　国家総合職★★

問　物質の構成に関する記述として，妥当なのはどれか。　（東京都2018）

1：1種類の元素からできている純物質を単体といい，水素，酸素及びアルミニウムがその例である。
2：2種類以上の元素がある一定の割合で結びついてできた純物質を混合物といい，水，塩化ナトリウム及びメタンがその例である。
3：2種類以上の物質が混じり合ったものを化合物といい，空気，海水及び牛乳がその例である。
4：同じ元素からできている単体で，性質の異なる物質を互いに同位体であるといい，ダイヤモンド，フラーレンは炭素の同位体である。
5：原子番号が等しく，質量数が異なる原子を互いに同素体であるといい，重水素，三重水素は水素の同素体である。

OUTPUT

チェック欄		
1回目	2回目	3回目

実践 問題 **62** の解説

〈物質の構成〉

1 ○ 記述のとおりである。**1種類の元素からできている純物質を単体**といい，水素 H_2，酸素 O_2 およびアルミニウム Al がその例である。

2 × **2種類以上の元素がある一定の割合で結びついてできた純物質を化合物**といい，水 H_2O，塩化ナトリウム NaCl およびメタン CH_4 がその例である。

3 × **2種類以上の物質が混じり合ったものを混合物**といい，空気，海水および牛乳がその例である。

4 × **同じ元素からできている単体で，性質の異なる物質を互いに同素体**であるといい，ダイヤモンド，黒鉛(グラファイト)，フラーレン，カーボンナノチューブは炭素の同素体である。なお，酸素の同素体には酸素，オゾンがあり，硫黄の同素体には斜方硫黄，単斜硫黄，ゴム状硫黄があり，リンの同素体には赤リン，黄リンがある。

5 × **原子番号が等しく，質量数が異なる原子を互いに同位体**であるといい，重水素 ^2H，三重水素 ^3H は水素の同位体である。

正答 1

問 原子の構造とイオンに関する記述として最も妥当なものはどれか。

(裁判所職員2020)

1：原子は，中心にある原子核を構成する正の電荷をもつ陽子と，原子核のまわりにある負の電荷をもつ電子の数が等しく，全体として電気的に中性である。
2：原子が電子をやり取りして電気を帯びるとイオンになるが，電子を失ったときは陰イオンに，電子を受け取ったときは陽イオンになる。
3：イオンが生成するとき，一般に価電子が1個〜3個の原子は陰イオンに，価電子が6個〜7個の原子は陽イオンになりやすい。
4：イオンからなる物質は，粒子間にはたらくイオン結合が強いため一般に融点が高く，また，固体の結晶のままでも電気を導く。
5：電子親和力とは，原子が陽イオンになるのに必要なエネルギーのことをいい，電子親和力の大きい原子ほど陽イオンになりやすい。

実践 問題 63 の解説

〈原子の構造〉

1 ○ 記述のとおりである。**原子は，正の電荷をもつ原子核と，負の電子をもつ電子から構成**されており，陽子の数と電子の数が等しいため，原子全体としては電気的に中性である。また，**原子核は，正の電荷をもつ陽子と，電荷をもたない中性子からなる**。たとえば，ヘリウム原子 $^{4}_{2}He$ では，2個の陽子と2個の中性子からなる原子核と，それを取り巻くように2個の電子がある。

2 × 原子が電子をやり取りして電気を帯びるとイオンになるが，**電子を失ったときは陽イオン**になる。たとえば，ナトリウム原子は，電子1個を失うと，ネオン原子と同じ電子配置のナトリウムイオン Na^+ になる。

$$Na \rightarrow Na^+ + e^-$$

また，**電子を受け取ったときは陰イオン**になる。たとえば，塩素原子は，電子1個を受け取ると，アルゴン原子と同じ電子配置の塩化物イオン Cl^- になる。

$$Cl + e^- \rightarrow Cl^-$$

3 × 一般に，原子は，近い原子番号の希ガス原子と同じ安定した電子配置になろうとする傾向がある。価電子が1個～3個の原子は，電子を放出して，希ガス原子と同じ電子配置の陽イオンに，価電子が6個～7個の原子は，電子を受け取って，希ガス原子と同じ電子配置の陰イオンになりやすい。

4 × イオンからなる物質は，粒子間にはたらくイオン結合が強いため，一般に融点が高いことは正しい。しかし，固体の結晶のままでは電気を導かない。水溶液や融解して生じた液体(融解液)は，イオンが移動できるようになるため，電気をよく導く。

5 × **電子親和力**とは，原子が電子1個を受け取って，1価の陰イオンになるときに放出するエネルギーのことをいい，**電子親和力の大きい原子ほど陰イオンになりやすい**。たとえば，フッ素原子F，塩素原子Clなどのハロゲン原子は，電子親和力が大きく，陰イオンになりやすい。

【コメント】
化学を学ぶうえでの基礎的な内容であるから，確実に押さえておきたい。

正答 1

化学 物質の構成

実践 問題 64 基本レベル

問 結晶の種類と性質に関する記述として，妥当なのはどれか。　（特別区2019）

1：構成粒子が規則正しく配列した構造をもつ固体を結晶といい，金属結晶，イオン結晶，共有結合の結晶，分子結晶，アモルファスに大別される。
2：金属結晶は，多数の金属元素の原子が金属結合で結びついており，自由電子が電気や熱を伝えるため，電気伝導性や熱伝導性が大きい。
3：共有結合の結晶は，多数の金属元素の原子が共有結合によって強く結びついているため，一般にきわめて硬く，融点が非常に高い。
4：イオン結晶は，一般に融点が高くて硬いが，強い力を加えると結晶の特定な面に沿って割れやすい性質があり，これを展性という。
5：分子結晶は，多数の分子が分子間力によって結びついた結晶であり，一般に融点が低く，軟らかく，電気伝導性があり，昇華しやすいものが多い。

OUTPUT

チェック欄		
1回目	2回目	3回目

実践 ▶ 問題 **64** **の解説**

〈結晶〉

1✕ 構成粒子が規則正しく配列した構造をもつ固体を結晶といい，金属結晶，イオン結晶，共有結合の結晶，分子結晶に大別される。しかし，アモルファスは，構成粒子の配列が不規則な固体のことであり，非晶質ともよばれ，結晶とは異なった性質をもつ。身近なアモルファスはガラスである。

2○ 記述のとおりである。金属に外力を加えて変形させて金属原子の配列がずれても，自由電子はそのまま共有されるため，イオン結晶のように割れることがない。このことが，金属が可塑性をもち，展性（二次元的に薄く広げられる性質）・延性（一次元的に長く引き延ばされる性質）に富む理由である。

3✕ 共有結合の結晶は，非金属元素の原子が共有結合によって強く結びついているため，一般にきわめて硬く，融点が非常に高い。共有結合の結晶には，ダイヤモンド C，ケイ素 Si，二酸化ケイ素 SiO_2 などがあり，正四面体構造をなしている。炭素の同素体である黒鉛も共有結合の結晶であるが，炭素原子の4個の価電子のうち3個を用いて平面構造をなし，平面どうしは互いに弱い分子間力で結びついているため，平面どうしははがれやすく，軟らかい。また，残り1個の価電子は，平面全体に共有されるため，黒鉛は共有結合の結晶としては例外的に電気をよく通す。

4✕ イオン結晶は，結合力が強く，一般に融点が高くて硬いが，もろい。強い力を加えると結晶の特定の面に沿って割れやすい性質があり，これをへき開といい，鉱物をハンマーでたたくと特定の方向に割れるものがある。また，イオン結晶は，固体の状態では電気を導かないが，水溶液や融解したものは電気を導く。

5✕ 分子結晶は，分子間力によって結びついた結晶であり，ドライアイス CO_2，ヨウ素 I_2，ナフタレン $C_{10}H_8$，アルゴン Ar，窒素 N_2 などがある。分子結晶は，分子間力が弱いため，一般に融点が低く，軟らかく，昇華しやすいもの（ドライアイス，ヨウ素，ナフタレン）が多い。また，電気的に中性であるため，固体でも液体でも電気伝導性がない。

第2章 化学

正答 **2**

問 化学結合や結晶に関する記述として最も妥当なのはどれか。（国家一般職2017）

1：イオン結合とは，陽イオンと陰イオンが静電気力によって結び付いた結合のことをいう。イオン結合によってできているイオン結晶は，一般に，硬いが，外部からの力にはもろく，また，結晶状態では電気を導かないが，水溶液にすると電気を導く。

2：共有結合とは，2個の原子の間で電子を共有してできる結合のことをいう。窒素分子は窒素原子が二重結合した物質で電子を4個共有している。また，非金属の原子が多数，次々に共有結合した構造の結晶を共有結晶といい，例としてはドライアイスが挙げられる。

3：それぞれの原子が結合している原子の陽子を引き付けようとする強さには差があり，この強さの程度のことを電気陰性度と呼ぶ。電気陰性度の差によりそれぞれの結合に極性が生じたとしても，分子としては極性がないものも存在し，例としてはアンモニアが挙げられる。

4：分子結晶とは，共有結合より強い結合によって分子が規則正しく配列している結晶のことをいう。分子結晶は，一般に，電気伝導性が大きく，水に溶けやすい。例としては塩化ナトリウムが挙げられる。

5：金属結合とは，金属原子から放出された陽子と電子が自由に動き回り，金属原子同士を結び付ける結合のことをいう。金属結晶は多数の金属原子が金属結合により規則正しく配列してできており，熱伝導性，電気伝導性が大きく，潮解性があるなどの特徴を持つ。

OUTPUT

チェック欄		
1回目	2回目	3回目

実践 問題 **65** の解説

〈化学結合〉

第2章 化学

1 ○ 記述のとおりである。**イオン結合とは，陽イオンと陰イオンが静電気力（クーロン力）によって結びついた結合のこと**をいい，たとえば，塩化ナトリウム NaCl では，Na^+ と Cl^- が静電気力で互いに引き合っている。一般に，イオン結合は，**ナトリウムのような陽性の強い金属元素のイオンと，塩素のような陰性の強い非金属元素のイオンとの間に生じる。**

イオン結合によってできているイオン結晶は，一般に，イオン間の結合が強いため，融点が高く，硬いが，外部からの力にはもろく，割れやすい。また，固体のままでは電気を導かないが，水溶液にしたり，加熱して融解して生じた液体（融解液）にすると，電気を導く。

2 × **共有結合とは，2個の原子の間で電子を共有してできる結合のこと**をいい，安定に存在する分子では，一般に，各原子は希ガス原子と同じ電子配置になる。たとえば，水素分子は，水素原子が単結合した物質で電子を2個共有し，二酸化炭素分子は，炭素原子と酸素原子が二重結合した物質で電子を4個共有し，窒素分子は，窒素原子が三重結合した物質で電子を6個共有している。一般に，共有結合は，**不対電子をもつ非金属元素の原子どうしの間に生じる。**

非金属元素の原子が多数，次々に共有結合した構造の結晶を共有結晶といい，例としてはダイヤモンド，黒鉛，二酸化ケイ素などが挙げられる。共有結晶は，非常に硬く，融点がきわめて高いものが多く，水に溶けにくく，黒鉛以外は電気を導きにくい。

3 × **原子が共有結合をつくるとき，共有電子対を引き寄せる力の強さを表した値が電気陰性度**であり，この値が大きいほど共有電子対を引き寄せる力が強い。電気陰性度の差が大きい原子間の共有結合では，**共有電子対が電気陰性度の大きい原子のほうに引き寄せられ，結合に電荷のかたよりが生じ，**これを結合の**極性**という。アンモニア分子 NH_3 は，N−H 結合に極性があり，三角すい形をしているため，極性が打ち消し合うことなく，分子全体として極性を示す。一方，二酸化炭素分子 CO_2 は，C＝O 結合に極性があるが，直線形をしているため，極性が打ち消し合い，極性をもたない。

4 × 分子間にはたらく弱い力を**分子間力**といい，**イオン結合，共有結合より，はるかに弱い。**分子結晶とは，分子間力により分子が規則正しく配列している結晶のことをいう。たとえば，ドライアイスは，二酸化炭素分子 CO_2

LEC東京リーガルマインド　2022-2023年合格目標 公務員試験 本気で合格！過去問解きまくり！　183
⑦自然科学Ⅰ

が弱い分子間力で結ばれてできた結晶である。このほか、ナフタレン、ヨウ素などが分子結晶である。分子結晶は、一般に融点が低く、昇華しやすいものがある。また、電気を導かないものが多い。

5 × 金属結合とは、金属原子から放出された電子が自由に動き回り、金属原子どうしを結びつける結合のことをいう。このような電子を自由電子という。金属結晶は、多数の金属原子が金属結合によって規則正しく配列してできており、自由電子が金属中を自由に動くため、熱伝導性、電気伝導性が大きい。また、自由電子によって光が反射されるため、金属光沢があったり、原子どうしの位置がずれても、自由電子が共有されていることにより、金属結合の強さが保たれるから、展性(たたいて、箔状にすることができる性質)や延性(引き延ばして、線状にすることができる性質)を示す。

潮解性は、空気中に放置したときに、水分を吸収して溶解することであり、水酸化ナトリウム NaOH、塩化カルシウム $CaCl_2$ などが潮解性をもつ。

【コメント】
それぞれの化学結合や結晶の特徴を示すキーワード、あてはまる物質をしっかりと押さえておきたい。

正答 **1**

memo

第2章 化学

第2章 SECTION 1 化学
物質の構成

実践 問題 66 基本レベル

問 メタン(CH_4) 0.50molと水素0.50molの混合気体を完全燃焼させたとき、生成する水の質量はいくらか。
ただし、原子量は、H＝1.0, C＝12.0, O＝16.0とする。 （国Ⅱ2009）

1 : 12 g
2 : 18 g
3 : 27 g
4 : 36 g
5 : 45 g

OUTPUT

実践 ▶ 問題 **66** ◀ **の解説**

〈化学反応式〉

第2章 化学

　メタンと水素の混合気体を完全燃焼させたときの化学反応式は以下のとおりである。

　　$CH_4 + 2O_2 \rightarrow CO_2 + 2H_2O$　……①

　　$2H_2 + O_2 \rightarrow 2H_2O$　　　　　……②

　①の反応では，メタン0.5molを完全燃焼させると水が1mol生成される。また，②の反応では，水素0.5molを完全燃焼させると水が0.5mol生成される。したがって，水は合計で1.5mol生成される。水1molの質量は，

　　$1.0 \times 2 + 16.0 = 18.0\,[\,g\,]$

であるから，水1.5molでは，

　　$18.0 \times 1.5 = 27.0\,[\,g\,]$

となる。

　よって，正解は肢3である。

正答 **3**

化学
物質の構成

実践 問題 67 基本レベル

頻出度 地上★★★ 国家一般職★★★ 東京都★ 特別区★★★
裁判所職員★ 国税・財務・労基★★ 国家総合職★★

問 ある金属の元素記号をMとする。金属Mは酸素と一定の割合で結合する。右の図は金属Mが酸化する前の質量と酸化してできた生成物の質量を表したものである。金属原子Mの質量を48,酸素原子の質量を16とすると,次のうち正しい組成式はどれか。
なお,各原子の質量は炭素原子の質量に対する相対質量である。
（地上2020）

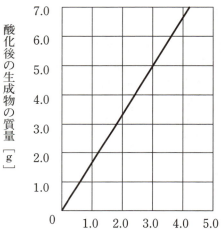

1：MO
2：MO_2
3：M_2O
4：M_2O_3
5：M_3O_2

OUTPUT

実践 問題 **67** **の解説**

〈化学反応式〉

金属Mを酸化してできた生成物を M_xO_y とすると，この反応の化学反応式は，

$$x M + \frac{y}{2} O_2 \rightarrow M_xO_y$$

となる。

グラフより，金属M3.0gを酸化して M_xO_y が5.0g生成しているから，化合した酸素は，

$$5.0 - 3.0 = 2.0 \, [\,g\,]$$

となるため，

$$48x : \left(\frac{y}{2} \times 16 \times 2 \right) = 3.0 : 2.0$$

$$48 x : 16 y = 3 : 2$$

$$3 x : y = 3 : 2$$

$$x : y = 1 : 2$$

したがって，求める組成式は，MO_2 となる。

よって，正解は肢2である。

正答 **2**

第2章 SECTION 1 化学
物質の構成

実践　問題 68　基本レベル

問　次の㋐～㋓の物質量[mol]の大小関係を示したものとして最も妥当なのはどれか。

ただし，原子量はH＝1.0，C＝12.0，O＝16.0とし，アボガドロ定数は6.02×10²³／molとする。　　　　　　　　　　　（国税・財務・労基2018）

㋐　3.01×10²⁴個の水素分子
㋑　標準状態（0℃，1.013×10⁵Pa）で44.8Lの酸素分子
㋒　27.0gの水分子
㋓　2.0molのアセチレン（C_2H_2）を完全燃焼させたときに生成する二酸化炭素分子

1：㋐＞㋑＞㋓＞㋒
2：㋐＞㋓＞㋑＞㋒
3：㋑＞㋓＞㋒＞㋐
4：㋓＞㋑＞㋒＞㋐
5：㋓＞㋒＞㋐＞㋑

OUTPUT

実践 ▶ 問題 **68** **の解説**

チェック欄		
1回目	2回目	3回目

〈物質量(mol)〉

ア 物質 1 mol には，原子・分子・イオンなどの構成粒子が6.02×10^{23}個含まれているから，3.01×10^{24}個の水素分子の物質量は，

$$\frac{3.01 \times 10^{24}}{6.02 \times 10^{23}} = \frac{30.1 \times 10^{23}}{6.02 \times 10^{23}} = \frac{30.1}{6.02} = 5.0 \,[\text{mol}]$$

イ 標準状態($0\,℃$，$1.013 \times 10^5\,\text{Pa}$)では，気体 1 mol の体積は，気体の種類に関係なく，22.4 L であるから，44.8 L の酸素分子の物質量は，

$$44.8 \div 22.4 = 2.0 \,[\text{mol}]$$

ウ 水 H_2O の分子量は，$1.0 \times 2 + 16.0 = 18.0$ であるから，27.0 g の水分子の物質量は，

$$27.0 \div 18.0 = 1.5 \,[\text{mol}]$$

エ 2 mol のアセチレン(C_2H_2)を完全燃焼させたときの化学反応式は，

$$2\,C_2H_2 + 5\,O_2 \rightarrow 4\,CO_2 + 2\,H_2O$$

であるため，2.0mol のアセチレンから二酸化炭素は4.0mol 生成する。

以上より，㋐～㋓の物質量 [mol] の大小関係は，

㋐ 5.0 mol ＞ ㋓ 4.0 mol ＞ ㋑ 2.0 mol ＞ ㋒ 1.5 mol

となる。

よって，正解は肢 2 である。

【コメント】

いずれも，化学の基本的な計算であるから，確実にできるようにしておきたい。

正答 2

第2章 化学

第2章 SECTION 1 化学
物質の構成

実践 問題 69 〈基本レベル〉

[問] 同じ体積の窒素 N_2 と水素 H_2 を,いずれかが無くなるまで反応させたとき,アンモニア NH_3 が 6 L 生成した。このとき,残った気体と体積はいくらとなるか。ただし,体積は同温,同圧で測定している。　　　　（地上2011）

1 : 水素 2 L
2 : 水素 6 L
3 : 窒素 2 L
4 : 窒素 3 L
5 : 窒素 6 L

OUTPUT

チェック欄		
1回目	2回目	3回目

実践 ▶ 問題 **69** **の解説**

〈化学反応式〉

窒素 N_2 と水素 H_2 の反応によりアンモニア NH_3 が生じる化学反応式は,

$N_2 + 3H_2 \rightarrow 2NH_3$

である。この化学反応式の係数から,反応する窒素 N_2 と水素 H_2 の物質量の比は,1：3 であるとわかる。

問題文より,用いた窒素 N_2 と水素 H_2 の体積は等しいことから,用いた窒素 N_2 と水素 H_2 の体積を V とする。この体積 V は,同温度,同圧で測定していることから,物質量に比例する。したがって,反応する窒素 N_2 と水素 H_2 の体積比も,1：3 になる。

以上のことから,下記のような表ができる。

	N_2	$+ 3H_2$	$\rightarrow 2NH_3$
反応前の体積	V	V	0
変化した体積	$-\dfrac{1}{3}V$	$-V$	$+\dfrac{2}{3}V$
反応後の体積	$\dfrac{2}{3}V$	0	$\dfrac{2}{3}V$

上記表から,残った気体は,窒素 N_2 とわかる。さらに,発生したアンモニア NH_3 の体積と,残った窒素 N_2 の体積が等しいこともわかる。したがって,発生したアンモニア NH_3 の体積が6Lであることから,残った窒素 N_2 の体積も6Lとなる。

よって,正解は肢5である。

正答 5

問 物質の結合や結晶に関する記述として最も妥当なのはどれか。　（国Ⅰ2010）

1：イオン結合は，陽イオンと陰イオンが電気的な力で結びついた結合であり，原子が，最外殻に電子を取り込むことにより陽イオンになり，また，最外殻の電子を失うことにより陰イオンになる。イオン結合の結晶は，一般に硬くて延性と展性があり，融点が低い。

2：共有結合は，原子どうしがそれぞれ不対電子を出し合い，この不対電子が両原子に共有されてできる結合である。一対の共有電子対を1本の線で表したものを価標といい，各原子の結合状態を図式的に表したものを構造式という。水素と結びつく価標の数により，水素(H_2)は単結合，水(H_2O)は二重結合，アンモニア(NH_3)は三重結合となる。

3：水素結合は，水素原子を仲立ちにして分子間に生じる結合である。水(H_2O)では，隣り合う分子のOとHとの間に引力がはたらく。一般に極性のない物質については分子量が大きいほど融点・沸点が高くなる傾向があるが，水は分子どうしが互いに引き合うため，酸素，窒素等の無極性分子と比較すると，分子量は小さいにもかかわらず，高い融点・沸点を示す。

4：金属は金属元素の原子が多数結合してできている。金属結晶中では，金属原子の価電子は，特定の原子に固定されず，自由に動き回っている。金属結合は，強固であるがもろく，外部から力が加わったとき容易に切れる。これは金属結晶中の粒子の位置がずれると，電子が自由に動けなくなるからである。

5：分子結晶は，原子が規則正しく配列して構成された結合で，分子式で表される。炭素の同素体であるダイヤモンドと黒鉛の結晶構造をみると，ダイヤモンドは炭素原子1個が他の3個と結合した平面網目状構造，黒鉛は炭素原子1個が他の4個と正四面体状に結合した立体構造となっている。

OUTPUT

チェック欄		
1回目	2回目	3回目

実践 問題 70 の解説

〈化学結合〉

1✕ 原子は，最外殻の電子を失うことにより陽イオンとなり，最外殻に電子を取り込むことにより陰イオンとなる。**イオン結合の結晶は，一般に硬くてもろいが，融点・沸点は高い。**

2✕ 1組の共有電子対で結合している結合を**単結合**という。単結合の分子には，水素(H_2)，水(H_2O)，アンモニア(NH_3)，メタン(CH_4)などがある。2組の共有電子対で結合している結合を**二重結合**といい，二重結合がある分子には，二酸化炭素(CO_2)などがある。3組の共有電子対で結合している結合を**三重結合**といい，三重結合がある分子には窒素(N_2)などがある。なお，ある原子が水素原子との間につくることができる共有結合の数を**原子価**という。

3○ 記述のとおりである。分子中のある原子間の共有電子対のかたよりの度合いの大きさを表す指標として**電気陰性度**がある。電気陰性度の異なる原子がつくる分子は極性があり，分子間で**水素結合**する。水素結合の強さは，化学結合(共有結合，イオン結合，金属結合)より弱いが，無極性分子間にはたらく**ファンデルワールス力**よりは強いため，これらの分子の沸点は異常に高くなる。

4✕ 金属の特色は，①**金属光沢**，②**電気と熱の良導体**，③**可塑性をもち，展性・延性に富む**ことの3つである。アルカリ金属はナイフなどで切ることができるが，金属全体にあてはまる性質ではない。

5✕ ダイヤモンドは，炭素原子の4個の価電子がそれぞれに4個の他の炭素原子と共有結合した，**正四面体構造**をしている。黒鉛(グラファイト)は，炭素原子の4個の価電子のうち3個がそれぞれに他の炭素原子と共有結合した網目状の平面構造をしており，この平面構造どうしがいくつも重なった構造である。

正答 3

第2章 ① 化学
物質の構成

実践 問題 71 応用レベル

問 次の表は，金属結晶の構造に関するものであるが，表中の空所A～Dに該当する語又は数値の組合せとして，妥当なのはどれか。 （特別区2021）

	体心立方格子	面心立方格子	六方最密構造
単位格子中の原子の数	A 個	4 個	B 個
充填率	68%	C ％	74%
金属の例	Na	Cu	D

	A	B	C	D
1 :	2	2	68	Mg
2 :	2	2	74	Mg
3 :	2	4	68	Al
4 :	4	4	74	Mg
5 :	4	4	74	Al

OUTPUT

実践 問題 **71** の解説

〈金属結晶の構造〉

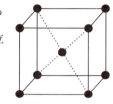

体心立方格子は，単位格子の中心に1個の原子，および8つの頂点に$\frac{1}{8}$個ずつの原子が配置されている。そのため，単位格子中の原子の数は，

$$1 + \frac{1}{8} \times 8 = \underline{2}\,[個]\,(A)$$

である。

六方最密構造については，下図の色つき部分に含まれる原子の数を考察すればよく，その数は，

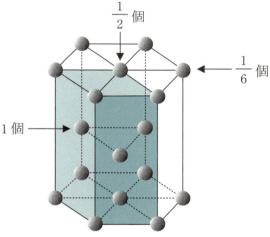

$$\left(\frac{1}{2} \times 2 + \frac{1}{6} \times 12 + 1 \times 3\right) \div 3 = \underline{2}\,[個]\,(B)$$

である。

面心立方格子と六方最密構造はともに，原子と原子のすき間ができるだけ小さくなるように配列された構造であり，その構造は原子で構成される平面層の積層の違いのみである。したがって，両者の充填率は一致し，$\underline{74\%}$（C）である。六方最密構造をとる金属の例として，$\underline{マグネシウム}$（D）や亜鉛が挙げられる。なお，アルミニウムは，面心立方格子である。

したがって，A：2，B：2，C：74，D：Mgとなる。

よって，正解は肢2である。

正答 2

SECTION 1 物質の構成

実践 問題 72 応用レベル

問 炭酸カルシウム $CaCO_3$ 0.5 g に，濃度1.0mol／Lの塩酸を10cm³加えたときに発生する気体に関する記述として最も妥当なのはどれか。
ただし，$CaCO_3$ の式量を100とする。 （国Ⅱ2011）

1：塩素が0.005mol 発生する。
2：塩素が0.010mol 発生する。
3：酸素が0.010mol 発生する。
4：二酸化炭素が0.005mol 発生する。
5：二酸化炭素が0.010mol 発生する。

OUTPUT

実践 問題 **72** **の解説**

〈化学反応式〉

　炭酸カルシウムと塩酸を反応させると，塩化カルシウムと水と二酸化炭素が生じる。化学反応式は次のとおりである。

　　$CaCO_3 + 2HCl \rightarrow CaCl_2 + H_2O + CO_2 \uparrow$

　化学反応式の係数より，炭酸カルシウム1 molと塩酸2 molが反応し，二酸化炭素1 molが生じることがわかる。

　本問で使用されている炭酸カルシウムと塩酸の物質量は，

　　炭酸カルシウム：$\dfrac{0.5}{100} = 0.005\,[mol]$

　　塩酸：$\dfrac{10}{1000} \times 1.0 = 0.01\,[mol]$

である。上記の炭酸カルシウムと塩酸の物質量の比は1：2であるから，炭酸カルシウム0.5 gがすべて反応したことがわかる。そして，化学反応式の係数より，発生する二酸化炭素の物質量は，反応した炭酸カルシウムの物質量と等しくなることから，二酸化炭素は0.005mol発生することがわかる。

　よって，正解は肢4である。

正答 **4**

化学

第2章 SECTION 2

物質の状態

必修問題 セクションテーマを代表する問題に挑戦！

このセクションでは，物質の状態変化が出題されます。知識問題なのでがんばって暗記してしまいましょう。

問 物質の状態変化に関する記述として，妥当なのはどれか。

(特別区2003)

1：凝縮とは，気体中の分子の熱運動によって気体が混合され，その濃度が均一になる現象である。

2：蒸発とは，大きな運動エネルギーを持つ分子が，その分子間引力に打ち勝って，熱を放出して液面から飛び出す現象である。

3：昇華とは，気体を圧縮すると，比較的小さな運動エネルギーを持つ気体分子が集まり，液体になる現象である。

4：融解とは，結晶を加熱して温度を上げていくと，ある温度で結晶の一部がくずれて，液体になる現象である。

5：凝固とは，気体が直接，構成粒子の配列が不規則な無定型固体になる現象である。

直前復習

必修問題の解説

〈状態変化〉

1 × 凝縮とは，気体から液体に変化することである。

2 × 大きな運動エネルギーをもつ分子が，その分子間力に打ち勝って，液面から飛び出すのは蒸発であるが「熱を放出して」という部分が妥当ではない。反対に，分子が熱を吸収することにより運動エネルギーが大きくなる。それによって活発に動くようになり，液面から飛び出すことができるのである。

3 × 昇華とは，気体から固体または固体から気体に直接変化することである。例としては，ドライアイス(CO_2)やヨウ素(I_2)，ナフタレン($C_{10}H_8$)などがある。気体分子が集まって液体になるのは，凝縮である。

4 ○ 記述のとおりである。融解とは，固体から液体に変化することである。結晶とは原子，分子，イオンが規則正しく配列したもので，粒子が互いに引き合った状態にある。しかし，加熱していくと粒子が熱エネルギーを吸収して，それが運動エネルギーに変わるため，次第に粒子の運動が活発になっていき，ある温度(融点)で規則正しい配列の一部が崩れて，液体へと変化する。

5 × 気体が直接(液体を経由せずに)固体になるのは，昇華である。凝固は，液体から固体に変化することである。また，無定型固体となった金属をアモルファス金属という。液体金属を急速に冷やして固体とするとアモルファス金属ができる。

正答 **4**

SECTION 2 化学 物質の状態

1 物質の三態

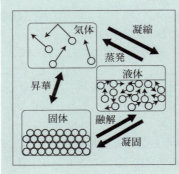

固体……分子間力がはたらき，熱運動は小さく分子はその場で振動しており，ほとんど変形しません。
液体……分子間力ははたらいていますが，熱運動が固体よりも激しいため，分子が乱雑に動き回っています。
気体……熱運動が激しく，分子間力はほとんどはたらかず，分子が空間を自由に飛び回っている状態です。

物質を構成する粒子が，その温度に応じて行う運動を粒子の熱運動といいます。熱運動は，高温になるほど激しくなります。

(1) 融解と凝固（固体⇔液体）

① 固体から液体への状態変化を融解といい，融解が起こる温度を融点，1 mol の物質が融解するのに必要な熱量を融解熱（吸熱）といいます。

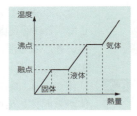

② 液体から固体への状態変化を凝固といい，凝固が起こる温度を凝固点，1 mol あたりの発熱量を凝固熱（発熱）といいます。

(2) 蒸発と凝縮（液体⇔気体）

① 液体から気体への状態変化を蒸発といい，1 mol の物質が蒸発するときに吸収する熱量を蒸発熱といいます。

② 気体からの液体への状態変化を凝縮といい，1 mol の物質が凝縮するときに発する熱量を凝縮熱といいます。

(3) 昇華

液体を経ずに，固体から気体（または気体から固体）へ直接状態変化することを昇華といいます。たとえば，ナフタレン $C_{10}H_8$ やドライアイス CO_2，ヨウ素 I_2 など分子間力の小さい分子結晶で見られます。

INPUT

2 ボイル・シャルルの法則

(1) ボイルの法則

一定量の気体の体積は，温度が一定であれば，その気体の圧力に反比例します。

$$P_1 V_1 = P_2 V_2 = 一定$$

P：圧力，V：体積

(2) シャルルの法則

① $-273℃$を基準にした温度を絶対温度といい，絶対温度の単位はK（ケルビン）を使います。

$$T = t + 273$$

T：絶対温度，t：摂氏温度

② 一定量の気体の体積は，圧力が一定のとき，絶対温度に比例します。

$$\frac{V_1}{T_1} = \frac{V_2}{T_2} = 一定$$

V：体積，T：絶対温度

(3) ボイル・シャルルの法則

一定量の体積は，絶対温度に比例し，圧力に反比例します。

$$\frac{P_1 V_1}{T_1} = \frac{P_2 V_2}{T_2}$$

P：圧力，V：体積，T：絶対温度

(4) 気体の状態方程式

ボイル・シャルルの法則より，$n\,[\text{mol}]$の気体について，次の式が成り立ち，これを気体の状態方程式といいます。

$$PV = nRT \quad \text{または} \quad PV = \frac{w}{M} RT$$

w：質量，M：モル質量，P：圧力，V：体積，T：絶対温度

Rを気体定数といい，$R = 8.31 \times 10^3\,[\text{Pa}\cdot\text{L}／\text{K}\cdot\text{mol}]$となります。

問 物質と温度に関する記述として最も適当なものはどれか。（**裁判所職員2017**）

1：絶対零度では，理論上，分子の熱運動が停止し，それ以上温度が下がらない。
2：セルシウス温度の0［℃］は，絶対温度の0［K］より低い温度である。
3：気体分子の平均の速さは，温度が低いほど大きく，同じ温度では分子量が大きい分子ほど大きい。
4：水などが，その時の温度によって液体から固体になったり，気体になったりする状態変化は，化学変化の1つである。
5：常温・常圧下での状態が液体である単体の物質は，臭素・水銀・水のみである。

OUTPUT

チェック欄		
1回目	2回目	3回目

実践 問題 **73** の解説

〈物質と温度〉

1 ○ 記述のとおりである。**絶対零度**とは，**理論上，分子の熱運動が停止する温度**であり，**−273.15〔℃〕**である。温度とは分子の運動エネルギーを表すものであるため，分子の熱運動が行われなくなる−273.15〔℃〕が最低の温度となり，それ以上温度が下がることはない。

2 × **セルシウス（摂氏）温度**は，**絶対温度から273.15を引いた数値**になり，

$$0〔K〕= −273.15〔℃〕, \quad 273.15〔K〕= 0〔℃〕$$

となる。したがって，セルシウス温度の0〔℃〕は，絶対温度の0〔K〕より高い温度である。

3 × 気体の各分子のエネルギーや速さはまちまちであるから，気体分子の速さは平均の速さを考えていく。温度が高くなるほど，大きいエネルギーをもつ分子の割合が増加するため，気体分子の平均の速さは，温度が高いほど大きい。

また，一定の温度では，気体分子は平均して一定のエネルギーで運動しており，質量を m，平均の速さを v とすると，運動エネルギーは $\frac{1}{2}mv^2$ である。

これより，分子量が小さい分子は質量が小さくなるため，速さは大きくなる。したがって，気体分子の平均の速さは，同じ温度では分子量が小さい分子ほど大きい。

4 × 液体から固体，液体から気体になるような状態変化は，物理変化である。**物理変化**とは，**物質が，別の物質に変化することはなく状態を変える変化**である。たとえば，水が氷になったり，水蒸気になったりする変化である。一方，化学変化とは，**ある物質から別の物質に変わる変化**のことであり，たとえば，水を電気分解すると，水素と酸素が発生する変化である。

5 × **常温・常圧下での状態が液体である単体は，臭素・水銀のみ**である。水は，常温・常圧下で液体であるが，単体ではなく水素と酸素の化合物である。

正答 1

問 物質の状態変化に関する記述として最も妥当なのはどれか。

（国税・財務・労基2020）

1：物質の融点・沸点は，構成粒子間が金属結合で結ばれている物質よりも，水素結合で結ばれている物質の方が高い。水素結合から成る物質は，自由電子を持ち，この自由電子が物質中を移動して熱や電気を伝えることから熱伝導性や電気伝導性が高い。
2：物質の温度や圧力を変化させると，固体，液体，気体の間で状態が変化する。このうち，液体から気体への変化を昇華という。また，圧力が一定のとき，一定量の気体の体積は，温度が上がると小さくなる。
3：固体には，構成粒子が規則正しく配列した結晶があり，炭酸カルシウムはイオン結晶，ダイヤモンドは共有結合結晶である。また，ドライアイスは分子間力により分子が規則正しく配列してできた分子結晶である。
4：塩化ナトリウムやグルコースは，どちらも水溶液中でイオンに電離するため，水によく溶ける。また，イオン結晶は，ベンゼンなどの無極性溶媒には溶けにくいが，無極性分子であるヨウ素やナフタレンは，分子の熱運動により，極性溶媒の水によく溶ける。
5：酸素とオゾン，金と白金，銅と青銅と黄銅といった，同じ元素で構造や性質の異なるものを互いに同位体（アイソトープ）という。また，小さな分子が多数結合したポリエチレンなどの物質を高分子化合物というが，高分子化合物は自然界には存在しない。

OUTPUT

チェック欄		
1回目	2回目	3回目

実践 問題 **74** の解説

〈状態変化〉

1× 金属結合の結合力は強く，一般的に融点・沸点は高いが，単体の金属の中では，水銀 Hg は，唯一，常温で液体である。水 H_2O，アンモニア NH_3，フッ化水素 HF などの**水素結合をしている物質は，一般の極性分子に比べて，ファンデルワールス力より大きな分子間力がはたらくため，同種の結合をしている他の物質よりも融点・沸点が異常に高い**が，金属結合の物質のほうが融点・沸点は高い。

自由電子をもち，この自由電子が物質中を移動して熱や電気を伝えることから熱伝導性や電気伝導性が高いのは，金属結合からなる物質である。また，金属は，原子どうしの位置がずれても，自由電子が全体に共有されているため，**たたいて箔にすることができ（展性），引き延ばして線状にすることができる（延性）**。

2× **昇華とは，固体から液体を経ないで直接気体になる状態変化**のことであり，分子間力が比較的小さい分子結晶をもつヨウ素 I_2，ナフタレン $C_{10}H_8$，ドライアイス CO_2 が昇華しやすい物質である。なお，気体から液体を経ないで直接固体になる状態変化のことも昇華という。

また，**シャルルの法則**より，**一定圧力において，一定量の気体の体積 V は，絶対温度 T に比例する**ことから，圧力が一定のとき，一定量の気体の体積は，温度が上がると大きくなる。

3〇 記述のとおりである。結晶は，原子，イオン，分子などの構成粒子が規則正しく配列してできた固体であり，それぞれの化学結合により，粒子は一定の配列を保っている。結晶は，**金属結晶，イオン結晶，共有結合結晶，分子結晶**に大別され，粒子間に形成される化学結合，構成粒子の種類などが異なり，それぞれ特徴的な性質を示す。

4× 塩化ナトリウム NaCl などのイオン結晶は，静電気的な力でイオンが結合してできた物質であり，一般的に水に溶けやすいものが多いが，炭酸カルシウム $CaCO_3$，硫酸バリウム $BaSO_4$，塩化銀 AgCl などはイオン結合の強さが大きいため，水に溶けにくい。

イオン結晶は，ベンゼン C_6H_6 のような無極性溶媒には溶けにくい。これは，溶質の構成粒子と溶媒の構成粒子の間に，電気的な引力がほとんどはたらかないからである。

グルコース $C_6H_{12}O_6$，エタノール C_2H_5OH は，分子中に極性の大きい

第2章 化学

O-H結合が存在し、水分子と水素結合を形成して水和するため、水などの極性溶媒によく溶ける。無極性分子であるヨウ素I_2、ナフタレン$C_{10}H_8$は、水和しにくいため、水に溶けにくいが、無極性溶媒にはよく溶ける。一般的に、**極性の大きい溶質は極性の大きい溶媒に溶けやすく、極性の小さい溶質は極性の小さい溶媒に溶けやすい。**

5 × **同位体（アイソトープ）は、原子番号が同じであるが、質量数が異なる原子**のことで、たとえば、天然に存在する水素原子は、99％以上が${}^{1}_{1}H$であるが、${}^{2}_{1}H$、${}^{3}_{1}H$も存在する。同位体は、中性子の数が異なるだけで、陽子の数は同じであるため、化学的な性質はほぼ同じである。なお、**同じ元素で構造や性質の異なるものは、同素体**であり、たとえば、酸素O_2とオゾンO_3、ダイヤモンドと黒鉛とフラーレンとカーボンナノチューブ、赤リンと黄リン、斜方硫黄と単斜硫黄とゴム状硫黄である。

分子が共有結合により、多数結合し、分子量がおよそ１万以上の物質を**高分子化合物**といい、天然に存在するデンプン、セルロース、タンパク質、天然ゴムなどの天然高分子化合物と、人工的に合成されたポリエチレン、ポリ塩化ビニル、ポリエチレンテレフタラート（PET）、ナイロン、合成ゴムなどの合成高分子化合物に分類され、衣食住などで、生活に密接に関係している。

【コメント】
さまざまな知識が問われていたが、正解は基礎的な知識で確実に導くことができた。

正答 3

memo

問 A～Dはコロイドに関する記述であるが、妥当なもののみをすべて挙げているのはどれか。　　　　　　　　　　　　　　　　　　　　（国Ⅱ2002）

A：セッケン水などのコロイド溶液に横から強い光を当てると、コロイド粒子によって光が散乱され、光の進路が明るく輝いて見えるが、これをチンダル現象という。

B：コロイド溶液が流動性を失ったものをゲルという。シリカゲルはゲル状のケイ酸を精製、乾燥させたもので、多孔質で吸着力も大きいため、乾燥剤として広く用いられている。

C：コロイド粒子がセロハン膜などの半透膜を通過できる性質を利用して、他の分子やイオンなどから分離する方法を凝析といい、この方法が物質の分離や精製に使われる。

D：コロイド溶液に少量の電解質水溶液を加えるとコロイド粒子は沈殿する。このようなコロイド溶液を保護コロイドといい、墨汁に加えるニカワは保護コロイドの例である。

1：A、B
2：A、C
3：B、C
4：B、D
5：C、D

OUTPUT

実践 ▶ 問題 **75** の解説 ―――――――――――――――

〈コロイド〉

A ○ 記述のとおりである。**チンダル現象**を利用して，コロイドに横から光を当てコロイド粒子の位置を光点として観察できるようにしたのが限外顕微鏡である。

B ○ 記述のとおりである。流動性のあるコロイド溶液を**ゾル**といい，ゾルがそのまま固化したものを**ゲル**という。シリカゲルは，固体化されたゲル状の無水ケイ酸で，$SiO_2 \cdot nH_2O$ で表される。細孔が数多くあり表面積が大きい。他の物質を吸着する性質が強く，吸湿効果をもち，吸臭剤，吸色剤として用いられる。

C × コロイド粒子（直径$10^{-9} \sim 10^{-7}$m）はろ紙を通り抜けるが，**半透膜は通り抜けない**大きさである。この性質を利用して，セロハンなどの半透膜でコロイド溶液からイオンや分子を除き，コロイド粒子を分離する操作を**透析**という。

D × コロイド溶液（疎水コロイド）に少量の電解質を加えることによりコロイド粒子が沈殿することを**凝析**という。これはコロイド粒子のもつ電荷が失われるために起こる。また，疎水コロイドに親水コロイドを加えると，凝析が起こりにくくなる。これは，親水コロイドが疎水コロイドのまわりを取り囲み安定させるからである。このような保護作用をもつ親水コロイドを**保護コロイド**という。墨汁は炭素コロイドにニカワが添加されたものであり，炭素粒はニカワに包まれて水に分散している。炭素コロイドは疎水コロイドであり，ニカワは親水コロイドである。

以上より，妥当なものはA，Bとなる。

よって，正解は肢1である。

【参考】

その他の重要なコロイド溶液の性質には以下のようなものがある。

ブラウン運動…限外顕微鏡でコロイド粒子を観察すると，絶えず不規則にジグザグ運動をしているのがわかる。このようなコロイド粒子の運動をブラウン運動という。

塩析…親水コロイドに多量の電解質を加えると沈殿する。これを塩析といい，コロイド粒子に水和していた水が電解質によって引き離されるために起こる。

例：豆腐の製造でニガリを加える。

電気泳動…コロイド粒子は正，負いずれかの電気を帯びているものが多いため，コロイド溶液に電気を通すと正に帯電したコロイド粒子は陰極に，負に帯電したコロイド粒子は陽極に移動する。この現象を電気泳動という。

正答 1

問 次のA～Eのうち，物質の変化又は反応に関する記述として，妥当なものの組合せはどれか。 （東京都2011）

A：夜空に打ち上げた花火が様々な色を示すのは，炎色反応によるものであり，アルカリ金属やアルカリ土類金属などの塩が炎から熱エネルギーを得ることで起こる。

B：水に濡れた衣服を着ていて体が冷えるのは，昇華によるものであり，液体が気体に変化するときに周囲から熱を奪うことで起こる。

C：マンガン乾電池から電気を取り出すことができるのは，酸化還元反応によるものであり，電極が電解質溶液との間で電子の授受を行う現象を利用している。

D：包装の中にシリカゲルを入れることで湿気による食品の劣化を防ぐことができるのは，脱水作用によるものであり，シリカゲルが周囲の空気中の水素と酸素を取り出し，水として奪う現象を利用している。

E：衣類ケースに入れたナフタレンを主成分にした防虫剤が時間の経過とともに小さくなるのは，潮解によるものであり，ナフタレンが空気中の水分を吸収，溶解することで起こる。

1：A，C
2：A，D
3：B，C
4：B，E
5：D，E

OUTPUT

チェック欄		
1回目	2回目	3回目

実践 問題 **76** の解説

〈物質の変化〉

A○ 記述のとおりである。炎色反応はアルカリ金属やアルカリ土類金属などの塩が炎から熱エネルギーを得ることで，原子が解離し，電子が励起状態となったものが，基底状態に戻る際に光を発光することによって起こる。また，花火がさまざまな色を示すのは，この炎色反応によるものであるので妥当である。

B× 液体が気体へと変化する際に，熱を奪うことは正しいが，この現象は蒸発という。昇華とは固体から直接気体になること（またはその逆）を指しているため，誤りである。

C○ 記述のとおりである。電池は酸化還元反応を利用して電気を取り出す仕組みであり，電極と電解質溶液の間で電子の授受を行うことで，電流が流れるため，妥当な記述である。マンガン乾電池は正極に酸化マンガン（Ⅳ）（MnO_2），負極に亜鉛を用い，電解質溶液に塩化アンモニウムを含む塩化亜鉛を用いた電池である。亜鉛が酸化され電子を放出し，酸化マンガン（Ⅳ）が電子を受け取り還元される。このとき電子を放出した電極が負，電子を受け取った電極が正となる。

D× シリカゲルが脱水剤として用いられるのは正しい。しかし，シリカゲルは周囲の水素と酸素を取り出して水としているのではなく，空気中の水分子を吸着させているだけであるため，誤りである。

E× 衣装ケースに入れたナフタレンが時間の経過とともに小さくなるのは，ナフタレンが昇華しているためであり，誤りである。潮解をするのは水酸化ナトリウムである。

以上より，妥当なものはA，Cとなる。

よって，正解は肢1である。

第2章 化学

正答 1

問 温度27℃，圧力1.0×10⁵Pa，体積72.0Lの気体がある。この気体を温度87℃，体積36.0Lにしたときの圧力はどれか。ただし，絶対零度は－273℃とする。 （特別区2020）

1：$2.0 \times 10^5 \, \text{Pa}$
2：$2.4 \times 10^5 \, \text{Pa}$
3：$2.8 \times 10^5 \, \text{Pa}$
4：$3.2 \times 10^5 \, \text{Pa}$
5：$3.6 \times 10^5 \, \text{Pa}$

OUTPUT

実践 ▶ 問題 **77** ▶ の解説

チェック欄
1回目	2回目	3回目

〈気体の法則〉

第2章 化学

気体の温度を T [K]，圧力を P [Pa]，体積を V [L]とすると，**ボイル・シャルルの法則**より，

$$\frac{PV}{T} = 一定$$

となる。

ここで，求める圧力を P [Pa]として，問題の条件をあてはめると，

$$\frac{(1.0 \times 10^5) \times 72.0}{27 + 273} = \frac{P \times 36.0}{87 + 273}$$

$$\frac{7.2 \times 10^6}{300} = \frac{36.0}{360} P$$

$$P = \frac{7.2 \times 10^6}{300} \times \frac{360}{36.0}$$

$$= \frac{7.2 \times 10^4}{3} \times 10$$

$$= 2.4 \times 10^5 \text{ [Pa]}$$

となる。

よって，正解は肢2である。

【コメント】

ボイル・シャルルの法則に代入するときの温度は，摂氏温度ではなく，絶対温度であることに注意したい。

正答 2

LEC東京リーガルマインド　2022-2023年合格目標 公務員試験 本気で合格！過去問解きまくり！　215
⑦自然科学Ⅰ

第2章 3 化学

SECTION

物質の反応

必修問題 **セクションテーマを代表する問題に挑戦！**

物質の反応は理論化学で頻出の分野です。特にイオン化傾向はしっかりと覚えましょう。

問 酸と塩基に関する記述として最も妥当なのはどれか。

(国家一般職2021)

1：酸は，水溶液中で水素イオン H^+ を受け取る物質であり，赤色リトマス紙を青色に変える性質をもつ。一方で，塩基は，水溶液中で水酸化物イオン OH^- を受け取る物質であり，青色リトマス紙を赤色に変える性質をもつ。

2：通常の雨水は，大気中の二酸化炭素が溶け込んでいるため，弱い酸性を示すが，化石燃料の燃焼や火山の噴火等によって，大気中に硫黄や窒素の酸化物が放出されると，雨水の酸性度が強まり，酸性雨となる。酸性雨は，コンクリートを腐食させるといった被害をもたらす。

3：水溶液の pH によって色が変化する試薬を pH 指示薬という。pH が大きくなるにつれて，メチルオレンジは赤色から紫色に変化し，フェノールフタレインは無色から黒色に変化する。強酸や強塩基は金属と反応するため，pH メーターは使用できず，pH 試験紙によって pH を推定する。

4：水溶液の正確な濃度を測る方法の一つに中和滴定がある。市販の食酢の濃度を求める場合は，濃度未知の食酢と同量の pH 指示薬を添加し，濃度既知のシュウ酸を滴下する。酸・塩基の強さによって，中和点が pH 7 からずれるため，変色域を考慮して pH 指示薬を選択する必要がある。

5：水溶液中の電離した酸・塩基に対する，溶解した酸・塩基の比率を表したものを電離度という。電離度は温度や濃度によらず一定であり，強酸・強塩基よりも弱酸・弱塩基の方が電離度が高い。また，電離度が高いほど電気を通しやすく，金属と反応しづらいという性質をもつ。

頻出度	地上★★	国家一般職★★	東京都★★	特別区★★
	裁判所職員★★	国税・財務・労基★★		国家総合職★★

チェック欄

1回目	2回目	3回目

必修問題 の解説

〈酸・塩基〉

1× 酸は，水溶液中で水素イオン H^+ を放出する物質であり，青色リトマス紙を赤色に変える。一方で，塩基は，水溶液中で水酸化物イオン OH^- を放出する物質であり，赤色リトマス紙を青色に変える。

2○ 記述のとおりである。通常の雨水には大気中の二酸化炭素が溶け込み，pHが5.6程度の弱酸性を示す。このため，5.6という数値が酸性雨の目安となる。

3× メチルオレンジ，フェノールフタレインともに，pH 指示薬として使用される。メチルオレンジの変色域は酸性側(pH3.1〜4.4)で，pH の上昇によって赤から橙黄色へ変化する。フェノールフタレインの変色域は塩基性側(pH8.0〜9.8)で，pH の上昇によって無色から赤色へ変化する。pH メーターによる強酸・強塩基の pH 測定については，対応する電極を用いればよい。

4× 食酢の液性は酸性であるため，同じく酸性であるシュウ酸は酢酸との中和滴定に適していない。また，食酢は弱酸性であるため，中和滴定には濃度既知の強塩基(水酸化ナトリウム水溶液など)を用いるべきである。このときの中和点での pH は弱塩基性であるため，塩基性側に変色域をもつ pH 指示薬(フェノールフタレインなど)を用いるとよい。なお，pH 指示薬は少量でよい。

5× 溶解した酸・塩基に対する，電離した酸・塩基の比率を表したものを電離度という。電離度は温度と濃度に依存し，弱酸・弱塩基よりも強酸・強塩基のほうが電離度が高い。また，電離度が高いほど各種イオンが多いといえるため，電気を通しやすく，金属と反応しやすくなる。

第2章 化学

正答 2

第2章 SECTION ③ 化学
物質の反応

1 化学反応と熱

(1) 熱化学方程式

化学反応式の中に反応熱を書き加え，両辺を等号（＝）で結んだ式を熱化学方程式といいます。熱化学方程式をつくるときには，次のようなルールがあります。

$$CO + \frac{1}{2} O_2 = CO_2 + 283kJ \quad \cdots\cdots①$$

$$C(固) + O_2 = CO_2 + 394kJ \quad \cdots\cdots②$$

$$C(固) + \frac{1}{2} O_2 = CO + QkJ \quad \cdots\cdots③$$

反応熱は，着目する物質の係数を必ず1にしなければならないため，他の物質の係数が分数になってもかまいません。

反応熱の符号は，発熱反応のとき＋，吸熱反応のとき－をつけます。

反応熱の値は，物質の状態によって異なるため，必要に応じて，状態（固体，液体，気体）を付記します。

(2) ヘスの法則

物質が変化するときに出入りする熱量（反応熱）は，反応の最初と最後の状態だけによって決まり，反応の経路や方法には無関係です。この関係を，ヘスの法則，または総熱量保存の法則といいます。

ヘスの法則より，熱化学方程式について，数学の連立方程式のように加減乗除，移項などを自由に行うことができます。たとえば，炭素から一酸化炭素が生じる場合の反応熱（上記③の Q）を実験で測定することが困難ですが，上記②－①より，

$$C(固) + \frac{1}{2} O_2 - CO = 111kJ$$

$$C(固) + \frac{1}{2} O_2 = CO + 111kJ \quad \left(CO を右辺へ移項\right)$$

となり，$Q = 111 [kJ／mol]$ と求めることができます。

2 中和反応

(1) 中和反応

酸の H^+ と塩基の OH^- が結合して H_2O が生ずる反応を中和反応といいます。

例) $HCl(H^+ + Cl^-) + NaOH(Na^+ + OH^-) \rightarrow NaCl + H_2O$

例外)塩化水素とアンモニアの中和⇒ $HCl + NH_3 \rightarrow NH_4Cl$

(2) 中和滴定

① 濃度のわかっている酸・塩基の水溶液を用いて，濃度のわからない酸・塩基の水溶液を中和して，濃度を求める操作を中和滴定といいます。

② 濃度 c [mol/L] の n 価の酸 v [L] と，濃度 c' [mol/L] の n' 価の酸 v' [L] が完全に中和したとき，(モル濃度×体積＝物質量)

$$cnv = c'n'v'$$

が成り立ちます。

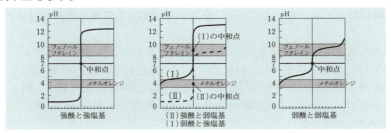

3 イオン化傾向と金属の反応性

(1) イオン化傾向

金属の単体が水または水溶液中で電子を放出して陽イオンになろうとする性質を，その金属のイオン化傾向といいます。

(2) イオン化傾向と金属の反応性

金属	Li K Ca Na Mg Al Zn Fe Ni Sn Pb (H₂) Cu Hg Ag Pt Au		
イオン化傾向	大 ←──────────────────────────→ 小		
乾燥空気との反応	酸化される	徐々に酸化される	酸化されない
水との反応	常温で反応	高温で反応	反応しにくい
酸との反応 希硫酸・希塩酸との反応	反応する		反応しない
酸との反応 硝酸・熱濃硫酸との反応	反応する		しない
酸との反応 王水との反応	反応する		

(3) 電池

イオン化傾向の異なる2種類の金属を，互いに接触しないようにして，電解質水溶液（電解液）に浸すと，イオン化傾向の大きいほうの金属が負極，イオン化傾向の小さいほうの金属が正極となって，電池ができます。

名称	正極	負極	電解液
ボルタ電池	銅	亜鉛	希硫酸
ダニエル電池	銅	亜鉛	負極：硫酸亜鉛 正極：硫酸銅(Ⅱ)
鉛蓄電池	酸化鉛(Ⅳ)	鉛	希硫酸
マンガン乾電池	酸化マンガン(Ⅳ)	亜鉛	塩化亜鉛

第2章 化学
SECTION 3 物質の反応

実践 問題 78 基本レベル

頻出度　地上★　国家一般職★　東京都★　特別区★★
　　　　裁判所職員★　国税・財務・労基★　国家総合職★★

[問] 触媒に関するA，B，Cの記述の正誤の組合せとして最も妥当なのはどれか。
(国Ⅰ2009)

A：過酸化水素水に少量の酸化マンガン(Ⅳ)を加えると酸素が発生する。この過程では，酸化マンガン(Ⅳ)は触媒として，過酸化水素水の分解反応を促進させる働きをする。このとき，酸化マンガン(Ⅳ)は酸素の生成量に比例して減少するため，この反応を完結させるためには，酸化マンガン(Ⅳ)を継続的に補充しなければならない。

B：水素と酸素の混合ガスから水を生成する反応は，混合ガス中に適当な触媒を入れて加熱すると速やかに進行する。この反応が速くなるのは，触媒により，触媒がないときの反応経路に比べて，活性化エネルギーの低い反応経路がつくられるからであるが，反応熱は，触媒の有無によって変わることはない。

C：ハーバー・ボッシュ法は，無機水銀を触媒として窒素と水素からアンモニアを合成する方法であり，1960年代までは工業用としてひろく用いられてきた。しかし，1970年代に触媒と反応物から有機水銀を含む物質ができることが分かったため使用されなくなり，現在，アンモニアは陽極と陰極との間に隔膜を置くイオン交換膜法により合成されている。

	A	B	C
1	正	正	誤
2	正	誤	正
3	誤	正	正
4	誤	正	誤
5	誤	誤	正

OUTPUT

チェック欄		
1回目	2回目	3回目

実践 問題 **78** **の解説**

〈触媒〉

A ✕ 触媒とは，化学反応の前後において自身は変化しないが，少量でも特定の化学反応を著しく速めることができる物質である。したがって，反応中に触媒の量が変化することはない。

B ○ 記述のとおりである。化学反応では，反応物から直接生成物ができるのではなく，反応物は一度活性化状態を経る。活性化状態とは，反応の途中に存在する，反応物でも生成物でもない状態のことで，反応物や生成物よりエネルギーが高い。このとき，反応物が活性状態に達するのに必要な最小のエネルギーが活性化エネルギーである。反応熱は，反応物から活性化状態となるときの活性化エネルギーと，活性化状態から生成物となるときの活性化エネルギーとの差のことで，触媒の有無によって変わることはない。触媒の有無によって変わるのは活性化エネルギーである。

C ✕ ハーバー・ボッシュ法で使われている触媒は鉄を主成分とした物質である。

よって，正解は肢4である。

第2章 化学

正答 **4**

LEC東京リーガルマインド　2022-2023年合格目標 公務員試験 本気で合格！過去問解きまくり！　221
⑦自然科学Ⅰ

第2章 SECTION ③ 化学
物質の反応

実践 問題 **79** 基本レベル

頻出度	地上★★	国家一般職★★	東京都★★	特別区★★
	裁判所職員★	国税・財務・労基★		国家総合職★★

問 0.20mol／L の水酸化ナトリウム水溶液20mLを，完全に中和するために必要な0.25mol／L の硫酸の量として，妥当なのはどれか。 （東京都2019）

1 ： 8 mL
2 ： 12mL
3 ： 16mL
4 ： 20mL
5 ： 24mL

OUTPUT

実践 問題 **79** の解説 ────────────

チェック欄		
1回目	2回目	3回目

〈中和滴定〉

濃度が c [mol／L] で n 価の酸 v [mL] と，濃度が C [mol／L] で N 価の塩基 V [mL] とが，完全に中和したとき，次の式が成り立つ。

$$n \times c \times \frac{v}{1000} = N \times C \times \frac{V}{1000}$$

ここで，水酸化ナトリウムは 1 価の塩基，硫酸は 2 価の酸であるから，硫酸の体積を v [mL] とすると，

$$2 \times 0.25 \times \frac{v}{1000} = 1 \times 0.20 \times \frac{20}{1000}$$

$$0.5\,v = 4$$

$$v = 8\ [\text{mL}]$$

となる。

よって，正解は肢 1 である。

正答 1

第2章 SECTION 3 化学 物質の反応

実践 問題 80 基本レベル

頻出度 地上★★ 国家一般職★★ 東京都★★ 特別区★★
　　　 裁判所職員★ 国税・財務・労基★★ 国家総合職★★

問 図は，0.1mol／Lの溶液Aに0.1mol／Lの溶液Bを少量ずつ加えたときの，反応液のpH変化を示した滴定曲線である。この滴定曲線に関する記述として妥当なのはどれか。 （国Ⅱ2001）

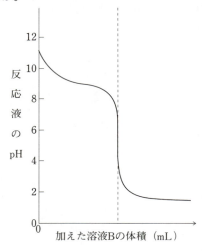

1：溶液Aは強酸の塩酸であり，溶液Bは強塩基の水酸化ナトリウム水溶液である。
2：溶液Aは弱酸の酢酸であり，溶液Bは強塩基の水酸化ナトリウム水溶液である。
3：溶液Aは強塩基の水酸化ナトリウム水溶液であり，溶液Bは弱酸の酢酸である。
4：溶液Aは弱塩基のアンモニア水であり，溶液Bは弱酸の酢酸である。
5：溶液Aは弱塩基のアンモニア水であり，溶液Bは強酸の塩酸である。

OUTPUT

実践 ▶ 問題 **80** **の解説**

チェック欄		
1回目	2回目	3回目

〈滴定曲線〉

第2章
化学

　中和滴定において，加えた酸または塩基の量に伴って，水溶液のpHがどのように変化するのかを表したグラフを**滴定曲線**という。pHとは水素イオン濃度$[H^+]$$[mol／L]$を表す尺度であり，次の式で定義される。

$$pH = \log \frac{1}{[H^+]} = -\log[H^+]$$

酸性：pH＜7，中性：pH＝7，塩基性：pH＞7

　本問において，滴定曲線から，加えた溶液Bの体積が0 mLのときpH＝11（＞7）であることから，塩基性水溶液に酸性水溶液を徐々に加えることにより中和していることがわかる。中和点でのpHが約5であることから中和点付近での液性は酸性であることがわかり，塩基性水溶液は弱塩基，酸性水溶液は強酸であることもわかる。したがって，溶液Aは弱塩基のアンモニア水，溶液Bは強酸の塩酸とわかる。

　よって，正解は肢5である。

【参考】

　主な酸・塩基には以下のようなものがある。

強酸…HCl(塩酸)，HNO$_3$(硝酸)，H$_2$SO$_4$(硫酸)

弱酸…CH$_3$COOH(酢酸)，H$_2$CO$_3$(炭酸)

強塩基…NaOH(水酸化ナトリウム)，KOH(水酸化カリウム)

弱塩基…NH$_3$(アンモニア)

正答 5

SECTION 3 化学 物質の反応

実践 問題 81 基本レベル

問 酸と塩基に関する記述として最も妥当なのはどれか。　（国家総合職2020）

1：塩化水素，硫酸，セッケン，メタノールなどは，水溶液中で電離して水素イオンを生じ，酸性を示す。化学式が NH_3 であるアンモニアも，水に溶けると水素イオンを生じることから酸である。

2：水に溶かした溶質のうち電離したものの割合を電離度といい，電離度の大きさは，水溶液中の溶質の濃度と，1分子中に含まれる水素イオンや水酸化物イオンの数である価数で決まる。濃度が低いほど電離度も小さく，また，価数の大きい酸・塩基ほど電離度も大きい。

3：水溶液の酸性や塩基性の強さを表す指標として，pH（水素イオン指数）があり，0.01mol／Lの水酸化カリウム水溶液のpHはおよそ9である。また，炭酸水素ナトリウム水溶液は0.01mol／LでpHおよそ2の強い酸性を示し，タンパク質を溶かすためパイプ用洗剤として用いられる。

4：pH指示薬は，水溶液のpHによって色が変化する試薬であり，例えば，水酸化カルシウム水溶液にフェノールフタレインを指示薬として加えると赤く変色する。また，青色リトマス紙にレモン汁を垂らすと赤く変色する。

5：塩化ナトリウムなど，酸と塩基の中和反応で得られる酸の陰イオンと塩基の陽イオンが結び付いた化合物を塩といい，塩の水溶液は全て中性を示す。また，硫酸1molと水酸化ナトリウム1molを反応させると，過不足なく中和する。

OUTPUT

実践 問題 **81** の解説 ―――――――――――――――

チェック欄		
1回目	2回目	3回目

〈酸・塩基〉

1 ✕ 塩化水素 HCl，硫酸 H_2SO_4 は，水溶液中で電離して水素イオンを生じ，酸性を示す。

$$HCl \rightarrow H^+ + Cl^-$$
$$H_2SO_4 \rightarrow 2H^+ + SO_4{}^{2-}$$

セッケンは，弱酸と強塩基の塩であるため，水溶液中で加水分解して，弱塩基性を示す。

$$R-COONa + H_2O \rightleftarrows R-COOH + Na^+ + OH^-$$

メタノール CH_3OH は，ほとんど電離しないため，中性である。

アンモニア NH_3 は，分子内に水酸化物イオン OH^- をもたないが，水に溶けると，一部のアンモニア分子が水と反応して OH^- を生じるため，塩基である。

$$NH_3 + H_2O \rightleftarrows NH_4{}^+ + OH^-$$

2 ✕ **電離度**とは，溶かした酸（塩基）の全物質量に対する電離した酸（塩基）の物質量の割合である。

$$電離度\ \alpha = \frac{電離した酸（塩基）の物質量[mol]}{溶かした酸（塩基）の物質量[mol]}$$

電離度は，酸（塩基）の種類，濃度，温度により値が異なる。一般に，塩化水素 HCl や水酸化ナトリウム NaOH では，濃度によらず電離度は 1 に近い。一方，酢酸 CH_3COOH やアンモニア NH_3 などでは，濃度が小さくなるほど，電離度は大きくなる。なお，価数の大きさと電離度の大きさは無関係である。

3 ✕ $0.01\,mol/L$ の水酸化カリウム KOH 水溶液は 1 価の強塩基より，$[OH^-]$ $= 10^{-2}[mol/L]$ となる。ここで，$pOH = -\log[OH^-]$ とすると，

$$pH + pOH = 14$$

であるから，

$$pOH = 2$$
$$pH = 14 - pOH = 14 - 2 = 12$$

となる。また，炭酸水素ナトリウム $NaHCO_3$ 水溶液は弱塩基性であり，重曹ともよばれる。パイプ用洗剤に用いられるのは，次亜塩素酸ナトリウム NaClO，水酸化ナトリウム NaOH などであり，塩基性で，タンパク質でできている髪の毛などを溶かすことができる。

第2章 化学

―――――――――――――――――――――――――――――――――
LEC東京リーガルマインド　2022-2023年合格目標 公務員試験 本気で合格！過去問解きまくり！　227
⑦自然科学Ⅰ

S ECTION ③ 化学
第2章
物質の反応

4〇 記述のとおりである。**フェノールフタレインは，塩基性（pH8.0～9.8）で無色から赤色に変色し，メチルオレンジは，酸性（pH3.1～4.4）で赤色から橙黄色に変色する。**また，酸性では，青色リトマス紙が赤色に変色し，塩基性では，赤色リトマス紙が青色に変色する。

5✕ 塩化ナトリウム $NaCl$ など，**酸と塩基の中和反応で得られる酸の陰イオンと塩基の陽イオンが結びついた化合物を塩**ということは正しいが，塩の水溶液はすべて中性ではなく，酸性，塩基性となる塩もある。なお，炭酸水素ナトリウム $NaHCO_3$ のように，酸の H が残っている塩を酸性塩といい，塩化水酸化マグネシウム $MgCl(OH)$ のように，塩基の OH が残っている塩を塩基性塩といい，塩化ナトリウム $NaCl$ のように，酸の H も塩基の OH も残っていない塩を正塩というが，これらの分類は，各塩の組成に基づくものであり，その水溶液の性質（酸性，塩基性，中性）を示すものではない。

また，硫酸と水酸化ナトリウムの反応は，

$$H_2SO_4 + 2\,NaOH \rightarrow Na_2SO_4 + 2\,H_2O$$

となるため，硫酸 $1\,mol$ と水酸化ナトリウム $2\,mol$ が反応し，過不足なく中和する。

正答 **4**

memo

第2章 化学

第2章 SECTION 3 化学
物質の反応

実践 問題 82 基本レベル

問 金属のイオン化傾向に関する記述として最も妥当なのはどれか。（国Ⅱ2006）

1：アルミニウムは沸騰水と反応し，水素を発生しながら溶けてアルミニウムイオンになるが，マグネシウムは沸騰水とは反応せず，変化しない。したがって，アルミニウムはマグネシウムよりもイオン化傾向が大きい。

2：濃硝酸に銀を入れると，水素を発生しながら溶けて銀イオンになるが，濃硝酸にマグネシウムを入れても反応せず，変化しない。したがって，銀はマグネシウムよりもイオン化傾向が大きい。

3：白金は王水と反応し，水素を発生しながら溶けて白金イオンとなるが，金は王水には溶けない。したがって，白金は金よりもイオン化傾向が大きい。

4：ナトリウムは常温の水と反応し，水素を発生しながら溶けてナトリウムイオンになるが，亜鉛は常温の水とは反応せず，変化しない。したがって，ナトリウムは亜鉛よりもイオン化傾向が大きい。

5：希硫酸に亜鉛を入れても亜鉛は変化しないが，希硫酸に銅を入れると，銅は水素を発生しながら溶けて銅イオンになる。したがって，銅は亜鉛よりもイオン化傾向が大きい。

OUTPUT

実践 ▶ 問題 **82** **の解説**

チェック欄		
1回目	2回目	3回目

〈金属のイオン化傾向〉

1 ✕ アルミニウムとマグネシウムはともに沸騰水（熱水）と反応して水素を発生する。イオン化傾向はマグネシウムのほうがアルミニウムよりも大きい。

2 ✕ 銀は塩酸や希硫酸には溶けないが，酸化力をもつ酸（希硝酸，濃硝酸，熱濃硫酸）には溶解する。

希硝酸：$3\,Ag + 4\,HNO_3 \rightarrow 3\,AgNO_3 + 2\,H_2O + NO\uparrow$（一酸化窒素）

濃硝酸：$Ag + 2\,HNO_3 \rightarrow AgNO_3 + H_2O + NO_2\uparrow$（二酸化窒素）

マグネシウムは，濃硝酸のような酸化力のある酸でなくても，希塩酸や希硫酸とも反応する。したがって，マグネシウムは銀よりもイオン化傾向が大きい。

3 ✕ 王水とは濃硝酸と濃塩酸を 1：3 の体積比で混合した溶液で，白金や金も溶かす。この場合発生するのは一酸化窒素である。イオン化傾向は，白金のほうが金よりも大きい。

4 ◯ 記述のとおりである。ナトリウムは常温で水と反応するが，亜鉛は高温の水蒸気としか反応しない。したがって，ナトリウムは亜鉛よりイオン化傾向が大きい。

5 ✕ 亜鉛は希硫酸に溶けるが，銅は希硫酸に溶けない。したがって，亜鉛は銅よりもイオン化傾向が大きい。

第2章 化学

正答 4

SECTION 3 化学
物質の反応

実践 問題 83 基本レベル

問 酸化と還元に関する記述として最も妥当なのはどれか。

(国税・財務・労基2021)

1：酸化還元反応では，原子や化合物の間で，酸素や水素，電子などの授受が発生する。反応において，酸素を受け取り，水素や電子を放出しているのが酸化剤であり，例えばシュウ酸や硫化水素などがある。一方で，酸素を放出し，水素や電子を受け取っているのが還元剤であり，例えば希硫酸や二酸化硫黄などがある。

2：金属原子が水溶液中で電子を放出して陽イオンになる性質を，金属の電気陰性度という。金属を電気陰性度の大きい順に並べたものをイオン化列といい，陽イオンへのなりやすさ，すなわち酸化のされやすさを表す。この性質を利用した例がめっきであり，鉄板の表面にアルミニウムをめっきしたものをブリキという。

3：酸化還元反応は，我々の身近なものに使われている反応である。例えば，添加物として飲食物に含まれている次亜塩素酸ナトリウムは，自らが還元されることによって食品の劣化を防いでいる。また，塩素系漂白剤に含まれるビタミンC（アスコルビン酸）は，酸化されることによって色素などを分解することができるが，塩酸と反応すると塩素を発生するので危険である。

4：酸化還元反応により，化学エネルギーを電気エネルギーとして取り出す装置を電池という。燃料電池は，外部から水素などを燃料として供給されることで電気を生産でき，自動車や家庭用の発電機などに利用されている。また，燃料電池は水素を燃料とした場合，発電時には二酸化炭素を放出しないという特徴がある。

5：鉛蓄電池は，負極に黒鉛，正極にコバルト酸リチウムを用い，電解液に有機溶媒を用いた電池である。従来の電池と比較して軽量であり，充電が可能であることから，スマートフォンやパソコンの電池として広く利用されており，この実用化に貢献した研究者が2019年にノーベル賞を受賞した。

OUTPUT

チェック欄		
1回目	2回目	3回目

実践 問題 83 の解説

〈酸化・還元〉

第2章 化学

1 × 前半の酸化還元反応に関する記述は正しい。しかし，**電子を受け取り相手を酸化するのが酸化剤**であり，**電子を放出し相手を還元するのが還元剤**である。また，シュウ酸や硫化水素は還元剤，二酸化硫黄は酸化剤・還元剤の両方の機能をもつ。希硫酸は強酸であるが，酸化剤および還元剤としての機能はない。

2 × **金属原子が水溶液中で電子を放出して陽イオンになろうとする性質**は，金属の**イオン化傾向**といい，これの大きい順に並べたものをイオン化列という。なお，陰イオンへのなりやすさを示す指標を**電子親和力**といい，共有電子対を引きつける強さを**電気陰性度**という。また，**ブリキは，鉄板にスズをめっきしたもの**である。

3 × 次亜塩素酸ナトリウムは酸化剤としてはたらき，野菜の殺菌や調理器具の消毒・漂白などに利用されている。塩素系漂白剤（洗剤）に含まれているが，酸性漂白剤（洗剤）と混ぜると塩素を発生するので危険であり，「まぜるな危険」の表示がされている。また，アスコルビン酸は，自身が酸化されることにより食品の酸化を防ぐ酸化防止剤として利用されている。

4 ○ 記述のとおりである。**電池では，酸化還元反応により生じる電子の流れを電気として取り出す。燃料電池**は水素を燃料として酸素と反応させ，負極における水素の酸化反応と，正極における酸素の還元反応から電気を取り出し，全体で水が放出される。

5 × **鉛蓄電池**は，**負極に鉛，正極に酸化鉛，電解液に希硫酸**を利用する。記述の内容は，**リチウムイオン電池**の構造に関するものである。後半の記述はすべてリチウムイオン電池に関する正しい記述である。リチウムイオン電池の開発に対して，日本の吉野彰氏ら3人に，2019年のノーベル化学賞が授与された。

正答 4

LEC東京リーガルマインド　2022-2023年合格目標 公務員試験 本気で合格！過去問解きまくり！ 233
⑦自然科学Ⅰ

問 電池に関する記述として最も妥当なのはどれか。　（国税・財務・労基2017）

1：イオン化傾向の異なる2種類の金属を電解質水溶液に浸して導線で結ぶと電流が流れる。このように、酸化還元反応に伴って発生する化学エネルギーを電気エネルギーに変換する装置を、電池という。また、酸化反応が起こって電子が流れ出る電極を負極、電子が流れ込んで還元反応が起こる電極を正極という。

2：ダニエル電池は、亜鉛板と銅板を希硫酸に浸したものである。負極で亜鉛が溶けて亜鉛イオンになり、生じた電子が銅板に達すると、溶液中の銅（Ⅱ）イオンが電子を受け取り、正極で銅が析出する。希硫酸の代わりに電解液に水酸化カリウム水溶液を用いたものをアルカリマンガン乾電池といい、広く使用されている。

3：鉛蓄電池は、負極に鉛、正極に白金、電解液に希硫酸を用いた一次電池である。電流を流し続けると、分極により電圧が低下してしまうため、ある程度放電した鉛蓄電池の負極・正極を、外部の直流電源の負極・正極につなぎ、放電時と逆向きに電流を流して充電して使用する。起電力が高いため、自動車のバッテリーとして広く使用されている。

4：リチウムイオン電池は、負極にリチウムを含む黒鉛、正極にコバルト酸リチウムを用いた電池である。リチウム電池よりも起電力は低いが、小型・軽量化が可能であり、携帯電話やノートパソコン等に用いられている。空気中の酸素を触媒として利用するため、購入時に貼られているシールを剥がすと放電が始まる。

5：燃料電池は、水素や天然ガスなどの燃料と酸素を用いるものである。発電のときには、二酸化炭素を発生させるため環境への負荷があり、また、小型・軽量化も難しいが、幅広い分野での活用が期待されている。特に負極に酸素、正極に水素、電解液にリン酸水溶液を用いたリン酸型燃料電池の開発が進んでいる。

OUTPUT

実践 問題 **84** **の解説**

チェック欄		
1回目	2回目	3回目

〈電池〉

1○ 記述のとおりである。酸化還元反応によって発生する化学エネルギーを，電気エネルギーに変換する装置を電池（化学電池）という。電解質水溶液に，イオン化傾向の異なる2種類の金属を浸し，導線で結ぶと電流が流れる。その際，イオン化傾向の大きいほうの金属が酸化され，陽イオンとなって電子を放出し，イオン化傾向の小さいほうの金属が電子を受け取り，還元される。電子が流れ出る電極を負極，電子が流れ込む電極を正極という。電流の向きは，電子の流れと逆向きであるため，電流は正極から負極へと流れている。

2× 亜鉛板と銅板を希硫酸に浸したものは，ボルタ電池である。負極で亜鉛が溶けて亜鉛イオンになり，生じた電子が銅板に達すると，溶液中の水素イオンが電子を受け取り，正極で水素が発生する。ボルタ電池の起電力は約1.1 Vであるが，正極で発生した水素の気泡により，電流が流れるとすぐに0.4 Vくらいに下がってしまう現象を分極という。

ダニエル電池は，亜鉛板を浸した硫酸亜鉛水溶液と，銅板を浸した硫酸銅（Ⅱ）水溶液を，素焼き板で仕切った電池である。負極で亜鉛が溶けて亜鉛イオンになり，生じた電子が銅板に達すると，溶液中の銅（Ⅱ）イオンが電子を受け取り，正極で銅が析出する。

アルカリマンガン乾電池は，負極が亜鉛，正極が酸化マンガン（Ⅳ），電解液は水酸化カリウム水溶液である。アルカリマンガン乾電池は，大きい電流を長時間取り出すことができる。

3× 鉛蓄電池は，負極に鉛，正極に酸化鉛（Ⅳ），電解液に希硫酸を用いた二次電池である。起電力は約2.0 Vであるが，電流を流し続けると，硫酸が消費されることで希硫酸の密度が減少し，両電極は硫酸鉛（Ⅱ）に覆われ，希硫酸と電極が接触しにくくなり，電圧が徐々に低下していく。このとき，鉛蓄電池と電源の同極どうしをつなぐことで，外部電源から鉛蓄電池の負極に向かって電子が流入するため，充電を行うことができる。充電できない電池を一次電池，充電できる電池を二次電池という。鉛蓄電池は，自動車のバッテリー，非常用の予備電源として用いられている。

4× リチウム電池は，負極に亜鉛よりもイオン化傾向の大きいリチウムを用いた一次電池で，起電力は約3.0 Vで，炊飯器，火災報知機などに用いられている。一方，リチウムイオン電池は，負極にリチウムを含む黒鉛，正極に

コバルト酸リチウムを用いた二次電池で，起電力は約3.7Vで，リチウム電池よりも起電力は高い。また，容易に小型化することができ，携帯電話，ノートパソコン，電気自動車などに用いられている。

なお，購入時に貼られているシールを剥がすと放電が始まるのは，空気亜鉛電池で，正極に空気中の酸素を使うため，小さくても大容量の電気が得られ，補聴器，ポケットベルなどに用いられている。

5 × 燃料電池は，水素や天然ガス，メタノールなどの燃料を燃焼して放出される化学エネルギーを電気エネルギーとして取り出す電池である。発電のときには，水のみが生じ，二酸化炭素や有害物質の発生が少ないため，環境への影響が小さく，家庭用の電源や自動車の動力源として開発が進められている。リン酸型燃料電池は，負極が水素，正極に酸素，電解液にリン酸水溶液が用いられている。

【コメント】
　電池について，かなり詳細な内容まで踏み込まれているが，正解となる肢1は，電池に関する基礎知識があれば，容易に正解であると判断することができた。

正答 1

memo

問 化学の法則に関する記述として，妥当なのはどれか。 （東京都2017）

1：ボイル・シャルルの法則とは，一定の温度において，一定量の溶媒に溶解する気体の物質量は，その気体の圧力に比例するという法則である。
2：ファントホッフの法則とは，電気分解において，陰極や陽極で変化した物質の物質量は，流れた電気量に比例するという法則である。
3：ヘスの法則とは，物質が変化するときに出入りする反応熱の大きさは，変化の前後の状態だけで決まり，変化の経路には無関係であるという法則である。
4：ファラデーの法則とは，一定質量の気体の体積は，圧力に反比例し，絶対温度に比例するという法則である。
5：ヘンリーの法則とは，希薄溶液の浸透圧は，溶液の濃度に比例し，溶質の分子量に反比例するという法則である。

OUTPUT

チェック欄		
1回目	2回目	3回目

実践 問題 **85** ▶ の解説 ─────────

〈化学の法則〉

1× ボイル・シャルルの法則とは，一定質量の気体の体積 V [L] は，圧力 P [Pa] に反比例し，絶対温度 T [K] に比例するという法則である。

$$\frac{PV}{T} = k \quad (k は定数) \quad または \quad \frac{P_1 V_1}{T_1} = \frac{P_2 V_2}{T_2}$$

2× ファントホッフの法則とは，希薄溶液の浸透圧 Π [Pa] は，溶液のモル濃度 C [mol／L] と絶対温度 T [K] に比例し，溶質や溶媒の種類には無関係であるという法則である。

$$\Pi = CRT \quad (R は気体定数)$$

3○ 記述のとおりである。**ヘスの法則**が成り立つことより，**熱化学方程式は，数学の方程式と同じように取り扱うことができ**，実測が困難な反応熱を計算により求めることができる。

4× **ファラデーの法則**とは，電気分解において，陰極や陽極で変化した物質の物質量は，流れた電気量に比例するという法則である。また，一定量の電気量を流したとき，陽極，陰極で変化する物質の物質量は，そのイオンの価数に反比例する。

5× **ヘンリーの法則**とは，一定の温度において，一定量の溶媒に溶解する気体の物質量は，その気体の圧力に比例するという法則である。

【コメント】

　各法則が，どの分野で登場するものであるかの知識があれば，容易に選択肢を絞ることができた。

正答 3

第2章 化学
SECTION 3 物質の反応

実践 問題 86 基本レベル

問 次は、化学平衡に関する記述であるが、ア、イに当てはまるものの組合せとして最も妥当なのはどれか。　　　　　　　　　　　　（国家一般職2015）

　窒素 N_2 と水素 H_2 を高温に保つと、アンモニア NH_3 を生じる。この反応は逆向きにも起こり、アンモニアは分解して、窒素と水素を生じる。このように、逆向きにも起こる反応を可逆反応という。可逆反応は、⇄を用いて示され、例えば、アンモニアの生成反応は、次のように表され、この正反応は発熱反応である。

$$N_{2(気)} + 3H_{2(気)} \rightleftarrows 2NH_{3(気)} \quad \cdots \quad (*)$$

　化学反応が平衡状態にあるとき、濃度や温度などの反応条件を変化させると、その変化をやわらげる方向に反応が進み、新しい平衡状態になる。この現象を平衡の移動という。

　（＊）のアンモニアの生成反応が平衡状態にあるときに、温度を高くすれば平衡は ア 、圧縮すれば平衡は イ 。

	ア	イ
1	移動せず	右に移動する
2	右に移動し	移動しない
3	右に移動し	左に移動する
4	左に移動し	左に移動する
5	左に移動し	右に移動する

OUTPUT

実践 問題 **86** の解説 ─────────────

チェック欄		
1回目	2回目	3回目

〈化学平衡〉

第2章 化学

化学反応が平衡状態にあるとき，濃度や温度などの反応条件を変化させると，その変化をやわらげる方向に反応が進み，新しい平衡状態になる。これを**ルシャトリエの原理**または**平衡移動の原理**という。

温度を高くすれば，吸熱の方向に反応は進むことになる。正反応が発熱反応であるため，逆反応が進行することになるから，平衡は<u>左に移動する</u>(ア)。

また，圧縮すれば，気体全体の物質量が減少する方向に反応は進むことになる。正反応では，1 mol の N_2 と 3 mol の H_2 から 2 mol の NH_3 が生じるため，物質量が減ることになる。したがって，平衡は<u>右に移動する</u>(イ)。

よって，正解は肢5である。

【コメント】

設問中にルシャトリエの原理の説明があるから，知識がなくても，「変化をやわらげる方向に反応が進む」ことがどういうことか，その場で考えて解けるようにしておきたい。

正答 **5**

問 物質の構成や変化に関する記述として最も妥当なのはどれか。

(国税・財務・労基2012)

1：酸化還元反応によって発生するエネルギーを電気エネルギーとしてとり出す装置を電池という。マンガン乾電池のように充電による再使用ができない電池を一次電池，車のバッテリーに使われる鉛蓄電池のように充電により再使用ができる電池を二次電池(蓄電池)という。

2：物質の最小構成単位の個数をそろえて表した量は物質量と呼ばれ，モル(mol)という単位で表される。1モルあたりの原子の数($6.02×10^{23}$/mol)をファラデー定数といい，物質1モルあたりの質量はどの物質でも$6.02×10^{-23}$gと一定である。

3：分子を構成する原子は，価電子を互いに共有することで安定な電子配置となり，結合ができる。鉄や銅などの金属では，原子が出した価電子が特定の原子間に固定され，原子間で価電子が共有されることにより強力な結合となる。これを金属結合という。

4：ある物質が水に溶け，陽イオンと陰イオンに分解されることを電気分解といい，外部から電気エネルギーを加えて自発的には起こらない酸化還元反応を起こさせることを電離という。また，電気分解される塩化ナトリウム，アルコール及びグルコース等の物質を電解質という。

5：中性子の数が等しくても陽子の数が異なる原子は互いに同位体(アイソトープ)と呼ばれており，質量は同じであるが化学的な性質は全く異なる。同位体の中には放射線を出す放射性同位体(ラジオアイソトープ)があり，年代測定や医療などに利用されている。

OUTPUT

チェック欄		
1回目	2回目	3回目

実践 問題 **87** の解説

〈物質の構成と変化〉

1 ○ 記述のとおりである。電池は，酸化還元反応によって発生する化学エネルギーを電気エネルギーとして取り出す装置である。電池には，マンガン乾電池のように充電によって再使用することができない一次電池と，鉛蓄電池のように充電により再使用ができる二次電池がある。

2 ✕ 物質の最小構成単位の個数をそろえて表した量は物質量とよばれ，モル(mol)という単位で表されることは正しい。しかし，1モルあたりの原子の数($6.02×10^{23}$/mol)のことはアボガドロ数といい，物質1モルあたりの質量についても，物質によって異なっている。ファラデー定数とは，電子1モルがもつ電荷の量を表している。

3 ✕ 原子が価電子を互いに共有することで結合するのは共有結合である。金属結合では，価電子が特定の原子間に固定されるのではなく，金属全体を動き回る自由電子として存在する。

4 ✕ ある物質が水に溶け，陽イオンと陰イオンに分解されることを電離といい，このようにイオン化する物質を電解質という。また，外部から電気エネルギーを加えて，自発的には起こらない酸化還元反応を起こさせることを電気分解という。

5 ✕ 同位体(アイソトープ)とは，陽子の数が等しくても中性子の数が異なる原子をいう。特に放射線を出すものを放射性同位体(ラジオアイソトープ)といい，半減期を利用した年代測定や医療に利用されている。

第2章 化学

正答 1

第2章 SECTION 3 化学
物質の反応

実践 問題 88 応用レベル

頻出度	地上★	国家一般職★	東京都★	特別区★
	裁判所職員★	国税・財務・労基★		国家総合職★

[問] 水素，炭素（黒鉛）及びメタンの燃焼熱を，それぞれ286kJ/mol，394kJ/mol，891kJ/molとすると，それぞれの燃焼反応の熱化学方程式は，次のとおりである。このとき，メタンの生成熱はいくらか。　　（国税・財務・労基2019）

$$H_2(気体) + \frac{1}{2}O_2(気体) = H_2O(液体) + 286kJ$$

$$C(黒鉛) + O_2(気体) = CO_2(気体) + 394kJ$$

$$CH_4(気体) + 2O_2(気体) = CO_2(気体) + 2H_2O(液体) + 891kJ$$

1 ： −211kJ/mol
2 ： −183kJ/mol
3 ： −75kJ/mol
4 ：　75kJ/mol
5 ： 211kJ/mol

OUTPUT

実践 ▶ 問題 **88** **の解説** ────────────────

〈熱化学方程式〉

　生成熱とは，元の単体を基準としてある化合物 1 mol を生成するときの反応熱である。メタン CH_4 では，元の単体は炭素 C と水素 H_2 である。

　　H_2（気体）$+ \dfrac{1}{2} O_2$（気体）$= H_2O$（液体）$+ 286kJ$　　　　　　　……①

　　C（黒鉛）$+ O_2$（気体）$= CO_2$（気体）$+ 394kJ$　　　　　　　　　　……②

　　CH_4（気体）$+ 2 O_2$（気体）$= CO_2$（気体）$+ 2 H_2O$（液体）$+ 891kJ$　　……③

求めるメタンの生成熱を Q〔kJ/mol〕とすると，

　　C（黒鉛）$+ 2 H_2$（気体）$= CH_4$（気体）$+ QkJ$

①×2＋②より，

　　C（黒鉛）$+ 2 H_2$（気体）$+ 2 O_2$（気体）$= CO_2$（気体）$+ 2 H_2O$（液体）$+ 966kJ$　……④

④－③より，

　　C（黒鉛）$+ 2 H_2$（気体）$= CH_4$（気体）$+ 75kJ$

したがって，Q＝75〔kJ/mol〕となる。

よって，正解は肢 4 である。

【コメント】

　目的の熱化学方程式に必要な化学式を，与えられた熱化学方程式から探して，数学の連立方程式のように移項や四則計算を行うことができるが，試験対策としては手薄な分野であったため，取り組みにくかったかもしれない。

正答 4

SECTION 3 物質の反応

実践 問題 89 応用レベル

頻出度 地上★★★ 国家一般職★★★ 東京都★★★ 特別区★★★
裁判所職員★★ 国税・財務・労基★★★ 国家総合職★★★

問 鉛蓄電池に関する次の文中の下線部分ア～ウの正誤を正しく組み合わせているのはどれか。 (地上2006)

図のように鉛(Pb)：Ⅰと二酸化鉛 PbO_2：Ⅱが，希硫酸 H_2SO_4 に浸かっている鉛蓄電池がある。このときⅠは負極であり，Ⅱは正極である。この電池の両極間を1molの電子が移動することによって，両極に ア 0.5mol の $PbSO_4$ が生じる。 イ $PbSO_4$ は水に溶けにくいので，両極は表面が覆われてしまう。

放電をすると電池の起電力が低下するため，充電をしなければならない。充電するときは，放電のときと逆の反応が起これればよいので， ウ 充電器の正極をⅡにつなぎ，負極をⅠにつなげばよい。

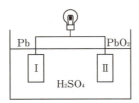

	ア	イ	ウ
1：	正	正	正
2：	正	正	誤
3：	正	誤	正
4：	誤	正	誤
5：	誤	誤	正

OUTPUT

チェック欄		
1回目	2回目	3回目

実践 問題 **89** の解説 ―――――――――――――――

〈電池〉

ア〇 記述のとおりである。鉛蓄電池の正極と負極における反応は，次のようになる。

負極：$Pb + SO_4^{2-} \rightarrow PbSO_4 + 2e^-$

正極：$PbO_2 + 4H^+ + SO_4^{2-} + 2e^- \rightarrow PbSO_4 + 2H_2O$

したがって，電子 1 mol が移動すると，$PbSO_4$ が 0.5 mol 生じることになる。

イ〇 記述のとおりである。$PbSO_4$ が正極と負極の両方にできるが，これは水に溶けにくいため，両極の表面は $PbSO_4$ で覆われる。

ウ〇 記述のとおりである。充電する際には，鉛蓄電池の正極に電源の正極，負極に電源の負極を接続する。鉛蓄電池を放電すると，電解液の希硫酸の濃度が小さくなる。そこで，放電とは逆方向に電流を流すと，化学反応が逆に起こって，電極に付着していた $PbSO_4$ は Pb（負極）や PbO_2（正極）に戻り，希硫酸の濃度が増す。このように充電可能な電池を二次電池という。

よって，正解は肢 1 である。

第2章 化学

正答 1

問 電気分解に関する記述として，妥当なのはどれか。　　　　（特別区2002）

1：水酸化ナトリウム水溶液を，両極に白金を用いて電気分解すると，陽極では水素が発生し，陰極では酸素が発生する。
2：塩化ナトリウム水溶液を，炭素棒を陽極に，鉄を陰極に用いて電気分解すると，陽極で塩素，陰極で水素が発生し，水酸化ナトリウムが得られる。
3：銀板と銅板を硝酸銀水溶液に入れ，銀を陽極に，銅を陰極に用いて電気分解すると，陰極の銅が溶け出し，陽極の銀の表面に銅が析出する。
4：銅の電解精錬では，純銅板を陽極に，粗銅板を陰極に用いると，陰極の銅は陽イオンとなって溶け出し，陽極に純粋な銅が析出する。
5：アルミニウムの電解精錬では，水酸化ナトリウム水溶液にアルミニウムを溶融した状態で電気分解すると，陰極に純粋なアルミニウムが析出する。

OUTPUT

チェック欄

1回目	2回目	3回目

実践 ▷ 問題 **90** の解説 ────────────

〈電気分解〉

第2章 化学

　電気分解には，水溶液の状態で行う方法と，水溶液にせず化合物（塩や酸化物など）の状態のものを熱によって融解し電気分解する方法とがある。後者を**融解電解法**といい，アルミニウムの電解精錬などがこの方法を採っている。**電解精錬**とは，電気分解によって工業的に純粋な金属をつくる方法のことである（銅の電解精錬など）。

1 ✗ 水酸化ナトリウム（NaOH）水溶液中には，ナトリウムイオン（Na^+）と水酸化物イオン（OH^-）が存在する。Naはイオン化傾向が大きく，Na^+の状態で安定している。そのため，陰極ではNaよりイオン化傾向の小さい水からの水素イオン（H^+）が電子を受け取り，水素が発生する。陽極では水酸化物イオン（OH^-）が電子を放出して，酸素が発生する。

　　陽極：$4\,OH^- \rightarrow 2\,H_2O + O_2 + 4\,e^-$

　　陰極：$2\,H^+ + 2\,e^- \rightarrow H_2\uparrow$

2 ◯ 記述のとおりである。塩化ナトリウム（NaCl）水溶液中には，ナトリウムイオン（Na^+）と塩化物イオン（Cl^-）が存在する。Naはイオン化傾向が大きく，Na^+の状態で安定している。そのため，陰極ではNaよりイオン化傾向の小さい水からの水素イオン（H^+）が電子を受け取り，水素が発生する。陽極では塩化物イオン（Cl^-）が電子を放出して，塩素が発生する。また，陰極ではNa^+とOH^-が反応して水酸化ナトリウム（NaOH）が得られる。

　　陽極：$2\,Cl^- \rightarrow Cl_2\uparrow + 2\,e^-$

　　陰極：$2\,H_2O + 2\,e^- \rightarrow H_2\uparrow + 2\,OH^-$

3 ✗ 硝酸銀（$AgNO_3$）水溶液中には，銀イオン（Ag^+）と硝酸イオン（NO_3^-）が存在する。陰極には銅を用いているが，イオンのなりやすさ（イオン化傾向）の関係（Cu ＞ Ag）より，陰極ではAg^+が電子を受け取り金属Agが析出する。また，陽極には銀を用いているため銀電極自身が溶け，銀が電子を放出して銀イオン（Ag^+）が生成する。

　　陽極：$Ag \rightarrow Ag^+ + e^-$

　　陰極：$Ag^+ + e^- \rightarrow Ag$

4 ✗ 銅の電解精錬は，粗銅板を陽極，純銅板を陰極として，硫酸銅（Ⅱ）水溶液中で電気分解する。

　　陽極（粗銅）：$Cu \rightarrow Cu^{2+} + 2\,e^-$

　　陰極（純銅）：$Cu^{2+} + 2\,e^- \rightarrow Cu$

5 × アルミニウムの電解精錬は，氷晶石(Na_3AlF_6)にアルミナ(Al_2O_3)を溶融した状態で炭素電極を用いて電気分解すると，陰極にアルミニウム(溶けた状態)が生成する。

陰極：$Al^{3+} + 3e^- \rightarrow Al$(融解状態)

【コメント】
　一般的に，水溶液の電気分解における陽極と陰極での変化(反応)は以下のとおりである(白金あるいは炭素電極の場合)。
　陽極では陰イオンが電子を放出して酸化され，陰極では陽イオンが電子を受け取って還元される。

陽極…水溶液中にCl^-が存在するときは気体の塩素(Cl_2)が発生し，OH^-，NO_3^-，SO_4^{2-}が存在するときは水酸化物イオンが電子を放出し，酸素(O_2)が発生する。

陰極…水溶液中にイオン化傾向の大きい金属(K^+，Ca^{2+}，Na^+，Mg^{2+}，Al^{3+})が存在するときは水素(H_2)が発生し，その他のイオン化傾向の小さい金属が存在するときはその金属が析出する。酸の場合は水素が発生する。

　なお，白金電極の代わりに銅電極あるいは銀電極を用いた場合は，陽極では銅電極あるいは銀電極自身が溶け，Cu^{2+}，Ag^+がそれぞれ生成される。

正答 **2**

memo

第2章

化学

第2章 化学

SECTION 4 無機化学

必修問題 セクションテーマを代表する問題に挑戦！

公務員試験における無機化学は知識を暗記するだけで対応できます。計算が苦手な人もぜひ学習しましょう。

問 元素の周期表に関する記述として最も妥当なのはどれか。

(国Ⅱ2009)

1：周期表は，元素をその原子核中に存在する中性子数の少ないものから順に並べたもので，周期表の横の行は周期と呼ばれる。

2：周期表の1族に属する元素は，いずれも金属元素である。その原子は，いずれも1個の価電子をもち，電子1個を取り入れて1価の陰イオンになりやすい。

3：周期表の2族に属する元素は遷移元素と呼ばれる非金属元素で，それらの元素の単体の沸点や融点は互いに大きく異なり，常温で気体のものと固体のものがある。

4：周期表の17族に属する元素はハロゲンと呼ばれる非金属元素で，単体はいずれも単原子分子の気体で陽イオンになりやすいという性質をもち，原子番号の大きいものほど陽イオンになりやすい。

5：周期表の18族に属する元素は希ガスと呼ばれる非金属元素で，いずれも常温では無色・無臭の気体である。他の原子と結合しにくく化合物をつくりにくい。そこで，希ガス原子の価電子の数は0とされている。

直前復習

頻出度	地上★★★　国家一般職★★★　東京都★★★　特別区★★
	裁判所職員★★　　　国税・財務・労基★★★　国家総合職★★★

チェック欄		
1回目	2回目	3回目

必修問題の解説

〈周期表〉

1 ✕ 周期表は，元素をその原子核中に存在する陽子数の少ないものから順に並べたもので，周期表の横の行は周期，縦の列は族とよばれる。

2 ✕ 周期表の1族に属する元素は，原子番号1の水素を除いていずれも金属元素である。その原子は，いずれも1個の価電子をもち，電子1個を放出して1価の陽イオンになりやすい。

3 ✕ 周期表の2族に属する元素は典型元素とよばれる金属元素で，ベリリウム・マグネシウムとカルシウム・ストロンチウム・バリウムでは性質がかなり異なっている。そのため，後者だけがアルカリ土類金属とよばれている。また，2族の金属元素は，すべて常温では固体である。なお，遷移元素は，3族から11族までの金属元素を指す。

4 ✕ 周期表の17族に属する元素はハロゲンとよばれる非金属元素で，単体はいずれも二原子分子で，フッ素と塩素は気体，臭素は液体，ヨウ素は固体で陰イオンになりやすいという性質をもち，原子番号の小さいものほど陰イオンになりやすい。

5 ◯ 記述のとおりである。希ガスには，ヘリウム，ネオン，アルゴンなどがあり，いずれも空気中に存在する気体である。希ガスの電子配置は安定しており，イオン化エネルギーが大きいため，通常では，イオンになったり，他の元素と化合物をつくることはない。

第2章 化学

正答 5

1 非金属元素とその性質

(1) 14族元素(炭素₆C, ケイ素₁₄Si)
価電子4個, 共有結合による分子をつくりやすいです。

① 炭素の単体には, ダイヤモンドや黒鉛(グラファイト), フラーレンなどの同素体があります。また, ダイヤモンドの融点は3600℃で, すべての単体の中で最高です。

② ケイ素の単体は, 価電子4個が互いに結合して, 正四面体構造をつくっており, ゲルマニウム(Ge)と同様に, 半導体の材料として重要です。ケイ素の地球地層(地殻)における存在率は酸素について第2位です。

(2) 15族元素(窒素₇N, リン₁₅P)
価電子5個, 共有結合による分子をつくりやすいです。

① 窒素(N_2)は, 無色・無臭の気体で, 空気の約78%を占めています。常温では他の物質と反応しにくいですが, 高温では酸素やマグネシウムなどの金属と化合します。

② リンの単体には, ろう状の黄リン(淡黄色)や粉末状の赤リン(暗赤色)などの同素体が存在します。
・黄リンは毒性があり, 自然発火するので水中に保存します。
・赤リンはマッチ箱の側薬に用いられています。

(3) 16族元素(酸素₈O, 硫黄₁₆S)
① 酸素

同素体	毒性	製　法	備考
酸素 O_2	無毒	酸化マンガン(Ⅳ)(MnO_2)を触媒として, 過酸化水素や塩素酸カリウムを分解する $H_2O_2 \rightarrow 2H_2O + O_2\uparrow$	空気中に21%含まれる 無色・無臭 多くの金属と反応する(酸化)
オゾン O_3	有毒	空気中で放電する	特異臭で淡青色 酸化作用・殺菌作用・漂白作用 光化学スモッグの一種

② 硫黄
・天然に広く存在し, 斜方硫黄, 単斜硫黄, ゴム状硫黄という同素体があります。

INPUT

・金属との化合力が強く，ほとんどの金属と反応して硫化物をつくります。
・酸素と反応しやすく，うすい紫色の炎を出して燃え，二酸化硫黄を生成します。

(4) ハロゲン(17族)

	フッ素 F_2	塩素 Cl_2	臭素 Br_2	ヨウ素 I_2
常温の状態	気体(淡黄色)	気体(黄緑色)	液体(赤褐色)	固体(黒紫色)
水素との反応	低温・暗所でも爆発的に反応	常温で光によって，爆発的に反応	高温または光照射で反応	高温で反応
水との反応	激しく反応して O_2 を発生	わずかに反応し，$HClO$ を生成	塩素より弱い反応性を示す	水に溶けにくく反応しにくい
酸化力	大 ←――――――――――――――――――→ 小			
水素化合物	HF(弱酸)	HCl(強酸)	HBr(強酸)	HI(強酸)
銀塩	AgF フッ化銀 水に溶ける 黄色(固体)	$AgCl$ 塩化銀 水に不溶 白色(固体)	$AgBr$ 臭化銀 水に不溶 淡黄色(固体)	AgI ヨウ化銀 水に不溶 黄色(固体)

(5) 気体の特徴

有色のもの	Cl_2(黄緑色)，NO_2(赤褐色)，O_3(淡青色)，Br_2蒸気(赤褐色)，I_2蒸気(紫色)，F_2(淡黄色)
有臭(有毒)のもの	O_3，NO_2，NH_3，H_2S，SO_2，HCl，Cl_2，Br_2蒸気
水によく溶けるもの	NH_3，HCl，SO_2，NO_2
水に溶けて酸性を示すもの	NO_2，CO_2，SO_2，HCl，HBr，HI，HF，H_2S，Cl_2，Br_2
水に溶けて塩基性を示すもの	NH_3
酸化作用を示すもの	O_2，O_3，Cl_2，Br_2蒸気
還元作用を示すもの	H_2S，SO_2，H_2
液化しやすいもの	NH_3，SO_2，Cl_2

2 金属元素とその性質

(1) アルカリ金属(1族)[水素Hを除く]

① 単体の特徴

典型元素で，価電子はすべて1個です。

・密度：一般に小さい⇒ Li，Na，K は水に浮きます。

・イオン化傾向は大きい⇒水と激しく反応して1価の陽イオンになりやすく，水

溶液は強い塩基性を示します。空気中の酸素とも容易に反応して，酸化物になりやすい性質があります。
・還元性が強い⇒酸化されやすく，相手に電子を与えやすい。

② 炎色反応を示す
元素分析，花火の色に用います。
例) Li　Na　K　Cu　Ca　Sr　Ba
　　赤　黄　赤紫　青緑　橙赤　紅　黄緑

(2) Be，Mg とアルカリ土類金属の性質

性　質		Be，Mg	Ca，Sr，Ba
炎色反応		示さない	示す
水溶性	水酸化物	難溶	難溶，少し溶ける
	硫酸塩	溶ける	溶けにくい
	炭酸塩	難溶	難溶
水との反応		常温ではない	水と反応し，H_2を発生

(3) その他の典型元素の金属(12族：亜鉛 Zn，水銀 Hg，13族：アルミニウム Al)
(i) 亜鉛
① 単体とその性質
・酸・塩基ともに反応して，水素を発生させます。これを両性金属といいます（アルミニウム，スズ，鉛も）。
　　$Zn + H_2SO_4 \rightarrow ZnSO_4 + H_2 \uparrow$
　　（実験室で水素を発生させる方法）
　　$Zn + 2NaOH \rightarrow Na_2ZnO_2 + H_2 \uparrow$
・用途：亜鉛の単体は，電池の負極，トタン，合金の原料として利用されます。
トタン：鉄板上に亜鉛をめっきしたもの
ブリキ：鉄板上にスズをめっきしたもの
　傷がない場合　　：トタン＞ブリキ〔さびやすさ〕
　傷がついた場合：トタン＜ブリキ〔さびやすさ〕

INPUT

(ii) **水銀**

① **単体とその性質**

・性質：金属の中で，常温で液体(融点 −38.9℃)として存在している唯一の金属
・用途：<u>鉄，ニッケル，コバルト，マンガン以外</u>の金属と合金をつくります。水銀
　　　　との合金をアマルガムといいます。

(iii) **アルミニウム**

① **単体とその性質**

・性質：価電子3個をもち，3価の陽イオンになります。
・所在：地球表層(地殻)の存在量が第3位の元素。粘土，ボーキサイトなどの主成
　　　　分です。
・製法：ボーキサイトからアルミナ(Al_2O_3)をつくり，融解塩電解(溶解塩電解)を
　　　　行います(ホール・エルー法)。

② 単体の表面には酸化皮膜を生ずるため，濃硝酸や濃硫酸に溶けにくい性質が
　あります(不動態)。
　　不動態をつくりやすいもの：Cr，Fe，Ni，Al
　　アルマイト：アルミニウムの表面を電気分解により酸化させて不動態にしたもの。

③ 酸溶液にも強塩基溶液にも反応して，水素を発生します(両性元素)。
　　$2\,Al + 6\,HCl \rightarrow 2\,AlCl_3 + 3\,H_2 \uparrow$
　　$2\,Al + 2\,NaOH + 6\,H_2O \rightarrow 2\,Na[Al(OH)_4] + 3\,H_2 \uparrow$

第2章 化学

第2章 SECTION 4 化学 無機化学

実践　問題 91　基本レベル

頻出度	地上★★★	国家一般職★★★	東京都★★★	特別区★★
	裁判所職員★★	国税・財務・労基★★★	国家総合職★★★	

問　図は元素の周期表である。元素は金属元素と非金属元素に分けられる。また、各元素の単体は常温常圧で固体のものや気体、液体のものがある。これらの性質は周期表の上で、おおよそのまとまりを示している。周期表を図のようにア〜ウの三つの領域に分けたとき、その領域の元素についての次の記述のうち誤っているのはどれか。　　　　　　　　　　　　　　　　　（地上2003）

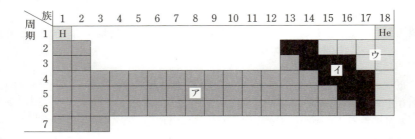

1：金属元素は非金属元素に比べて圧倒的に多く、領域アの元素は金属元素である。
2：領域ウの元素は非金属で、単体は常温で気体であり、酸素や塩素はこの領域に含まれる。
3：炭素、硫黄、ヨウ素は非金属元素で、単体は常温で固体であり、領域イに含まれる。
4：ナトリウムは金属で、領域アに含まれる。
5：カルシウムは非金属で、領域イに含まれる。

OUTPUT

チェック欄		
1回目	2回目	3回目

実践 ▶ 問題 **91** **の解説**

〈周期表〉

　元素の周期表は，性質のよく似た元素が同じ縦の欄に並ぶようまとめた表のことである。周期表の縦の欄を族といい，1～18族に分類される。同じ族に属し，価電子の数が同じで性質のよく似た元素が集まっている(同族元素)。また，周期表の横の欄を周期といい，第1～7周期まである。基本的に周期表の左側の元素は陽イオンになりやすく，その中でも原子番号の大きいものほどその傾向は強くなる。逆に表の右側の元素で原子番号が小さいものほど，陰イオンになりやすい。

1 ○ 記述のとおりである。金属元素は非金属元素に比べ，圧倒的に多い。表の水素，ヘリウムと(イ)，(ウ)の範囲は一般に，非金属元素といわれている。それ以外の(ア)の範囲は，金属元素とよばれ約90個存在している。

2 ○ 記述のとおりである。一番右端の18族は希ガスとよばれ，単体で気体として安定している。酸素は16族，塩素は17族であるが，気体として存在する。

3 ○ 記述のとおりである。炭素，硫黄，ヨウ素の単体は常温で固体(ヨウ素は黒紫色)である。また領域(イ)には臭素も含まれ，この単体は常温で赤褐色の液体である。全元素の中で，単体が常温で液体であるのは臭素と水銀だけである。

4 ○ 記述のとおりである。ナトリウムは1族のアルカリ金属である。自らは酸化されやすく，還元性が強い。また，燃やすと黄色の炎色反応を示す。

5 × カルシウムは2族のアルカリ土類金属とよばれ，領域(ア)に含まれる金属である。2つの価電子をもち，2価の陽イオンになる。燃やすと橙色の炎色反応を示す。

周期＼族	1	2	3	4	5	6	7	8	9	10	11	12	13	14	15	16	17	18
1	₁H																	₂He
2	₃Li	₄Be											₅B	₆C	₇N	₈O	₉F	₁₀Ne
3	₁₁Na	₁₂Mg											₁₃Al	₁₄Si	₁₅P	₁₆S	₁₇Cl	₁₈Ar
4	₁₉K	₂₀Ca	₂₁Sc	₂₂Ti	₂₃V	₂₄Cr	₂₅Mn	₂₆Fe	₂₇Co	₂₈Ni	₂₉Cu	₃₀Zn	₃₁Ga	₃₂Ge	₃₃As	₃₄Se	₃₅Br	₃₆Kr
5	₃₇Rb	₃₈Sr	₃₉Y	₄₀Zr	₄₁Nb	₄₂Mo	₄₃Tc	₄₄Ru	₄₅Rh	₄₆Pd	₄₇Ag	₄₈Cd	₄₉In	₅₀Sn	₅₁Sb	₅₂Te	₅₃I	₅₄Xe
6	₅₅Cs	₅₆Ba	ランタ ノイド 57～71	₇₂Hf	₇₃Ta	₇₄W	₇₅Re	₇₆Os	₇₇Ir	₇₈Pt	₇₉Au	₈₀Hg	₈₁Tl	₈₂Pb	₈₃Bi	₈₄Po	₈₅At	₈₆Rn
7	₈₇Fr	₈₈Ra	アクチ ノイド 89～103	₁₀₄Rf	₁₀₅Db	₁₀₆Sg	₁₀₇Bh	₁₀₈Hs	₁₀₉Mt	₁₁₀Ds	₁₁₁Rg	₁₁₂Cn	₁₁₃Nh	₁₁₄Fl	₁₁₅Mc	₁₁₆Lv	₁₁₇Ts	₁₁₈Og

【参考】

　2016年11月に，日本の理化学研究所が合成した113番元素の名称が「nihonium(ニホニウム)」，元素記号が「Nh」に決定した。

正答 5

第2章 SECTION 4 化学 無機化学

実践 問題 92 基本レベル

頻出度 地上★★★ 国家一般職★★★ 東京都★★★ 特別区★★
裁判所職員★★ 国税・財務・労基★★★ 国家総合職★★★

[問] 元素の周期表に関する次の文章の空欄ア〜オに当てはまる語句の組合せとして，妥当なのはどれか。 （東京都2017）

元素の周期表は，元素の周期律に基づいて元素を配列した表であり，表の横の行を ア といい，縦の列を イ という。

1族，2族，12〜18族の元素を ウ という。 ウ において，ベリリウム，マグネシウム以外の エ 族の元素をアルカリ土類金属といい， オ 族の元素をハロゲンという。

	ア	イ	ウ	エ	オ
1	周期	族	遷移元素	1	17
2	周期	族	典型元素	2	17
3	周期	族	遷移元素	2	18
4	族	周期	典型元素	1	18
5	族	周期	遷移元素	1	18

OUTPUT

実践 問題 92 の解説

〈周期表〉

元素の周期表の横の行を<u>周期</u>(ア)といい，縦の列を<u>族</u>(イ)という。

元素は典型元素と遷移元素に分けられ，1族，2族，12～18族の元素を<u>典型元素</u>(ウ)，<u>3～11族の元素を遷移元素</u>とよぶ。

典型元素は，非金属元素と金属元素があり，同族元素の性質が似ている。遷移元素はすべて金属元素で，同周期の元素の性質が似ているのが特徴である。

2族元素の原子は，2価の陽イオンになりやすく，<u>ベリリウム，マグネシウム以外の 2 (エ)族の元素をアルカリ土類金属</u>という。なお，1族に属する元素の原子は，1価の陽イオンになりやすく，<u>水素以外の1族の元素をアルカリ金属</u>という。

また，<u>17(オ)族の元素</u>の原子は，1価の陰イオンになりやすく，<u>ハロゲン</u>という。なお，<u>18族の元素</u>の原子は，イオンになりづらく化学的に不活性であり，<u>希ガス</u>という。

以上より，ア：周期，イ：族，ウ：典型元素，エ：2，オ：17となる。

よって，正解は肢2である。

正答 2

S ECTION ④ 化学 無機化学
第2章

実践 問題 **93** 基本レベル

頻出度	地上★★★ 国家一般職★★★ 東京都★★★ 特別区★★
	裁判所職員★★ 国税・財務・労基★★★ 国家総合職★★★

問 元素に関する記述として最も妥当なのはどれか。 　　　　(国税・労基2006)

1：ハロゲンは，イオンや化合物になりにくい特徴をもつ単体の元素のグループであり，元素の周期表では16族に相当する。ヘリウム(He)，ネオン(Ne)，臭素(Br)などが該当し，常温常圧の状態では気体として存在する。

2：アルカリ土類金属は，陽イオンになりやすく，他の物質と極めて反応しやすい元素のグループであり，元素の周期表では１族に相当する。カリウム(K)，カルシウム(Ca)，アルミニウム(Al)などが該当し，単体では銀白色の軽い元素で，比較的柔らかい性質をもつ。

3：同一の元素が結晶構造や性質の異なる２種類以上の単体として存在する場合に，これらを同素体という。炭素(C)，硫黄(S)，リン(P)などにみられ，炭素(C)では，ダイヤモンドと黒鉛がその例である。

4：同一の元素でも，電子の数が異なり化学的性質の異なるものが存在することがあり，これらは互いに同位体という。酸素(O)，塩素(Cl)，フッ素(F)などにみられ，電子が多いほうの元素は一般に不安定であり，放射線を放出して他の元素に変わる。

5：化合物を炎の中で加熱したとき，炎が着色する炎色反応がみられることがあるが，この炎色反応は元素の種類に特有である。ナトリウム(Na)は紫色，銅(Cu)は黄色，バリウム(Ba)は白色である。

OUTPUT

実践 問題 **93** の解説

〈元素の性質〉

1 × イオンや化合物になりにくいのは希ガス元素であり，ヘリウム，ネオン，アルゴンなどがそれにあたる。なお，希ガスは周期表で18族に相当し，単原子分子として空気中にわずかに存在する無色無臭の気体である。ハロゲンは17族の元素で，臭素(Br)はハロゲンである。

2 × 周期表の1族に相当するのはアルカリ金属であり，リチウム，ナトリウム，カリウムなどがそれにあたる。なお，同じ1族である水素は非金属元素であるためアルカリ金属には属さない。アルカリ金属の単体は軟らかく融点が低い。なお，カルシウムは2族，アルミニウムは13族である。

3 ○ 記述のとおりである。炭素，硫黄，リン以外には酸素もある。硫黄では斜方硫黄，単斜硫黄，ゴム状硫黄が存在し，リンでは黄リン，赤リンが存在し，酸素では酸素，オゾンが存在する。また，炭素の同素体として，フラーレンやカーボンナノチューブなどがある。

4 × 原子核を構成する陽子数は同じであるが，中性子数の異なる原子を互いに同位体といい，水素には中性子の数が0の水素と，1つの重水素などがある。これらに化学的性質の違いはない。

5 × アルカリ金属，アルカリ土類金属，銅イオンなどは，バーナーの外炎により元素特有の炎色反応が生じる。ナトリウムは黄色，銅は青緑色，バリウムは黄緑色である。

正答 **3**

S ECTION ④ 化学 無機化学

第2章

実践 問題 94 基本レベル

頻出度	地上★★★ 国家一般職★★★ 東京都★★★ 特別区★★
	裁判所職員★★ 国税·財務·労基★★★ 国家総合職★★★

問 気体の性質に関する次の記述のうち，妥当なのはどれか。 （地上2020）

1：一酸化炭素 CO は，刺激臭のある淡青色の気体で，炭素化合物の不完全燃焼により発生する。人体にきわめて有毒であり，血液中のヘモグロビンを分解する。

2：塩化水素 HCl は，無色無臭の気体で，水に溶けにくい。毒性が強く，皮膚や粘膜を侵すほか，金属を腐食させる。

3：オゾン O_3 は，強い酸化作用を示し，水の殺菌などに用いられる。分解されにくいことから，大気上層に放出されてオゾン層を形成し，これが有害な紫外線を透過させやすいことが近年問題になっている。

4：窒素 N_2 は，常温でさまざまな物質と反応しやすい。酸素と化合したものは窒素酸化物とよばれ，大気汚染の原因となる。

5：二酸化硫黄 SO_2 は，刺激臭のある有毒な気体で，化石燃料の燃焼により大気中に放出されると，酸性雨の原因となる。

直前復習

OUTPUT

チェック欄		
1回目	2回目	3回目

実践 問題 **94** の解説

第2章 化学

〈気体の性質〉

1 × 一酸化炭素 CO は，無色・無臭の気体で，炭素化合物の不完全燃焼により発生する。人体にきわめて有毒であり，血液中のヘモグロビンと結合し，酸素を運搬する機能を失わせる。一酸化炭素は，空気中で点火すると，青白い炎をあげて燃焼し，二酸化炭素になる。また，還元作用が強く，高温で金属の酸化物を還元することから，鉄の製錬などに利用されている。

2 × 塩化水素 HCl は，無色・刺激臭の気体で，水によく溶ける。毒性が強く，皮膚や粘膜を侵し，乾燥状態では金属をほとんど腐食しないが，水には容易に溶けて塩酸となり，さまざまな金属を腐食させる。また，塩化水素は，アンモニアと反応して塩化アンモニウムの白煙を生じることから，塩化水素とアンモニアの相互の検出に利用される。

3 × オゾン O_3 は，淡青色・特異臭の気体で，分解しやすく，強い酸化作用を示すことから，飲料水の殺菌，空気の消臭，繊維の漂白などに用いられる。大気中のオゾンは，成層圏内の地上から20〜30km の範囲で特に濃度が高く，オゾン層を形成する。オゾン層は，太陽光に含まれる有害な紫外線の大部分を吸収し，地表の生物を保護する役割を果たしているが，近年，フロンがオゾン層を破壊していることが問題になっており，代替物質の開発が進められている。

4 × 窒素 N_2 は無色・無臭の気体で，大気の約78％を占める。常温では化学的に安定である。高温では酸素と化合して，一酸化窒素 NO，二酸化窒素 NO_2 などの窒素酸化物 NO_x を生じ，大気汚染の原因となる。

5 ○ 記述のとおりである。二酸化硫黄 SO_2 は，無色・刺激臭の有毒な気体で，火山ガスに含まれる。硫黄 S を含む石油，石炭などの化石燃料の燃焼により大気中に放出されると，雨水に溶けて酸性雨の原因物質となる。また，二酸化硫黄は，還元性があり，漂白剤などに用いられるが，硫化水素 H_2S のような強い還元剤に対しては，酸化剤としてはたらく。

正答 5

LEC東京リーガルマインド　2022-2023年合格目標 公務員試験 本気で合格！過去問解きまくり！　265
⑦自然科学Ⅰ

SECTION 4 化学 無機化学

実践 問題 95 基本レベル

問 炭素の単体と化合物に関する次の記述のうち正しいのはどれか。（地上2011）

1：黒鉛とダイヤモンドはともに1個の炭素原子に4個の炭素原子が結合した炭素の結晶である。黒鉛は正四面体状の結晶であるのに対して，ダイヤモンドは平面状の結晶であるため平滑で美しい表面に加工することができる。
2：炭素の酸化物である一酸化炭素と二酸化炭素はともに空気より軽い気体であり，燃えない性質がある。二酸化炭素は無色無臭で毒性はないが，一酸化炭素は緑黄色で刺激臭があり極めて有毒である。
3：有機化合物はいずれも炭素と水素から成る化合物である。炭素と水素の結合の仕方によって多様な構造をとることができるので，有機化合物には，炭水化物，油脂，たんぱく質など様々な種類がある。
4：化石燃料である石油と天然ガスは炭素を主な構成元素としている。これらは熱エネルギー源としてだけではなく，ポリエチレン，ナイロン，ブタジエンゴムなどの化学製品の合成原料としても利用されている。
5：炭素の新素材としてカーボンナノチューブとグラフェンが注目されている。これらはもろくて壊れやすいという欠点があるが，軽量で，電気の絶縁性に優れているので，絶縁材料としての利用が期待されている。

OUTPUT

チェック欄		
1回目	2回目	3回目

実践 問題 **95** の解説

第2章 化学

〈非金属元素の性質〉

1 × ダイヤモンドは，1個の炭素原子に4個の炭素原子が結合した炭素の結晶であるが，黒鉛は，1個の炭素原子に3個の炭素原子が結合した炭素の結晶である。**ダイヤモンドは，正四面体の三次元構造**をしているのに対し，**黒鉛は，平面正六角形の層状構造をしている。**

2 × 一酸化炭素は空気よりも軽いが，二酸化炭素は空気よりも重い気体である。また，二酸化炭素には燃えない性質があるが，一酸化炭素は，空気中で点火すると，青色の炎をあげて燃焼し，二酸化炭素になる。二酸化炭素，一酸化炭素ともに，無色無臭の気体である。

3 × **有機化合物とは，炭素の化合物から一酸化炭素や二酸化炭素，炭酸塩などを除いたもの**である。有機化合物の構成元素には，炭素C，水素H以外に，酸素O，窒素N，硫黄S，リンPなどもある。

4 ○ 記述のとおりである。太古に生息していた動植物が地中に埋没し，長い年月の間に地熱や圧力の影響を受けて分解してできた，石炭，石油，天然ガスなどの地下資源を化石燃料という。これらは，炭素を主な構成元素とし，現代社会のエネルギー源の大部分をまかなうだけでなく，有機化学工業を支える原料物質としても重要である。

5 × **カーボンナノチューブ**とは，炭素でできた微細な筒状の分子のことである。カーボンナノチューブは，高弾性で高強度(同質量の鉄の数百倍)である。また，カーボンナノチューブは，その立体構造によって，金属や半導体のいずれの性質も示す。また，グラフェンは，炭素原子のシートであり，工業材料として利用される。

正答 4

問 身近な物質である二酸化炭素に関する記述として最も妥当なのはどれか。

(国Ⅱ2007)

1：化学反応によって発生させた二酸化炭素は，上方置換法で集めることができるが，これは，二酸化炭素が空気よりも軽く，水にほとんど溶けない性質を利用するものである。

2：南極大陸上空の成層圏のオゾン層は，毎年9～10月にオゾンの濃度が非常に低く，穴が開いたような状態になり，オゾンホールと呼ばれているが，この現象の最大の原因物質は二酸化炭素である。

3：酸性雨による石造建築物の溶解や森林の被害などが広範な地域で起こっているが，主な原因物質は，人類の活動により排出された二酸化炭素が空気中の水分と結びついて生成した炭酸である。

4：有機物には炭素が含まれるため燃やすと二酸化炭素が発生するが，天然ガスは，石油や石炭に比べ，同じ燃焼エネルギーを得る際に発生する二酸化炭素の量が少ない。

5：鉄に含まれる炭素は，硬さと引っ張り強度を増す働きがあり，炉の中に二酸化炭素を吹き込むことによって炭素含有量の多いステンレス鋼を製造する。

OUTPUT

実践 問題 **96** **の解説**

チェック欄		
1回目	2回目	3回目

〈気体の性質〉

1 × 二酸化炭素の分子量は44（炭素の原子量12，酸素の原子量16）であり，空気の平均分子量は28.8であるから，**二酸化炭素のほうが空気より重いため，下方置換で集める。**

2 × 南極大陸上空の成層圏のオゾン層は，毎年春から初夏にかけて減少しており，これを**オゾンホール**とよんでいる。最初のオゾンホールに関する発表は1985年のことである。オゾン層破壊の原因物質は，二酸化炭素ではなく，人間が放出するフロン類やその類似構造ガス，臭化メチルなどである。

3 × 二酸化炭素は水に飽和していても pH で5.6程度であり，**酸性雨**とはこれ以上に pH が小さいものを指す。酸性雨は，硫化酸化物 SO_x や窒素酸化物 NO_x が水に溶けて硫酸や硝酸となり，雨に混ざって降ってくるものである。

4 ○ 記述のとおりである。一般に有機物を燃焼させると，二酸化炭素と水ができる。天然ガスの主成分はメタン CH_4 であるが，メタンは含有炭素量が少ないため，燃焼時に発生する二酸化炭素量も少ない。

5 × 鉄に含まれる炭素量が多くなると，鉄はもろくなる。また，ステンレス鋼とは，鉄，クロム，ニッケル，炭素の合金である。

第2章 化学

正答 4

第2章
SECTION ④ 化学
無機化学

実践 問題 **97** 基本レベル

頻出度	地上★★★	国家一般職★★★	東京都★★★	特別区★★
	裁判所職員★★	国税・財務・労基★★★		国家総合職★★★

問 水に関する次の記述のうち妥当なものはどれか。 （地上2014）

1：水分子は，酸素原子が正に，水素原子が負に強く帯電するため，水分子同士では強い静電気的な引力が働く。このため，水は，水と同程度の分子量の他の物質と比べて，分子間の結合が強く沸点が低い。

2：水分子を電離すると水素イオンが生じる。水溶液の水素イオン濃度は，pHという指標で表され，その値は純水では0で，酸性水溶液では正，アルカリ性水溶液では負となる。

3：寒冷地では水が凍って水道管が破裂することがある。これは，水が液体のときは隙間なくつまっているので密なのに対し，凍ると隙間が多い構造となって体積が増えるからである。

4：水素と酸素から水が生じる反応は吸熱反応であり，この熱を電気エネルギーに変換する装置が燃料電池である。燃料電池は水しか生じないクリーンな装置であるが，水素と酸素は室温でも混ぜるだけで爆発的に反応するため，注意が必要である。

5：水分子しか通さない半透膜で海水と純水を仕切り，その液面の高さを同じにして放置すると，海水中の水分子が純水側に移動してくる。この現象を利用すれば，圧力を加えることなく純水を得ることができるため，水不足の地域では注目を集めている。

OUTPUT

実践 ▶ 問題 **97** ▶ の解説

チェック欄		
1回目	2回目	3回目

〈水の性質〉

1× 水分子は，酸素原子が負に，水素原子が正に強く帯電するため，水分子どうしに強い静電気的な引力がはたらく。これを**水素結合**という。このため，水は，水と同程度の分子量の他の物質と比べて，分子間の結合が強く沸点が高い。

2× 水分子を電離すると水素イオンが生じる。**水溶液の水素イオン濃度は，pHという指標で表され**，その値は中性である純水では7で，酸性水溶液では7より小さく，アルカリ性水溶液では7より大きくなる。

3○ 記述のとおりである。寒冷地では水が凍って水道管が破裂することがある。これは，**水が液体のときは隙間なくつまっているので密なのに対し，凍ると隙間が多い構造となって体積が増える**からである。これは肢1の解説にある水素結合のためである。このため，氷の密度は水よりも小さくなり，氷は水に浮くのである。

4× 水素と酸素から水が生じる反応は発熱反応である。また，**燃料電池は，水素と酸素から水が生じる化学反応のエネルギーを直接，電気エネルギーに変換する装置**である。水素は爆発しやすい気体ではあるが，室温では水素と酸素を混ぜるだけでは爆発することはなく，静電気などによる着火が必要である。

5× 水分子しか通さない半透膜で海水と純水を仕切り，その液面の高さを同じにして放置すると，純水中の水分子が海水側に移動してくる。この圧力を浸透圧という。逆に，海水側に浸透圧以上の圧力を加えると，海水中の水分子が純水側に移動してくるので純水を得ることができる。これを逆浸透法という。海水の淡水化や純水の製造のほか，果汁や化学薬品の濃縮などに用いられている。

第2章 化学

正答 **3**

第2章 化学
SECTION 4 無機化学

実践 問題 98 基本レベル

問 次の文はアルカリ金属及びアルカリ土類金属に関する記述であるが、A〜Dに当てはまるものの組合せとして最も妥当なのはどれか。（国家一般職2013）

　元素の周期表の1族に属する元素のうち、水素を除くナトリウム(Na)やカリウム(K)などの元素をまとめてアルカリ金属という。アルカリ金属の原子は、1個の価電子をもち、1価の　A　になりやすい。アルカリ金属の化合物のうち、　B　は、塩酸などの酸と反応して二酸化炭素を発生する。　B　は重曹とも言われ、胃腸薬やベーキングパウダーなどに用いられる。

　元素の周期表の2族に属する元素のうち、カルシウム(Ca)やバリウム(Ba)などは互いによく似た性質を示し、アルカリ土類金属と呼ばれる。アルカリ土類金属の化合物のうち、　C　は、大理石や貝殻などの主成分である。　C　は水には溶けにくいが、二酸化炭素を含む水には炭酸水素イオンを生じて溶ける。また、　D　は消石灰とも言われ、水に少し溶けて強い塩基性を示す。　D　はしっくいや石灰モルタルなどの建築材料や、酸性土壌の改良剤などに用いられる。

	A	B	C	D
1：	陽イオン	炭酸水素ナトリウム	酸化カルシウム	硫酸カルシウム
2：	陽イオン	水酸化カリウム	炭酸カルシウム	硫酸カルシウム
3：	陽イオン	炭酸水素ナトリウム	炭酸カルシウム	水酸化カルシウム
4：	陰イオン	水酸化カリウム	酸化カルシウム	水酸化カルシウム
5：	陰イオン	炭酸水素ナトリウム	炭酸カルシウム	硫酸カルシウム

OUTPUT

実践 問題 **98** の解説

チェック欄
1回目	2回目	3回目

〈金属元素の性質〉

A **陽イオン** **アルカリ金属**の原子は，1個の価電子をもち，1価の陽イオンになりやすい。また**アルカリ土類金属**の原子は，2個の価電子をもち，2価の陽イオンになりやすい。

B **炭酸水素ナトリウム** 炭酸水素ナトリウム $NaHCO_3$ は，白い粉末である。塩酸などの酸と反応して二酸化炭素を発生する。重曹ともいわれ，胃腸薬やベーキングパウダー(ふくらし粉)，入浴剤などに用いられる。

C **炭酸カルシウム** 炭酸カルシウム $CaCO_3$ は，無色結晶または白色粉末で，大理石や貝殻，石灰岩，鶏卵の殻，チョークなどの主成分である。水には溶けにくいが，二酸化炭素を含む水には炭酸水素イオン HCO_3^- を生じて溶ける。

D **水酸化カルシウム** 水酸化カルシウム $Ca(OH)_2$ は，白い粉末で消石灰ともいわれる。水に少し溶けて強い塩基性を示し，飽和水溶液は石灰水ともいわれる。しっくいや石灰モルタルなどの建築材料や，酸性土壌の改良剤，コンニャクの凝固剤などに用いられる。

なお，生石灰(酸化カルシウム，CaO)と間違えないようにしたい。**酸化カルシウムは，乾燥剤などに用いられる。**

よって，正解は肢3である。

第2章 化学

正答 **3**

無機化学

実践 問題99 基本レベル

問 次のA，B，Cは，いずれもカルシウムの化合物の特徴を述べたものであるが，該当する化学式の組合せとして最も妥当なのはどれか。 (国Ⅱ2007)

A：天然には石灰石，大理石などの主成分として大量に存在する。水に溶けにくいが，二酸化炭素を含んだ水にはわずかに溶けるので，石灰石の分布する地域では，カルスト台地や鍾乳洞などの特徴的な地形が形成される。

B：工業的にはアンモニアソーダ法（ソルベー法）の副産物として大量に生産できる。水によく溶け，空気中で潮解し，乾燥剤や道路の凍結防止剤に利用される。

C：天然には結晶セッコウとして産するが，熱すると白色で粉末状の焼きセッコウとなる。焼きセッコウは，水と混合すると発熱しながら硬化するので，この性質を利用して建築材料・医療用ギプス・美術の塑像製作などに使われる。

	A	B	C
1：	$CaCO_3$	$CaSO_4$	$CaCl_2$
2：	$CaCO_3$	$CaCl_2$	$CaSO_4$
3：	$CaCl_2$	$CaSO_4$	$CaCO_3$
4：	$CaCl_2$	$CaCO_3$	$CaSO_4$
5：	$CaSO_4$	$CaCO_3$	$CaCl_2$

OUTPUT

実践 問題 **99** の解説

チェック欄		
1回目	2回目	3回目

〈金属元素の性質〉

A 炭酸カルシウム($CaCO_3$) 石灰石や大理石の主成分は炭酸カルシウムである。二酸化炭素を溶かし込んだ水と次のように反応し、炭酸水素カルシウムを生成する。

$$CaCO_3 + H_2O + CO_2 \rightarrow Ca(HCO_3)_2$$

この水溶液を加熱すると、再び炭酸カルシウムが沈殿する。

B 塩化カルシウム($CaCl_2$) アンモニアソーダ法とは、アンモニア、塩化ナトリウム、二酸化炭素および水から炭酸ナトリウムを製造する方法である。このとき、塩化アンモニウムができるため、これと水酸化カルシウムを反応させて製造する。潮解性をもつから、気体の乾燥剤に使われたり、凍結防止剤として道路に使われる。

C 硫酸カルシウム($CaSO_4$) 結晶セッコウとは、硫酸カルシウム二水和物 $CaSO_4 \cdot 2H_2O$ のことで、一般的にはセッコウといっている。120℃～140℃程度の熱で加熱すると焼きセッコウ $CaSO_4 \cdot \frac{1}{2}H_2O$ となる。焼きセッコウは、水で練って放置すると再び二水和物となって固まるため、建築材料、医療用ギプス、チョーク、塑像などの工芸品などに使われている。

よって、正解は肢2である。

正答 2

第2章 SECTION ④ 化学 無機化学

実践 問題 100 基本レベル

問 金属に関する記述として，妥当なのはどれか。 （東京都2010）

1：銅は，強くて硬い金属であり，鉄鉱石にコークスと硫黄を加えたものを溶鉱炉に入れ，熱風を吹き込むことによって得られる。
2：銅は，鉄に比べて熱を伝えやすい金属であり，高純度の銅は，粗銅を電解精錬することによって得られる。
3：アルミニウムは，軽くて加工しやすい金属であり，ボーキサイトを加熱して得られる酸化アルミニウムを，濃塩酸で処理することによって得られる。
4：青銅は，銅と鉛との合金であり，ブロンズともよばれ，美術品や五円硬貨に使用されている。
5：ジュラルミンは，アルミニウムとクロムとの合金であり，航空機や橋りょうの骨組みに使用されている。

直前復習

OUTPUT

実践 ▶ 問題 **100** ▶ の解説

チェック欄		
1回目	2回目	3回目

〈金属元素の性質〉

1✕ 鉄鉱石(酸化鉄)にコークス(炭素)と石灰石を加えたものを溶鉱炉に入れ熱する。すると，コークスが不完全燃焼し一酸化炭素となる。この一酸化炭素が還元剤の役割を果たして鉄鉱石を還元し鉄をつくる。このようにしてできた鉄を銑鉄というが，銑鉄は不純物を多く含んでいるためもろい。そこでこの銑鉄を転炉に入れ，酸素を吹き込むことで不純物を取り除く。このようにしてできた鉄を鋼という。

2◯ 記述のとおりである。この**電解精錬**によって，陰極に純度の高い純銅が析出する。

3✕ アルミニウムは，酸化アルミニウム(アルミナ，Al_2O_3)を融解塩電解することによって得られる。アルミニウムはイオン化傾向が高いため，アルミニウムが溶けた水溶液を用いた普通の電気分解では金属単体が析出されない。そこで化合物自体を高熱で溶かし電気分解することによって金属の単体を析出させる。これを**融解塩電解(溶融塩電解)**という。

4✕ **青銅**は，銅とスズとの合金である。青銅(ブロンズ)像などに利用されている。なお，5円硬貨は銅と亜鉛の合金である**黄銅**(しんちゅう)でできている。

5✕ **ジュラルミン**は，アルミニウムを主成分とし，そのほかに銅，マグネシウム，マンガンが混合されている合金である。軽くて丈夫であるため，航空機の機体などに利用されている。

正答 **2**

第2章 化学

第2章 SECTION 4 化学 無機化学

実践 問題 101 基本レベル

問 次のA～Eの金属のうち，アルミニウムと鉛の両方を正しく選んでいるのはどれか。 (地上2016)

A：軽金属で展性・延性に富み，電気・熱の伝導性が高い。鉱石から単体を作るときに電気エネルギーをたくさん使う。建築材料，車両，機械などに使われる。
B：特有の赤色光沢があり展性・延性に富み，電気・熱の伝導性が高い。導線や調理器具に使われ，空気中で水分があると緑色のさびを生じる。
C：常温で液体の金属である。色々な金属を溶かしてアマルガムという合金を作る。計測器機に使われるが，毒性が高く環境破壊の問題にもなるので，使用量は減少している。
D：やわらかく融点が低い重金属で，空気中で酸化し灰白色になる。蓄電池の電極やエックス線遮蔽材として用いられる。人体に蓄積すると中毒になる。
E：強磁性体の金属で，鉱石はコークスから発生する一酸化炭素で還元される。建築材料など幅広く使われている。

	アルミニウム	鉛
1：	A	C
2：	A	D
3：	B	C
4：	C	D
5：	C	E

OUTPUT

実践 問題 **101** の解説

〈金属元素の性質〉

A **Al** アルミニウムに関する記述である。密度4.0〜5.0g／cm³以下の金属を軽金属といい，アルミニウムは密度2.7g／cm³であるため，軽金属である。ボーキサイトという鉱石から酸化アルミニウムが生成され，酸化アルミニウムの溶融塩電解によって単体のアルミニウムが精製される。地殻に存在する元素のうち，金属元素としては最も多いが精製に電力が多く必要なため，生産コストは高い。軽くて曲げやすい性質から，建材としては窓枠や手すりなどに用いられるほか，車両や機械類，飲食物の缶に用いられる。

B **Cu** 銅に関する記述である。単体の金属における熱および電気の伝導率は，高い順に，銀＞銅＞金＞アルミニウム という順番になっている。銀は高価なため，導線には一般的に銅が用いられる。熱伝導率が高いため，調理器具に用いられることもあるが，水分がある空気中では緑色のさびである緑青（ろくしょう）を生じることがあるため，管理には注意が必要である。合金の種類や用途も多様であり，銅と亜鉛 Zn の合金である黄銅（しんちゅう）は管楽器や家具などに使われているほか，銅とスズ Sn の合金である青銅（ブロンズ）は美術品に用いられ，銅とニッケル Ni の合金である白銅は100円硬貨や50円硬貨に用いられている。

C **Hg** 水銀に関する記述である。水銀の融点は−39℃であり，常温で液体の金属元素は水銀だけである。さまざまな金属と粘性の高い合金であるアマルガムをつくることができる。アマルガムを塗布したあとに加熱すると水銀のみが揮発するため，合金をつくった金属をめっきすることができる。この方法により，奈良の大仏の金めっきが施されたといわれている。また，密度は13.5g／cm³と高く，非常に重い液体のため，気圧計や血圧計など圧力を測定する機器に用いられるほか，熱膨張率が安定していることから温度計にも用いられる。このほか顔料や蛍光灯などに用いられてきたが，水銀は毒性が高く，環境破壊の原因になるため，代替品を使用することなどにより水銀の使用量は減少している。

D **Pb** 鉛に関する記述である。鉛は融点が328℃と金属としては水銀の−39℃，スズ（Sn）の232℃についで低い。スズと鉛の合金であるはんだは融点が183℃と低く，電気部品に用いられる。そのほか，鉛ガラスの原料や銃弾，おもりなどに用いられるが，産業に用いられている鉛のうち8〜9割が蓄電池の電極に利用されている。鉛の毒性は腹痛，嘔吐，下痢，感覚異常な

どさまざまな中毒症状のほか，免疫系の抑制や腎臓への影響なども引き起こす。

E　**Fe**　鉄に関する記述である。強磁性体の金属は鉄のほか，ニッケル Ni，コバルト Co が挙げられる。鉱石は赤鉄鉱 Fe_2O_3 や磁鉄鉱 Fe_3O_4 など，鉄と酸素がさまざまな比率で結合した酸化鉄であり，コークス C やそこから発生する一酸化炭素 CO により，順次還元されて鉄になる。産業上非常に重要な金属であり，建材のほか機械類，刃物，工具類，顔料などさまざまな場面で利用されている。

よって，正解は肢2である。

正答 **2**

memo

第2章 SECTION 4 化学 無機化学

実践　問題 102　基本レベル

頻出度	地上 ★★★	国家一般職 ★★★	東京都 ★★★	特別区 ★★
	裁判所職員 ★★	国税・財務・労基 ★★★	国家総合職 ★★★	

問　金属に関する記述として最も妥当なのはどれか。　（国家総合職2018）

1：ナトリウムは，銀白色で，やわらかく，イオン化傾向の最も大きい金属であり，天然には，炭酸ナトリウムなどの化合物の形で存在している。炭酸ナトリウムは，加熱すると分解して二酸化炭素を生じるため，ベーキングパウダーなどの膨張剤や胃薬として利用されているが，空気中の水蒸気を吸収して溶解する性質を持つため，乾燥した場所に保存する必要がある。

2：アルミニウムは，銀白色の軽い金属で，常温の水と反応して水素を生じるが，塩酸とは，不動態となり反応しない。工業的には，鉱石のボーキサイトを，融解した氷晶石に溶かし，生じた沈殿物から単体を得ている。アルミニウムと鉛との合金はジュラルミンと呼ばれ，密度が高く，極めてかたいことから，航空機材料などに用いられている。

3：カルシウムは，銀白色の軽く，やわらかい金属で，天然には単体として存在しないが，イオン化傾向が水素より小さいため，工業的には，水酸化カルシウム水溶液をイオン交換膜法で電気分解して得ている。水酸化カルシウムはセッコウとも呼ばれ，空気中の水蒸気を吸収し，炭酸カルシウムを生じて固まることから，塑像などに用いられている。

4：鉄は，金属元素のうちで地殻中に最も多く含まれる。天然には酸化物として存在するように，単体は酸化しやすいため，表面を他の金属の薄膜で覆うめっきが施されることが多い。鉄をスズでめっきしたブリキは，めっきに傷が付いて内部の鉄が露出しても，スズが先に酸化され，鉄がさびにくいことから，屋外の建材に利用されている。

5：銅は，赤みを帯びた金属光沢を示し，電気や熱の良導体である。天然には単体として産出されることもあるが，工業的には，鉱石から得られた粗銅を電解精錬して純度の高い銅を得ている。やわらかく，加工しやすいため，電線の材料として用いられているほか，亜鉛との合金は黄銅，ニッケルとの合金は白銅と呼ばれ，硬貨などに用いられている。

OUTPUT

チェック欄		
1回目	2回目	3回目

実践 ▶ 問題 **102** の解説

〈金属元素の性質〉

第2章 化学

1 ✕ ナトリウムは，銀白色で，やわらかく，イオン化傾向が大きいことは正しいが，ナトリウムよりイオン化傾向の大きい金属として，リチウム，カリウム，カルシウムがある。加熱すると分解して二酸化炭素を生じ，ベーキングパウダーなどの膨張剤や胃薬として利用されているのは，炭酸水素ナトリウム $NaHCO_3$ である。

$$2\,NaHCO_3 \rightarrow Na_2CO_3 + H_2O + CO_2$$

また，空気中の水蒸気を吸収して溶解する性質（潮解）をもち，乾燥した場所に保存する必要があるのは，水酸化ナトリウム $NaOH$ である。

2 ✕ アルミニウムは，高温の水蒸気と反応して水素を生じるが，常温の水とは反応しない。アルミニウム，鉄などを入れると，表面にち密な酸化被膜が形成され，不動態となり反応しないのは，塩酸ではなく，濃硝酸である。工業的には，アルミニウムの単体は，鉱石のボーキサイトを酸化アルミニウム Al_2O_3 にしてから，融点降下剤として氷晶石を加えて融解し，溶融塩電解（融解塩電解）することにより得られる。ジュラルミンは，アルミニウムと少量の銅，マグネシウム，マンガンとの合金であり，軽量で強度が高く，航空機材料などに用いられている。

3 ✕ カルシウムは，銀白色の軽く，やわらかい金属で，非常に反応しやすい金属元素であるから，カルシウム単体として自然界に存在できず，すべて他の元素との化合物として存在している。カルシウムはイオン化傾向の大きな金属であり，常温ですみやかに酸化されたり，水と反応して，水酸化カルシウム $Ca(OH)_2$ と水素を生じる。工業的には，塩化カルシウム $CaCl_2$ の溶融塩電解（融解塩電解）によって得られる。硫酸カルシウム $CaSO_4$ は，セッコウ $CaSO_4 \cdot 2\,H_2O$ として天然に産出する。これを約140℃に加熱すると，焼きセッコウ $CaSO_4 \cdot \frac{1}{2} H_2O$ となり，焼きセッコウを水で練ると，発熱しながら膨張し，再びセッコウとなって固まるため，塑像，建築材料，医療用ギプスなどに用いられている。

4 ✕ 地殻を構成する元素で最も多いのは酸素であり，次いで，ケイ素，アルミニウム，鉄の順であるから，金属元素のうちで地殻中に最も多く含まれるのはアルミニウムである。鉄は，地球上の岩石中に，酸化物，硫化物として多量に含まれている。

LEC東京リーガルマインド　2022-2023年合格目標 公務員試験 本気で合格！過去問解きまくり！ 283
⑦自然科学Ⅰ

鉄をスズでめっきしたブリキでは、スズは鉄よりもイオン化傾向が小さいため、ブリキは鉄板だけのときよりもさびにくい。しかし、傷がついて内部の鉄が露出すると、鉄のほうがイオン化傾向が大きいため、さびやすくなってしまうことから、バケツなどに利用されている。一方、鉄を亜鉛でめっきしたトタンでは、亜鉛は鉄よりもイオン化傾向が大きいが、亜鉛は酸化被膜をつくるため、トタンは鉄板だけのときよりもさびにくい。また、傷がついて内部の鉄が露出しても、亜鉛のほうがイオン化傾向が大きいため、先に酸化されるため、鉄板だけのときよりもさびにくいことから、屋外の建材に利用されている。

5 ◯ 記述のとおりである。銅は、**赤みを帯びた金属光沢を示し、展性・延性に富み、銀に次いで、電気や熱をよく伝えるため**、電線などに用いられる。単体は天然にも存在するが、主に黄銅鉱から得られる。黄銅鉱を、溶鉱炉や転炉で空気を吹き込みながら加熱すると、純度が99％程度の粗銅が得られ、電解精錬によって純度99.99％以上の純銅を得ている。銅は合金としても広く用いられ、亜鉛との合金である黄銅（しんちゅう）は楽器や5円硬貨など、ニッケルとの合金である白銅は100円硬貨や50円硬貨など、スズとの合金である青銅（ブロンズ）は銅像や釣り鐘などに用いられている。

正答 5

memo

第2章 化学

SECTION 4 無機化学

実践 問題 103 基本レベル

問 次の記述はそれぞれ，アルミニウム，バリウム，カルシウム，リチウム，チタンのいずれかの金属に関するものである。記述と金属名を正しく組み合わせているものはどれか。 (地上2019)

1：この金属の炭酸塩は石灰石や大理石などの主成分であり，セメントの材料などとして多量に利用される。 ――アルミニウム

2：この金属の化合物を正極に使用した蓄電池は，携帯電話や電気自動車などに広く利用される。 ――バリウム

3：ルビーやサファイアはこの金属の酸化物の結晶である。また，ミョウバンはこの金属の硫酸塩を含む化合物であり，染色や食品添加物に利用される。 ――カルシウム

4：この金属の硫酸塩は，X線をよく吸収して透過しにくくすることから，消化管のX線撮影の造影剤に利用される。 ――リチウム

5：この金属の酸化物は光触媒としての性質をもち，光を当てると油汚れなどを分解するため，ビルの外壁などに利用される。 ――チタン

OUTPUT

実践 ▶ 問題 **103** の解説

チェック欄		
1回目	2回目	3回目

〈非金属元素・金属元素の性質〉

1 × カルシウム Ca についての記述である。カルシウムの炭酸塩である炭酸カルシウム $CaCO_3$ は，石灰石や大理石，卵の殻，貝殻の主成分であり，セメントやガラスの材料となるほか，歯みがき粉や顔料，チョークなどにも用いられている。セメントに砂と砂利を混合し，水を加えて練ると，熱を発生しながら固化し，コンクリートとなる。生コンクリートは放置すると固化することから，常に動かしておく必要がある。

2 × リチウム Li についての記述である。リチウムイオン電池は，充電ができる二次電池で，小さくて軽いが，高い電圧が得られるため，スマートフォン，ノートパソコンなどに用いられ，電子機器の小型化に貢献した。また，電気自動車の電源などに用いられている。2019年10月，リチウムイオン電池の発明者として，吉野彰ら3人がノーベル化学賞を受賞した。なお，リチウム電池は，充電ができない一次電池で，小型で高電圧，大電流が得られ，寿命が長く，腕時計，電卓，炊飯器，火災報知機などに用いられている。

3 × アルミニウム Al についての記述である。ルビーはクロムのイオン，サファイアは鉄やチタンのイオンが微量に含まれている酸化アルミニウム Al_2O_3 の結晶(コランダム)である。酸化アルミニウムは，両性酸化物で，酸とも塩基とも反応する。酸化アルミニウムは，アルミナともよばれ，融点が高い。粉末は白色で，硬度が高いため，研磨剤として用いられている。また，ミョウバンは，硫酸カリウム K_2SO_4 と硫酸アルミニウム $Al_2(SO_4)_3$ の混合水溶液を濃縮して得られる結晶であり，2種類以上の塩が結合している複塩である。

4 × バリウム Ba についての記述である。バリウムの硫酸塩である硫酸バリウム $BaSO_4$ は，水に溶けず，酸と反応せず，X線を吸収することから胃や腸などのX線撮影の造影剤に用いられている。

5 ○ 記述のとおりである。チタン Ti は軽くて丈夫な金属であり，チタンの単体は耐食性にすぐれているため，メガネや自転車のフレームに利用されたり，生体との適合性もあることから，人工関節などにも用いられている。チタンの酸化物である酸化チタン(Ⅳ) TiO_2 は，紫外線を吸収するため，日焼け止めに使われている。光が当たると触媒としてはたらく物質を光触媒といい，酸化チタン(Ⅳ)が代表的なものであり，光エネルギーを吸収して，活性化することで強い酸化力を示すことから，空気清浄機，脱臭フィルター，浄水器などに用いられている。

正答 5

第2章 化学

SECTION ④ 化学 無機化学

実践 問題 104 応用レベル

問 表は，元素周期表の一部を表したものであるが，ア〜オに該当する元素についての説明として最も妥当なのはどれか。　　　　　　　　　　　（国Ⅰ2010）

	13族	14族	15族	16族	17族	18族
						He
	B	C	N	O	F	Ne
	ア	イ	ウ	エ	オ	Ar
	Ga	Ge	As	Se	Br	Kr

1：アの元素の単体は，常温で水と反応し，水酸化物となり強塩基性を示す。この元素の炭酸塩は，石灰石，大理石等として広く存在し，また，硫酸塩は，建築材料，塑像，医療ギプス等に用いられる。

2：イの元素の単体は天然には存在せず，その酸化物は，自然界においては主に石英として存在し，その透明な結晶を水晶という。単体の高純度の結晶は，半導体としてコンピュータ部品や太陽電池等に用いられる。

3：ウの元素の単体は，火山地帯で産出するほか，重油の脱硫工程において副産物として大量に得られる。化合物の中では硫酸の生産量が最も多く，また，この元素の酸化物は酸性雨の原因物質の一つである。

4：エの元素の単体は天然には存在しないが，構造も性質も異なる複数の同素体がある。この化合物には生体内のエネルギー代謝，核酸代謝に重要なはたらきをもつものがあり，また，農薬，マッチ，花火等の工業原料として重要である。

5：オの元素の単体は，光沢がある黒紫色の結晶で昇華性がある。この元素は，デンプンの検出に用いられるとともに，甲状腺ホルモンに含まれ，栄養学上欠くことができない。

OUTPUT

実践 問題 **104** の解説

チェック欄
1回目	2回目	3回目

〈非金属元素・金属元素の性質〉

1 × アの元素は第3周期，13族であるからアルミニウムとなる。一方，肢1で述べられている元素はカルシウムであるため誤りである。カルシウムの炭酸塩は炭酸カルシウム $CaCO_3$ のことで，石灰石，大理石，方解石，貝殻，サンゴなどの主成分である。また，硫酸塩は硫酸カルシウム $CaSO_4$ のことである。

2 ○ イの元素は第3周期，14族であるからケイ素となる。一方，肢2で述べられている元素もケイ素のことであるため正しい。**半導体の原料として利用されているのは純粋なケイ素とゲルマニウム**である。天然に存在しているケイ素の酸化物は二酸化ケイ素 SiO_2 のことで，石英，水晶，けい砂などとして産出している。これらの結晶は，**二酸化ケイ素の正四面体構造が立体的に繰り返された共有結合の結晶**である。

3 × ウの元素は第3周期，15族であるからリンとなる。一方，肢3で述べられている元素は硫黄であるため誤りである。重油とは，原油の常圧蒸留によって塔底から得られる残油のことである。成分は炭化水素を中心として，0.1％から4％程度の硫黄分および微量の無機化合物が含まれている。この重油中の硫黄分は大気汚染の原因となるから，直接または間接脱硫によって硫黄分を低減して利用している。

4 × エの元素は第3周期，16族であるから硫黄となる。一方，肢4で述べられている元素はリンであるため誤りである。**リンの同素体として有名なのは黄リンと赤リン**である。黄リンは淡黄色で猛毒であり，空気中で自然発火するため水中に保存する。一方，赤リンは，暗赤色で，加熱すると昇華する。代謝では，エネルギーは ATP（アデノシン三リン酸）で運ばれる。

5 × オの元素は第3周期，17族であるから塩素となる。一方，肢5で述べられている元素はヨウ素であるため誤りである。ヨウ素は，水にはあまり溶けないが，有機溶媒にはよく溶ける。ヨウ素をアルコールに溶かしたものがヨードチンキである。甲状腺ホルモンとはチロキシンのことで，ヨウ素を含むアミノ酸の一種で，代謝を促進するとともに，両生類の変態を促進する。

正答 2

第2章 5 化学
SECTION 有機化学・その他

必修問題 セクションテーマを代表する問題に挑戦！

有機化学は，出題する試験種とあまり出題しない試験種があります。傾向を見極めて学習しましょう。

問 有機化合物に関する記述A〜Dのうち，妥当なもののみをすべて挙げているのはどれか。 （国税・労基2005）

A：鎖状の炭化水素の水素原子がヒドロキシ基 − OH に置き換わった化合物をアルコールという。その一つであるエタノールは無色の液体で，デンプンを発酵させると生成される。

B：アルデヒド基 − CHO を持つ化合物をアルデヒドという。その一つであるホルムアルデヒドは刺激臭を持つ無色の気体であり，その水溶液はホルマリンと呼ばれ，生物標本に使われる。

C：カルボキシ基 − COOH を持つ化合物をケトンという。その一つである酢酸は刺激臭を持つ黄色の液体で，一般に食酢には酢酸が10％程度含まれている。

D：ベンゼン環を持つ化合物を脂肪族炭化水素という。その一つであるナフタレンは農薬や防虫剤に用いられているが，水によく溶けるため，水質汚染などの環境問題を引き起こしている。

1：A，B
2：A，C
3：A，D
4：B，C
5：B，D

頻出度	地上★★　　国家一般職★★　　東京都★★　　特別区★★★
	裁判所職員★★★　国税・財務・労基★★★　国家総合職★★★

必修問題の解説

チェック欄		
1回目	2回目	3回目

〈有機化合物〉

A ○ 記述のとおりである。鎖状の炭化水素の水素原子がヒドロキシ基－OH に置き換わった化合物をアルコールという。アルコールにはメタノール，エタノールなどがある。エタノールは，デンプンの発酵によってつくられ，酒類などの飲用，殺菌・消毒，燃料用などに用いられている。

B ○ 記述のとおりである。アルデヒド基－CHO をもつ化合物をアルデヒドという。アルデヒドは，アルコールを酸化すると生成される。アルデヒドの代表的なものとして，無色の刺激臭をもつ気体であるホルムアルデヒドがあり，この水溶液はホルマリンとよばれ，生物標本などに用いられている。

C × カルボキシ基－COOH をもつ化合物はケトンではなく，カルボン酸という。カルボン酸の1つである酢酸は無色透明の液体であり，一般に食酢には酢酸が3～4％含まれているという点でも誤っている。

D × ベンゼン環をもつ化合物は脂肪族炭化水素ではなく，芳香族炭化水素という。その1つであるナフタレンは防虫剤などに用いられているが，水には溶けにくい（水1Lあたり溶解量は約30mg）という点でも誤っている。

以上より，妥当なものはA，Bとなる。

よって，正解は肢1である。

【参考】

有機化合物の性質は，その化合物中の原子団の性質によって決まる。この特有の性質をもっている原子団を官能基という。同じ官能基をもつ化合物どうしは，共通した化学的性質を示し，同族体とよばれる。

官能基	同族体の名称	例	性質
ヒドロキシ基　－OH	アルコール	メタノール，エタノール	中性
アルデヒド基　－CHO	アルデヒド	ホルムアルデヒド（ホルマリン）	還元性
カルボキシ基　－COOH	カルボン酸	酢酸	酸性

正答 **1**

第2章 SECTION 5 化学
有機化学・その他

1 有機化合物の分類

(1) 有機化合物

炭素を含む化合物を有機化合物といいます。もっとも，炭素の化合物のうち，CO_2などの酸化物や$CaCO_3$のような金属を含んだ炭酸塩などは，慣例上，無機化合物として扱われています。なお，「有機」とは「生き物の」という意味です。これは，かつては有機化合物が生命体でしか生成できないと考えられていたことに由来します。

(2) 有機化合物の分類

① 炭素骨格による分類

炭素原子と水素原子だけからなる化合物を炭化水素といいます。炭化水素は，すべての有機化合物の骨格となります。この骨格の形によって，炭化水素は鎖式炭化水素（脂肪族炭化水素ともいいます）と環式炭化水素とに分類されます。この分類の中で，さらに，炭素原子どうしが単結合で結合している飽和炭化水素と，二重結合・三重結合（これらを不飽和結合といいます）を含む不飽和炭化水素とに分類されます。

分類		一般名	炭素間結合	例
鎖式炭化水素	飽和	アルカン（メタン系）	単結合	メタン CH_4，エタン CH_3-CH_3
	不飽和	アルケン（エチレン系）	二重結合1個	エチレン $CH_2=CH_2$
		アルキン（アセチレン系）	三重結合1個	アセチレン $CH \equiv CH$
環式炭化水素	飽和	シクロアルカン	単結合	シクロヘキサン C_6H_{12}
	不飽和	シクロアルケン	二重結合1個	シクロヘキセン
		芳香族炭化水素	ベンゼン環	ベンゼン

② 官能基による分類

有機化合物の性質は，その化合物中の原子団の性質によって決まります。この特有の性質をもっている原子団を官能基といいます。同じ官能基をもつ化合物どうしは，共通した化学的性質を示し，同族体とよばれます。

INPUT

官能基	同族体の名称	例	性質
ヒドロキシ基 　−OH	アルコール	メタノール，エタノール	中性
アルデヒド基 　−CHO	アルデヒド	ホルムアルデヒド(ホルマリン)	還元性
カルボキシ基 　−COOH	カルボン酸	酢酸	酸性

第2章 化学

(3) アルコール

① メタンやエタンのような脂肪族炭化水素の水素原子を，ヒドロキシ基−OHに置換した構造の化合物を，アルコールといいます。ヒドロキシ基が結合している炭素原子に他の炭素原子が何個結合しているかによって，第一級アルコール(0または1個)，第二級アルコール(2個)，第三級アルコール(3個)に分類されます。

② 性質

置換反応	金属ナトリウムと反応し，水素を発生する。
酸化反応	・メタノール 　$\xrightarrow{\text{酸化}}$　 ホルムアルデヒド 　$\xrightarrow{\text{酸化}}$　 ギ酸 ・エタノール 　$\xrightarrow{\text{酸化}}$　 アセトアルデヒド 　$\xrightarrow{\text{酸化}}$　 酢酸
脱水反応	ジエチルエーテル 　$\xleftarrow{①}$　 エタノール 　$\xrightarrow{②}$　 エチレン ①：濃硫酸を加えて130〜140℃に加熱した場合 ②：濃硫酸を加えて160〜170℃に加熱した場合

(4) アルデヒド

① アルデヒド基−CHOをもつ化合物をアルデヒドといいます。主なものにホルムアルデヒドとアセトアルデヒドがあります。

アセトアルデヒド (CH_3CHO)	特有の刺激臭のある液体。水によく溶ける。工業的には触媒を用いてエチレンを酸化させてつくる。
ホルムアルデヒド ($HCHO$)	無色で刺激臭のある気体で水によく溶ける。37%以上の水溶液はホルマリンとよばれ，防腐剤・合成樹脂・接着剤の原料となる。また，シックハウス症候群の原因物質の1つとされる。

② 性質

アルデヒドには，酸化されてカルボン酸になりやすい性質があります。逆にいえば，相手物質を還元する性質があるということです。この還元性によって，次の反

LEC東京リーガルマインド 2022-2023年合格目標 公務員試験 本気で合格！過去問解きまくり！ 293
⑦自然科学Ⅰ

S ECTION 5 化学
第2章
有機化学・その他

応を示します。これらはアルデヒドの検出反応として知られています。

銀鏡反応	アンモニア性硝酸銀水溶液$[Ag(NH_3)_2]OH$にアルデヒドを少量加えて温めると，銀イオンが還元されて（電子を得て）銀が析出する反応。鏡の製造にも利用されている。
フェーリング反応	フェーリング溶液にアルデヒドを加えて熱すると，フェーリング溶液中の硫酸銅が還元されて，赤色の酸化銅(I)Cu_2Oが沈殿する反応。

(5) ケトン

ケトン基$-CO-$をもつ化合物をケトンといいます。ケトンは還元性がないため，銀鏡反応やフェーリング反応は示しません。代表的なケトンはアセトンで，有機溶媒として利用されます。アセトンにヨウ素と水酸化ナトリウムまたは炭酸ナトリウム水溶液を加えて温めると，ヨードホルムCHI_3の黄色い結晶が生成されます。これをヨードホルム反応といい，アセトンの検出反応として知られています。なお，エタノール，アセトアルデヒドなどもヨードホルム反応を示します。

(6) エーテル

酸素原子に2個の炭化水素が結合した化合物$R-O-R'$をエーテルといいます。

代表的なエーテルであるジエチルエーテルは，無色で揮発性・引火性のある液体で，水に少ししか溶けません。ジエチルエーテルは，油脂を抽出するときの溶媒として用いられます。

(7) カルボン酸

カルボキシ基$-COOH$をもつ化合物をカルボン酸といいます。分子中にカルボキシ基を1つしかもたない鎖状のカルボン酸を脂肪酸といい，炭素数の少ないものを低級脂肪酸，多いものを高級脂肪酸とよびます。また，単結合のみで結合しているものを飽和脂肪酸，二重結合や三重結合を含むものを不飽和脂肪酸といいます。

ギ酸	無色で刺激臭のある液体で，他のカルボン酸より酸性が強く，腐食性があり皮膚を侵す。還元性があるため，銀鏡反応を示す。
酢酸	無色の刺激臭のある液体で，食酢中に含まれる。

(8) 油脂

脂肪酸とグリセリン（第三級アルコール）のエステル（アルコールとカルボン酸が結合したものをエステルといいます）を油脂といいます。

INPUT

　油脂のうち，牛脂や豚脂(ラード)などのように常温で固体のものを脂肪，大豆油やオリーブ油のように常温で液体のものを脂肪油といいます。脂肪には炭素数の多い飽和脂肪酸が多く含まれ，脂肪油には炭素数の少ない脂肪酸や炭素数の多い不飽和脂肪酸が多く含まれています。

①　性質

　油脂は，水には溶けにくいですが，ベンゼンやエーテルなどの有機溶媒には溶けます。

②　硬化

　脂肪油にニッケルを触媒として高温で水素を付加させると，常温で固体となります。このようして得られた油脂を硬化油といい，セッケンやマーガリンの原料となります。

③　けん化

　油脂に水酸化ナトリウム水溶液を加えて加熱すると，加水分解(けん化)されてグリセリンと脂肪酸ナトリウム(セッケン)になります。

　なお，セッケンの性質として主なものは以下のとおりです。
・　水溶液は一部が加水分解して塩基性を示します。
・　水溶液中では，親水基(水になじみやすい部分)を外側(水のある側)に，疎水基(油になじみやすい部分)を内側にした球形(ミセル)になります。
・　ミセルの中に油汚れを包みこむことによって，洗浄作用を行います。
・　Mg^{2+}，Ca^{2+}を多く含む水(硬水)でセッケンを使用すると，水に溶けにくいマグネシウム塩やカルシウム塩(金属セッケン)が沈殿し，洗浄作用が低下します。

2　高分子化合物

①　一般に，分子量が1万を超えるような物質を高分子化合物といいます。高分子化合物には，炭素原子が中心になって多数結びついてできた有機高分子化合物と，ケイ素原子と酸素原子などが多数結びついてできた無機高分子化合物とがあります。また，高分子化合物のうち，自然界から得られたものを天然高分子化合物，人工的に合成されたものを合成高分子化合物といいます。

SECTION ⑤ 化学
有機化学・その他

	天然高分子化合物	合成高分子化合物
有機高分子化合物	デンプン，セルロース，タンパク質，天然ゴム	ナイロン，ポリエステル，ポリエチレン，ポリ塩化ビニル
無機高分子化合物	石英，雲母，アスベスト，長石	シリコーン樹脂，ケイ素，ガラス

② タンパク質

　多数のアミノ酸がペプチド結合してできた分子量１万以上の高分子化合物を，タンパク質といいます。

ビウレット反応	タンパク質水溶液に水酸化ナトリウムと硫酸銅(Ⅱ)水溶液を加えると赤紫色になる。
キサントプロテイン反応	タンパク質水溶液に濃硝酸を加えて熱すると黄色沈殿を生じ，冷却後，アンモニア水を加えて塩基性にすると橙色に変化する。
タンパク質の変性	タンパク質水溶液を加熱したり，強酸，アルコール，重金属イオン溶液を加えると，凝固して元に戻らなくなる。

③ 環境化学

	内容	原因物質
オゾン層の破壊	有害な紫外線を吸収して地球上の生物を保護しているオゾン層のオゾン濃度が減少すること。	フロン
酸性雨	普通の雨(pH5.6)よりも酸性が強い雨。森林，農作物，湖沼の魚類などに被害が生じる。	SO_x，NO_x など
地球温暖化	平均気温が地球規模で上昇する現象。進行すると，氷河などが融解し，地球規模で海水面が上昇し，生態系に影響が出るとされている。	CO_2，メタン，フロンなど
水質汚染	富栄養化によりプランクトンが増えると，プランクトンが魚のえらをふさいで呼吸をさまたげたり等，漁業に被害をもたらす。	窒素やリンなどの化合物（無機塩類）
人体への影響	発がん性，催奇形性，生殖障害など	ダイオキシン
	肝障害，胎児への障害	PCB
	四肢の感覚障害，運動失調など	有機水銀
	アスベスト肺，悪性中皮腫，肺がん	アスベスト

memo

第2章 化学

SECTION 5 有機化学・その他

実践 問題 105 基本レベル

[問] 有機化合物の特徴についての説明として正しいのは，次のうちどれか。

(地上1994)

1：一般に分子からなり，融点・沸点の高いものが多い。また，高温でも分解しにくく，燃えにくい。
2：一般に水には溶けやすいが，アルコール，エーテルなどの有機溶媒には溶けにくい。
3：化合物の種類は無機化合物に比べ多く，炭素原子の共有結合が基本的な構造をつくる。
4：化合物の種類が多いのと同様に，構成元素もNを主成分としてH，O，Sなど，その種類も無機化合物に比べ非常に多い。
5：ブタンとイソブタンのように原子の結びつきが同じで，分子式と性質が異なる異性体の存在する化合物は少ない。

OUTPUT

実践 問題 **105** の解説

チェック欄		
1回目	2回目	3回目

〈有機化合物〉

1× 有機化合物の融点・沸点は一般に低いことが多い。完全燃焼すると二酸化炭素と水が生成される。

2× 低分子のアルコールやアルデヒドなどのように水によく溶けるものもあるが，有機化合物は一般に水に溶けにくいものが多い。一方，アルコール，エーテルなどの有機溶媒には溶けやすいものが多い。

3○ 記述のとおりである。有機化合物の種類が多いのは，炭素原子間の共有結合が基本となって枝分かれや多重結合などをするためである。

4× 有機化合物の種類は多いが，構成している元素は，炭素Cを中心として，水素H，窒素N，酸O，硫黄S，リンPなどわずかである。一方，無機化合物の構成元素は一般にすべての元素である。

5× 分子式が同じで性質・構造が異なる化合物どうしを**異性体**といい，構造異性体と立体異性体に分類される。炭素数が増えれば枝分かれのパターンが多くなるため，異性体の数は多くなる。

【参考】

有機化合物と無機化合物の性質には，次のような違いがある。

	有機化合物	無機化合物
化学結合	共有結合による分子からなる。そのため，非電解質が多い。	イオン結合による塩からなる。そのため電解質が多い。
融点	一般に，融点は低い（300℃以下）。	一般に，融点は高い（300℃以上）。
水溶性	一般に，水に溶けにくく，有機溶媒（ベンゼン，エーテルなど）に溶けやすい（例外はエタノール，酢酸など）。	水に溶けやすく，有機溶媒に溶けにくいものが多い。
燃焼	可燃性のものが多い。空気中で燃えると，水と二酸化炭素が生じる。	不燃性のものが多い。

第2章 化学

正答 3

S ECTION ⑤ 第2章 化学 有機化学・その他

実践 問題 106 基本レベル

頻出度	地上★★ 国家一般職★★ 東京都★★ 特別区★★★ 裁判所職員★★★ 国税・財務・労基★★★ 国家総合職★★★

問 次の文は，有機化合物の分類に関する記述であるが，文中の空所A〜Dに該当する語の組合せとして，妥当なのはどれか。　　　　　　　（特別区2009）

　最も基本的な有機化合物は，炭素と水素からなる炭化水素であり，炭素原子の結合のしかたによって分類される。

　炭素原子が鎖状に結合しているものを鎖式炭化水素，環状に結合した部分を含むものを環式炭化水素といい，環式炭化水素はベンゼン環をもつ　A　炭化水素とそれ以外の　B　炭化水素に分けられる。また，炭素原子間の結合がすべて単結合のものを　C　炭化水素，二重結合や三重結合を含むものを　D　炭化水素という。

	A	B	C	D
1：	芳香族	脂環式	飽和	不飽和
2：	芳香族	脂環式	不飽和	飽和
3：	脂環式	芳香族	飽和	不飽和
4：	脂環式	芳香族	不飽和	飽和
5：	脂環式	脂肪族	飽和	不飽和

OUTPUT

チェック欄		
1回目	2回目	3回目

実践 問題 **106** の解説

〈炭化水素〉

第2章 化学

炭化水素を分類すると，次のようになる。

分類		一般名	炭素間結合	例
鎖式炭化水素	飽和	アルカン	単結合	メタン CH_4 エタン CH_3-CH_3
	不飽和	アルケン	二重結合1個	エチレン $CH_2=CH_2$
		アルキン	三重結合1個	アセチレン $CH\equiv CH$
環式炭化水素	飽和	脂環式炭化水素	単結合	シクロヘキサン C_6H_{12}
	不飽和		二重結合1個	シクロヘキセン
		芳香族炭化水素	ベンゼン環	ベンゼン

　Aは，環式炭化水素でベンゼン環をもつのであるから，芳香族炭化水素が入る。Bは，それ以外の環式炭化水素であるため，脂環式炭化水素が入る。Cは単結合であるから飽和炭化水素が入り，Dは二重結合，三重結合を含むものであるため不飽和炭化水素が入る。

　よって，正解は肢1である。

正答 **1**

LEC東京リーガルマインド　2022-2023年合格目標 公務員試験 本気で合格！過去問解きまくり！　301
⑦自然科学Ⅰ

第2章
SECTION ⑤ 化学
有機化学・その他

| 実践 | 問題 107 | 基本レベル |

| 頻出度 | 地上★★　　国家一般職★★　　東京都★★　　特別区★★★ |
| | 裁判所職員★★★　国税・財務・労基★★★　国家総合職★★★ |

問 アルコールに関する記述として，妥当なのはどれか。　　　　（特別区2020）

1：メタノールやエタノールのように，炭化水素の水素原子をヒドロキシ基で置換
　　した化合物をアルコールという。

2：アルコールにナトリウムを加えると，二酸化炭素が発生し，ナトリウムアルコ
　　キシドを生じる。

3：濃硫酸を160〜170℃に加熱しながらエタノールを加えると，分子内で脱水反応
　　が起こり，ジエチルエーテルが生じる。

4：グリセリンは，2価のアルコールで，自動車エンジンの冷却用不凍液，合成繊
　　維や合成樹脂の原料として用いられる。

5：エチレングリコールは，3価のアルコールで，医薬品や合成樹脂，爆薬の原料
　　として用いられる。

OUTPUT

チェック欄		
1回目	2回目	3回目

実践 ▶ 問題 **107** ▶ の解説 ─────────────

〈アルコール〉

1 ○ 記述のとおりである。**メタノール** CH_3OH は，メタン CH_4 の水素原子をヒドロキシ基 $-OH$ で置換したものであり，**エタノール** C_2H_5OH は，エタン C_2H_6 の水素原子をヒドロキシ基で置換したものである。

2 × アルコール $R-OH$ にナトリウム Na を加えると，水素 H_2 が発生し，**ナトリウムアルコキシド** $R-ONa$ を生じる。この反応は，分子中の $-OH$ の有無を調べるのに利用される。

$$2R-OH + 2Na \rightarrow 2R-ONa + H_2$$

3 × 濃硫酸を160〜170℃に加熱しながらエタノール C_2H_5OH を加えると，分子内で脱水反応が起こり，**エチレン** C_2H_4 が生じる。なお，130〜140℃に加熱すると，分子間で脱水反応が起こり，**ジエチルエーテル** $C_2H_5OC_2H_5$ が生じる。いずれの反応でも，濃硫酸は脱水剤としてはたらく。

4 × **グリセリン**は，3価のアルコールで，無毒であるから，医薬品，食品，化粧品の成分として，また合成樹脂，爆薬の原料として用いられる。なお，グリセリンと高級脂肪酸のエステルが油脂である。

5 × **エチレングリコール**は，2価のアルコールで，自動車エンジンの冷却用不凍液，合成繊維や合成樹脂の原料として用いられる。エチレングリコールとテレフタル酸を縮合重合させると，ポリエチレンテレフタラート(PET)が得られる。

第2章 化学

正答 **1**

第2章 SECTION 5 化学
有機化学・その他

実践 問題 108 基本レベル

問 有機化合物に関する記述として最も妥当なのはどれか。 （国家一般職2014）

1：炭素を含む化合物を有機化合物という。これには，二酸化炭素，炭酸カルシウムなどの低分子の化合物や陶器に利用されるセラミックスなどの高分子の化合物が含まれる。
2：エタノールは，水と任意の割合で混じり合う無色の液体で，化学式は C_2H_5OH である。ブドウ糖（グルコース）などのアルコール発酵によって生じる。
3：酢酸は，常温で無色の液体で，化学式は C_6H_6 である。食酢の主成分であり，純粋な酢酸は無水酢酸と呼ばれ，強酸性である。
4：尿素は，化学式は CH_3CHO で，生物体内にも含まれる有機化合物である。水や有機溶媒によく溶け，肥料や爆薬（ダイナマイト）の原料としても利用される。
5：メタンは，褐色で甘いにおいをもつ気体で，化学式は CH_4 である。塩化ビニルの原料となるほか，リンゴなどの果実の成熟促進剤にも用いられている。

直前復習

OUTPUT

実践 問題 **108** **の解説**

チェック欄		
1回目	2回目	3回目

〈有機化合物〉

1 ✗ 炭素を含む化合物を有機化合物という。これには，メタンやベンゼンなどの低分子の化合物や成型品に利用されるプラスチックなどの高分子の化合物が含まれる。ただし，二酸化炭素などの酸化物，炭酸カルシウムなどの金属を含む炭酸塩，シアン化カリウムなどのシアン化物，セラミックスなどに用いられる炭化ケイ素は含まれない。

2 ○ 記述のとおりである。エタノールは，水と任意の割合で混じり合う無色の液体で，化学式は C_2H_5OH である。ヒドロキシ基をもつアルコールであり，ブドウ糖（グルコース）などのアルコール発酵によって生じる。酒類に含まれている。

3 ✗ 酢酸は，刺激臭のある常温で無色の液体で，食酢の主成分である。カルボキシ基をもつカルボン酸であり，化学式は CH_3COOH である。無水酢酸とは，酢酸 2 分子から水 1 分子がとれた化合物であり，化学式は $(CH_3CO)_2O$ である。純粋な酢酸は，冬期には凍結するので氷酢酸とよばれる。一方，化学式が C_6H_6 であるのは芳香族化合物のベンゼンである。無色で甘いにおいをもつ液体で，化学工業において重要な物質である。

4 ✗ 尿素は，化学式は $CO(NH_2)_2$ で，生物体内にも含まれる有機化合物である。水にはよく溶けるが，有機溶媒にはあまり溶けない。肥料の原料となる。一方，化学式が CH_3CHO であるのはアセトアルデヒドである。人体内で酒類（エタノール）の酸化によって発生し，二日酔いの原因となる。また，爆薬（ダイナマイト）の原料はニトログリセリンである。

5 ✗ メタンは，無色で無臭の気体で，化学式は CH_4 である。化学工業の原料や都市ガスとして利用されている。一方，エチレンは，無色でわずかに甘いにおいをもつ気体で，化学式は C_2H_4 である。塩化ビニル（クロロエチレン）の原料となるほか，リンゴなどの果実の成熟促進剤にも用いられている。

正答 **2**

第2章 化学
SECTION ⑤ 有機化学・その他

実践 問題 **109** 〈 基本レベル 〉

頻出度	地上★★	国家一般職★★	東京都★★	特別区★★★
	裁判所職員★★★	国税・財務・労基★★★	国家総合職★★★	

問 次の文は，有機化合物に関する記述であるが，文中の空所A〜Dに該当する語の組合せとして，妥当なのはどれか。 （特別区2015）

　　　A　　　は，無色の液体で，水などと混じり合い，有機化合物を良く溶かし，酢酸カルシウムを熱分解して得られる。

　　　B　　　は，　　C　　のある液体で，二クロム酸カリウムの硫酸酸性溶液でエタノールを酸化すると得られ，工業的には触媒を用いて，　　　D　　　を酸化して製造する。

	A	B	C	D
1：	アセトアルデヒド	アセトン	芳香	エーテル
2：	アセトアルデヒド	メタノール	刺激臭	エチレン
3：	アセトン	アセトアルデヒド	刺激臭	エチレン
4：	アセトン	メタノール	芳香	エーテル
5：	メタノール	アセトアルデヒド	刺激臭	エーテル

306　LEC東京リーガルマインド　2022-2023年合格目標 公務員試験 本気で合格！過去問解きまくり！
⑦自然科学Ⅰ

OUTPUT

実践 問題 **109** の解説

〈ケトン・アルデヒド〉

アセトン CH_3COCH_3 は，無色で揮発性の液体(沸点56℃)である。アセトンは，極性のあるカルボニル基をもつため，水によく溶けるとともに，疎水性のメチル基をもつため，有機化合物をよく溶かし，有機溶媒として用いられる。

アセトンは，実験室では，酢酸カルシウムを熱分解して得られる。

$$(CH_3COO)_2Ca \rightarrow CH_3COCH_3 + CaCO_3$$

工業的には，プロピレン(プロペン)の直接酸化やクメンの酸化などによって，製造されている。

$$CH_3CH=CH_2 + O_2 \xrightarrow{PdCl_2,\ CuCl_2} CH_3COCH_3$$

アセトアルデヒド CH_3CHO は，無色で刺激臭のある液体(沸点20℃)である。実験室では，二クロム酸カリウム $K_2Cr_2O_7$ の硫酸酸性溶液でエタノール C_2H_5OH を酸化して得られる。なお，アセトアルデヒドがさらに酸化されると，酢酸 CH_3COOH となる。

$$CH_3CH_2OH \xrightarrow[-2H]{酸化} CH_3CHO \xrightarrow[+O]{酸化} CH_3COOH$$

エタノール　　　　アセトアルデヒド　　　　酢　酸

工業的には，塩化パラジウム(II) $PdCl_2$ と塩化銅(II) $CuCl_2$ を触媒として，エチレン(エテン)を酸化して製造する。

$$2\,CH_2=CH_2 + O_2 \xrightarrow{PdCl_2,\ CuCl_2} 2\,CH_3CHO$$

以上より，A：アセトン，B：アセトアルデヒド，C：刺激臭，D：エチレンとなる。よって，正解は肢3である。

【コメント】

アセトン，アセトアルデヒドともに，ヨードホルム反応を示す。ヨードホルム反応は，アセチル基$-CO-CH_3$をもつケトンやアルデヒドに，塩基性水溶液中でヨウ素を反応させると，特異臭をもつヨードホルム CHI_3 の黄色沈殿が生じる反応である。

正答 3

第2章 化学
SECTION ⑤ 有機化学・その他

実践 問題 110 基本レベル

頻出度	
地上★★ 国家一般職★★ 東京都★★ 特別区★★★	
裁判所職員★★★ 国税・財務・労基★★★ 国家総合職★★★	

問 食品に含まれる有機化合物に関する次の記述のア～エに当てはまるものの組合せとして妥当なのはどれか。 （国Ⅰ2004）

　「食酢に含まれている酢酸の構造式は　ア　であり，その官能基は　イ　と呼ばれる。酢酸は還元されると　ウ　になり，また，　ウ　は，デンプンなどの糖類を発酵させると生成する。

　　エ　は，酢酸と同じ官能基を持ち，　エ　及びそのナトリウム塩は，食品の保存料として使用されている。」

	ア	イ	ウ	エ
1 :	H-C-C-O-H（構造式）	ヒドロキシ基	ジエチルエーテル	安息香酸
2 :	H-C-C-O-H（構造式）	カルボキシ基	エタノール	フェノール
3 :	H-C-C（=O,O-H）（構造式）	カルボキシ基	エタノール	安息香酸
4 :	H-C-C（=O,O-H）（構造式）	ヒドロキシ基	エタノール	フェノール
5 :	H-C-C（=O,O-H）（構造式）	カルボキシ基	ジエチルエーテル	フェノール

308 **LEC**東京リーガルマインド　2022-2023年合格目標 公務員試験 本気で合格！過去問解きまくり！
⑦自然科学Ⅰ

OUTPUT

実践 ▶ 問題 **110** ▶ の解説 ─────────

チェック欄		
1回目	2回目	3回目

〈カルボン酸〉

　酢酸の化学式はCH_3COOH(ア)であり，官能基として<u>カルボキシ基</u>(イ)―COOH をもつ。カルボン酸の一種である酢酸を還元すると，アルコールの一種である<u>エタノール</u>(ウ)が生成する。また，<u>安息香酸</u>(エ)は酢酸と同様にカルボキシ基をもち，安息香酸とそのナトリウム塩である安息香酸ナトリウムは，食品の保存料として使われる。

　よって，正解は肢 3 である。

正答 **3**

S ECTION ⑤ 化学
第2章
有機化学・その他

| 実践 | 問題 **111** | 基本レベル |

| 頻出度 | 地上★★　　国家一般職★★　　東京都★★　　特別区★★★
裁判所職員★★★　国税·財務·労基★★★　国家総合職★★★ |

問 有機化合物に関する記述として最も妥当なのはどれか。　　（国家一般職2018）

1 ：アルコールとは，一般に，炭化水素の水素原子をヒドロキシ基（−OH）で置き換えた形の化合物の総称である。アルコールの一種であるエタノールは，酒類に含まれており，グルコースなどの糖類をアルコール発酵することによって得ることができる。

2 ：エーテルとは，1個の酸素原子に2個の炭化水素基が結合した形の化合物の総称であり，アルコールとカルボン酸が脱水縮合することによって生成する。エーテルの一種であるジエチルエーテルは，麻酔に用いられ，水に溶けやすく，有機化合物に混ぜると沈殿を生じる。

3 ：アルデヒドとは，カルボニル基（$>C=O$）の炭素原子に1個の水素原子が結合したアルデヒド基（−CHO）を持つ化合物の総称である。アルデヒドの一種であるホルムアルデヒドは，防腐剤などに用いられる無色無臭の気体で，酢酸を酸化することによって得ることができる。

4 ：ケトンとは，カルボニル基に2個の炭化水素基が結合した化合物の総称である。ケトンは，一般にアルデヒドを酸化することで得られる。ケトンの一種であるグリセリンは，常温では固体であり，洗剤などに用いられるが，硬水中では不溶性の塩を生じる。

5 ：カルボン酸とは，分子中にカルボキシ基（−COOH）を持つ化合物の総称である。カルボン酸は塩酸よりも強い酸であり，カルボン酸の塩に塩酸を加えると塩素が発生する。また，油脂に含まれる脂肪酸もカルボン酸の一種であり，リノール酸，乳酸などがある。

OUTPUT

チェック欄		
1回目	2回目	3回目

実践 問題 **111** の解説

〈有機化合物〉

1 ○ 記述のとおりである。**アルコール**とは，メタンやエタンのような炭化水素 R－H（R は炭化水素基）の水素原子を，ヒドロキシ基－OH に置き換えた形の化合物 R－OH の総称であり，**メタノール CH_3OH，エタノール C_2H_5OH** などがある。

エタノールはエチルアルコールともよばれる無色の液体で，水と任意の割合で溶け合い，多くの有機溶媒にも溶け，酒類にも含まれ，グルコースなどの糖やデンプンの発酵で得られる。グルコースから酵母菌に含まれるチマーゼとよばれる酵素の混合物の作用により，エタノールと二酸化炭素を生じる変化をアルコール発酵といい，酒類の醸造やパンの製造に利用されている。

2 × **エーテル**とは，1個の酸素原子に2個の炭化水素基が結合した化合物 R－O－R′ の総称であることは正しい。**ジメチルエーテル CH_3OCH_3** や**ジエチルエーテル $C_2H_5OC_2H_5$** は，アルコールの脱水縮合によって得られる。ジエチルエーテルは，無色，揮発性の液体で，引火性が強く，麻酔作用を示す。水には溶けにくく，多くの有機化合物を溶かすことができるため，有機溶媒として用いられる。

3 × **アルデヒド**とは，カルボニル基 $>C=O$ の炭素原子に1個の水素原子が結合したアルデヒド基 －CHO をもつ化合物 R－CHO の総称であることは正しい。**ホルムアルデヒド HCHO** は，無色，刺激臭の有毒な気体であり，メタノールを白金や銅の触媒を用いて空気中で酸化することによって得ることができる。ホルムアルデヒドがさらに酸化されると，**ギ酸 HCOOH** になる。ホルムアルデヒドは水に溶けやすく，ホルマリンとよばれる水溶液は，ホルムアルデヒドが約37％含まれており，動物標本の保存溶液，消毒薬，合成樹脂の原料などに用いられている。

4 × **ケトン**とは，カルボニル基に2個の炭化水素基 R が結合した化合物 R－CO－R′ の総称であることは正しい。ケトンは，一般に第二級アルコールを酸化することで得られる。ケトンの代表例は，**アセトン CH_3COCH_3** であり，無色，揮発性の液体で，水と任意の割合で溶け合い，また，有機化合物もよく溶かすため，溶媒として用いられる。

グリセリンは，3価アルコールであり，無色の液体で，水に溶けやすく，医薬，爆薬の原料として用いられる。なお，洗剤に用いられ，硬水（カルシ

S ECTION ⑤ 第2章 化学 有機化学・その他

ウムイオン Ca^{2+} やマグネシウムイオン Mg^{2+} を多く含む水)中では不溶性の塩を生じるのは，セッケンである。

5 ✕ **カルボン酸**とは，分子中にカルボキシ基 $-COOH$ をもつ化合物 **$R-COOH$** の総称であることは正しい。カルボン酸は，塩酸や硫酸よりも弱い酸であるが，炭酸よりは強い。

一般に，

  弱酸の塩＋強酸 → 弱酸＋強酸の塩

という反応が生じるため，カルボン酸の塩に塩酸を加えると，

  $RCOONa + HCl \rightarrow RCOOH + NaCl$

となり，発生するのは，塩素ではなく，塩化ナトリウム $NaCl$ である。

油脂は，高級脂肪酸とグリセリンのエステルである。脂肪酸とは，1価の鎖式カルボン酸のことであり，リノール酸は含まれるが，乳酸は，カルボキシ基とヒドロキシ基をもち，カルボン酸とアルコールの双方の性質をもつヒドロキシ酸に分類される。

正答 1

memo

第2章

化学

第2章 化学
SECTION ⑤ 有機化学・その他

| 実践 | 問題 112 | 基本レベル |

| 頻出度 | 地上★★　　国家一般職★★　　東京都★★　　特別区★★★ |
| | 裁判所職員★★★　国税・財務・労基★★★　国家総合職★★★ |

問 油脂に関する次の記述の⑦～㋜に当てはまる語句の組合せとして最も妥当なのはどれか。 (国税・労基2007)

「ゴマ油やバターの主成分である油脂は，　⑦　と脂肪酸によるエステルであり，ラード(豚脂)のように常温で固体の脂肪とゴマ油のように常温で液体の脂肪油に大別される。脂肪油にニッケルを触媒として水素を付加させると固化し，　㋑　となるが，これはマーガリンなどの原料として用いられる。

脂肪は，炭化水素基に二重結合をもたない　㋒　を多く含み，また，脂肪油は，炭化水素基に二重結合をもつ　㋓　を多く含む。例えば，リノール酸や魚油に多く含まれ神経系の発達を促すといわれているドコサヘキサエン酸(DHA)は　㋓　である。」

	⑦	㋑	㋒	㋓
1：	エチレングリコール	硬化油	飽和脂肪酸	不飽和脂肪酸
2：	エチレングリコール	乳化剤	不飽和脂肪酸	飽和脂肪酸
3：	グリセリン	硬化油	飽和脂肪酸	不飽和脂肪酸
4：	グリセリン	硬化油	不飽和脂肪酸	飽和脂肪酸
5：	グリセリン	乳化剤	不飽和脂肪酸	飽和脂肪酸

314　LEC東京リーガルマインド　2022-2023年合格目標 公務員試験 本気で合格！過去問解きまくり！
⑦自然科学Ⅰ

OUTPUT

実践 問題 **112** の解説 ————————————————

チェック欄		
1回目	2回目	3回目

〈油脂〉

　油脂とは，グリセリン㋐と脂肪酸とからできているエステルである。常温で固体の油脂を脂肪，液体の油脂を脂肪油（または油）という。また，脂肪酸部分の炭化水素が飽和しているか不飽和かによって，飽和油脂，不飽和油脂に分類される。

　液体の不飽和油脂にニッケルを触媒として水素を付加させると飽和油脂（硬化油㋑）となり，固体となる。これは，セッケンやマーガリンなどの原料となる。

　また，常温で固体の脂肪は飽和脂肪酸㋒のエステルの含量が多く，常温で液体の脂肪油は不飽和脂肪酸㋓のエステルの含量が多い。

　よって，正解は肢3である。

正答 **3**

S ECTION ⑤ 第2章 化学 有機化学・その他

実践 問題 113 基本レベル

頻出度	地上★	国家一般職★	東京都★	特別区★
	裁判所職員★	国税・財務・労基★		国家総合職★

問 糖類に関する記述として，妥当なのはどれか。 （特別区2021）

1：ガラクトースは，ガラクタンを加水分解すると得られる単糖である。

2：グルコースは，水溶液中では3種類の異性体が平衡状態で存在し，フェーリング液を還元する二糖である。

3：グリコーゲンは，動物デンプンともよばれる分子式$(C_6H_{12}O_6)_n$の多糖である。

4：セルロースは，還元性がなく，ヨウ素デンプン反応を示す多糖である。

5：マルトースは，デンプンを酵素マルターゼで加水分解すると生じる二糖である。

OUTPUT

実践 問題 **113** の解説

チェック欄		
1回目	2回目	3回目

〈糖類〉

1 ○ 記述のとおりである。ガラクトース $C_6H_{12}O_6$ は単糖であり，ガラクタンやラクトース(乳糖)の加水分解により得られる。ガラクタンは植物や海藻などに，ラクトースは牛乳などに含まれている。ガラクトースの水溶液は，還元性を示す。

2 ✕ グルコース(ブドウ糖) $C_6H_{12}O_6$ は単糖である。その他の記述は正しい。グルコースの水溶液中では，$α$ – グルコース，$β$ – グルコース，アルデヒド型グルコースの 3 種類の異性体が平衡状態で存在している。フェーリング液を還元するとともに，銀鏡反応も示す。

3 ✕ グリコーゲンは，グルコースのグリコシド結合によって精製される高分子化合物であるが，脱水縮合により重合が進行するため，その分子式はグルコース $C_6H_{12}O_6$ から水分子 1 個分が抜けることを考慮した $(C_6H_{10}O_5)_n$ の形式をとる。動物デンプンともよばれ，主に動物の肝臓や筋肉で合成され，蓄えられる。グリコーゲンは，体内の余剰のグルコースを蓄えておくための物質であり，必要に応じて加水分解され，グルコースを生じてエネルギー源となる。また，アミロペクチンよりも枝分かれが多い構造をもち，ヨウ素デンプン反応で赤褐色となる。

4 ✕ セルロース $(C_6H_{10}O_5)_n$ は $β$ – グルコースのグリコシド結合により得られる直鎖状の多糖である。末端に位置する 2 つの炭素原子のうちの 1 つは，水溶液中での平衡状態下でアルデヒド基を有するものの，分子の巨大さを反映して還元性をほとんど示さない。水や熱湯には溶けにくい。また，直鎖状のためヨウ素デンプン反応も示さない。なお，ヨウ素デンプン反応を示すのは，アミロースとアミロペクチンで構成され，らせん構造を有するデンプンである。

5 ✕ マルトース(麦芽糖) $C_{12}H_{22}O_{11}$ は，デンプンを酵素 $β$ – アミラーゼで加水分解すると得られる二糖である。マルトースは，希硫酸または酵素マルターゼで加水分解され，マルトース 1 分子から 2 分子のグルコースを生じる。なお，マルトースは，鎖状構造をとってアルデヒド基になることができるから，水溶液中で還元性を示す。

正答 **1**

第2章 化学

S ECTION ⑤ 化学
第2章
有機化学・その他

実践 問題 **114** 基本レベル

頻出度	地上★	国家一般職★	東京都★	特別区★
	裁判所職員★	国税・財務・労基★		国家総合職★

問 高分子化合物等に関する記述A～Dのうち，妥当なもののみを挙げているのはどれか。 (国家一般職2020)

A：生分解性高分子は，微生物や生体内の酵素によって，最終的には，水と二酸化炭素に分解される。生分解性高分子でつくられた外科手術用の縫合糸は，生体内で分解・吸収されるため抜糸の必要がない。

B：吸水性高分子は，立体網目状構造を持ち，水を吸収すると，網目の区間が広がり，また，電離したイオンによって浸透圧が大きくなり，更に多量の水を吸収することができる。この性質を利用して，吸水性高分子は紙おむつや土壌の保水剤などに用いられる。

C：テレフタル酸とエチレンの付加重合で得られるポリエチレンテレフタラート(PET)は，多数のエーテル結合を持つ。これを繊維状にしたものはアクリル繊維と呼ばれ，耐熱性，耐薬品性に優れ，航空機の複合材料や防弾チョッキなどに用いられる。

D：鎖状構造のグルコースは，分子内にヒドロキシ基を持つので，その水溶液は還元性を示す。また，蜂蜜や果実の中に含まれるフルクトースは，多糖であり，糖類の中で最も強い甘味を持ち，一般的にブドウ糖と呼ばれる。

1：A，B
2：A，C
3：B，C
4：B，D
5：C，D

OUTPUT

実践 問題 **114** の解説

〈高分子化合物〉

A ○ 記述のとおりである。人工合成されたプラスチックは耐久性，耐薬品性に優れ，安定であることが特徴であるが，廃棄されたときに，自然界では分解されにくく，環境破壊につながることが問題である。そこで，通常のプラスチックと同様に使えて，微生物や生体内の酵素によって比較的容易に分解される合成樹脂が開発され，実用化が進められつつある。このような物質を，生分解性高分子といい，たとえば，ポリ乳酸は，ポリエチレンテレフタラート(PET)とよく似た性質であるため，繊維，フィルム，ボトルなどに利用されている。

B ○ 記述のとおりである。吸水性高分子の一種であるポリアクリル酸ナトリウムは，1gあたり，約1Lの水を吸収する。水を加えると分子鎖が広がることで，隙間の大きな構造となり，さらに，イオンの濃度が増加することにより浸透圧が大きくなることで，大量の水を吸収することができる。吸収された水は，立体網目状構造の中に閉じ込められてゲル化されるため，多少の圧力をかけても吸収した水を離さない。このような性質を生かして，紙おむつ，生理用品，砂漠緑化のための土壌の保水剤，人工雪などに用いられている。

C × テレフタル酸とエチレングリコールの縮合重合で得られるポリエチレンテレフタラート(PET)は，多数のエステル結合をもつ。ポリエチレンテレフタラートはポリエステル系繊維であり，紫外線を通しにくく，軽くて強度が大きいことから，ペットボトルで使われるほか，丈夫でしわになりにくいことから，衣料品にも広く用いられている。

また，アクリル繊維は，アクリロニトリルを付加重合させたポリアクリロニトリルを主成分とした繊維であり，羊毛に似て，軽くてやわらかいため，セーターなどの衣料や毛布，敷物などに用いられている。なお，耐熱性，耐薬品性に優れ，航空機の複合材料や防弾チョッキなどに用いられるのは，アラミド繊維であり，通常の合成繊維よりも，きわめて優れた引っ張り強度と高い弾性率をもち，スーパー繊維ともよばれる。

D × 鎖状構造のグルコースは，分子内にアルデヒド基をもつため，その水溶液は還元性を示し，銀鏡反応を示し，フェーリング液を還元する。また，蜂蜜や果実の中に含まれるフルクトースは，単糖であり，還元性を示し，糖類の中で最も強い甘味をもち，一般的に果糖とよばれる。なお，一般的に

ブドウ糖とよばれるのは，グルコースである。
以上より，妥当なものはA，Bとなる。
よって，正解は肢1である。

【コメント】
身近なところに，さまざまな高分子化合物がある。その分類や特徴の概要も押さえておきたい。

正答 1

memo

第2章 化学

第2章
SECTION ⑤ 化学
有機化学・その他

実践 問題 **115** 基本レベル

頻出度	地上★★★	国家一般職★★	東京都★★	特別区★★★
	裁判所職員★★★	国税・財務・労基★★★		国家総合職★★★

直前復習

問 次のA～Dの記述の正誤の組合せとして最も適当なのはどれか。

(裁事・家裁2007)

A：セッケンは，油になじみやすい疎水基と水になじみやすい親水基をもつ界面活性剤からなるものである。水中におけるセッケンの洗浄作用は，疎水基を外側に，親水基を内側にした球形（ミセル）の中に油汚れを包みこむことによって行われる。

B：アルミニウムや亜鉛は，酸にも強塩基の水溶液にも反応して塩を作る両性金属である。これらの酸化物や水酸化物は，いずれも酸には反応するが，強塩基の水溶液には反応しない。

C：2個の原子の間で，それぞれの原子に所属する価電子を共有してできる結合を共有結合という。メタンや水素は単結合であり，酸素や二酸化炭素は二重結合であり，窒素は三重結合である。

D：アルカンは，エタンやプロパンのような炭素原子が鎖状に連なった飽和炭化水素の総称であり，一般式は C_nH_{2n+2}（n は分子中の炭素原子の数）で表される。分子中の炭素原子の数が多くなるにつれて，融点や沸点が低くなる傾向にある。

	A	B	C	D
1：	正	正	誤	誤
2：	正	誤	誤	正
3：	誤	誤	正	誤
4：	誤	正	正	誤
5：	誤	誤	誤	正

OUTPUT

実践 ▶ 問題 **115** ▶ の解説

チェック欄		
1回目	2回目	3回目

〈無機化合物・有機化合物〉

A ✕ ミセルの構造の記述が逆である。水中では，水になじみやすい親水基が外側（水のある側）に，油になじみやすい疎水基が内側になって，その内部に油汚れを包み込むことになる。

B ✕ 両性元素の塩（両性酸化物や両性水酸化物）は，酸性の水溶液にも塩基性の水溶液にも反応して溶ける。

$$Al_2O_3 + 2NaOH + 3H_2O \rightarrow 2Na[Al(OH)_4]$$
$$Al(OH)_3 + NaOH \rightarrow Na[Al(OH)_4]$$

C ◯ 記述のとおりである。

D ✕ アルカンの分子中の炭素原子の数（n）が大きくなるほど，融点や沸点は高くなる。

　よって，正解は肢3である。

正答 3

第2章 SECTION ⑤ 化学
有機化学・その他

実践 問題 **116** 基本レベル

頻出度	地上★★★ 国家一般職★★★ 東京都★★ 特別区★★★
	裁判所職員★★ 国税・財務・労基★★★ 国家総合職★★★

問 次の記述ア～オは，化学物質が関連する事故の事例である。文中の空欄に当てはまる物質として，妥当なものを示しているのはどれか。 （地上2015）

ア：温泉旅館の近くのくぼ地は，火山ガスに含まれる有害な [＿＿＿＿] が滞留していることがある。この気体は腐卵臭がするが，高濃度では臭覚がまひして臭いを感じなくなる。このくぼ地に旅行者が落ち，めまい，呼吸困難を起こし意識を失った。

イ：次亜塩素酸ナトリウムを含む漂白剤と塩酸を含むトイレ用洗剤を混ぜ合わせて使用したところ，強い刺激臭のする黄緑色の気体が発生した。これは [＿＿＿＿] であり，これを吸引した人は呼吸困難となり意識不明となって倒れた。

ウ：新品のベッドを購入したところ，頭痛，めまい等いわゆるシックハウス症候群と呼ばれる症状が現れた。調査したところ，合板接着剤として利用されている尿素樹脂から原料の [＿＿＿＿] が大量に放散されていることがわかった。

エ：炭坑の坑内で爆発があり [＿＿＿＿] が発生した。この気体は血液中のヘモグロビンと強く結合して血液の酸素運搬能力を失わせる性質がある。この気体を吸引した坑内の作業員は頭痛，めまい，吐き気を起こし意識を失った。

オ：高速増殖炉の冷却材として利用されている [＿＿＿＿] が配管から漏洩し火災事故が発生した。この物質はアルカリ金属元素の単体で，常温の水と非常に激しく反応して水素を発生させることから，取り扱いに注意を要する。

1：アー硫化水素
2：イーアンモニア
3：ウーダイオキシン
4：エーメタン
5：オーマグネシウム

OUTPUT

実践 **問題 116** **の解説**

チェック欄		
1回目	2回目	3回目

〈無機化合物・有機化合物〉

ア **硫化水素** 硫化水素 H_2S が入る。硫化水素は腐卵臭の気体で，水に溶けると弱酸性を示す。火山ガスや温泉などに含まれ，空気よりも重いことからくぼ地などに滞留しやすい。硫化水素の毒性は強く，高濃度では臭覚をまひさせてしまうことから大変危険である。

イ **塩素** 塩素 Cl_2 が入る。塩素は刺激臭のする黄緑色の気体で，水に溶けると酸性を示す。次亜塩素酸ナトリウムを含む漂白剤と塩酸を含むトイレ用洗剤を混ぜ合わせると，次のような反応により塩素を発生させるため，危険である。

$$NaClO + 2\,HCl \rightleftarrows NaCl + H_2O + Cl_2\uparrow$$

ウ **ホルムアルデヒド** ホルムアルデヒド $HCHO$ が入る。ホルムアルデヒドは刺激臭のある無色の気体である。建材や家具などの接着剤や塗料の原料として広く用いられているが，シックハウス症候群の原因物質の1つであることから，建築基準法により建築材料として用いる場合の制限を設けている。

エ **一酸化炭素** 一酸化炭素 CO が入る。一酸化炭素は無色無臭の気体であり，炭素の不完全燃焼などによって生成される。酸素よりもヘモグロビンと結合しやすいことから，一酸化炭素を吸引すると，血液の酸素運搬能力を低下させてしまう。

オ **ナトリウム** ナトリウム Na が入る。ナトリウムはアルカリ金属の1つであり，空気中で容易に酸化され，水と爆発的に反応することから灯油中で保管される。高速増殖炉の冷却材として液体ナトリウムが利用されており，福井県の高速増殖炉もんじゅでは，配管からナトリウムが漏れる事件が発生した。

以上より，選択肢の組合せが正しいものは，「ア－硫化水素」となる。

よって，正解は肢1である。

正答 **1**

第2章 化学
SECTION ⑤ 有機化学・その他

実践 問題 **117** 基本レベル

頻出度	地上★★★	国家一般職★★★	東京都★★	特別区★★★
	裁判所職員★★	国税・財務・労基★★★		国家総合職★★★

問 取扱いに注意することが必要な物質に関する記述として最も妥当なのはどれか。 (国家一般職2016)

1：塩化水素は，工業的には塩素と水素を直接反応させて得られる無色・刺激臭の気体であり，プラスチックの原料である塩化ビニルの製造などに用いられる。濃塩酸の蒸気は塩化水素であり，有毒なので，吸い込まないようにする必要がある。

2：赤リンと黄リンは，同じ元素から成る単体で性質が異なる。赤リンは，毒性が有り，空気中で自然発火するので，水中に保存する必要があるが，黄リンは，毒性は少なく化学的に安定しており，マッチなどに使用されている。

3：リチウムは，銀白色の軟らかい金属であり，水と激しく反応して水素を発生するため，湿気の少ない冷暗所に保存する必要がある。また，イオン化傾向の小さいリチウムを利用した電池は，小型で高性能であり，携帯電話などの電子機器に使用されている。

4：水銀は，融点が高く，常温で液体の金属であり，水銀とスズの合金は，ブリキと呼ばれ，缶詰などに利用される。水銀の単体や化合物は毒性を示すものが多く，水俣病や四日市ぜんそく等の原因となった。

5：メタノールとエタノールは，無色で毒性の有る液体であり，火気のない所で保存する必要がある。また，メタノールとエタノールは，カルボキシ基を持ち，分子間で水素結合を生じることから，分子量が同じ程度の他の炭化水素よりも融点や沸点が低い。

OUTPUT

実践 問題 **117** の解説

チェック欄		
1回目	2回目	3回目

〈化学物質の取り扱い〉

第2章 化学

1 ○ 記述のとおりである。塩化水素は無色・刺激臭の気体であり，実験室では塩化ナトリウムに濃硫酸を加えることで，工業的には塩素と水素を直接反応させて得られるほか，塩化ビニルなどの副生成物としても生産されている。塩化水素の水溶液を塩酸といい，濃塩酸の蒸気は有毒であるため注意が必要である。

2 × 赤リンと黄リンの説明が逆である。赤リンと黄リンは同じリンからなる同素体である。赤リンは暗赤色の粉末で毒性が少なく化学的に安定していることから，マッチの側薬などに利用されている。黄リンは淡黄色のろう状の固体で毒性があり，空気中で自然発火することから水中で保存する必要がある。殺鼠剤や農薬の原料として利用されている。

3 × イオン化傾向が小さいという点で誤りである。リチウムは銀白色の金属で，水と激しく反応し水素を発生させて水酸化リチウムとなる。水との反応性が高いことから石油中に保存する必要がある。一次電池(充電不可)であるリチウム電池や，携帯電話などの電子機器に利用されている二次電池(充電可能)であるリチウムイオン電池の原料として利用されている。

4 × 水銀の融点は他の金属と比べて低く，常温で液体である唯一の単体金属である。また，ブリキは鉄にスズをメッキしたものである。水銀と他の金属の合金はアマルガムという。水銀の化合物には毒性を示すものが多いのは正しく，水俣病の原因となったのは正しいが，四日市ぜんそくの原因は大気汚染によるものである。

5 × メタノールとエタノールがもつ−OHはヒドロキシ基であるため，誤りである。また，ヒドロキシ基があるために水素結合をしているとすることは正しいが，この水素結合の影響により，分子量が同程度の他の炭化水素よりも融点や沸点は高くなっており，低いとする点も誤りである。無色で毒性のある液体であること，火気のない所で保存する必要があることは正しい。

正答 **1**

第2章 SECTION 5 化学 有機化学・その他

実践 問題 118 基本レベル

問 化学者に関する記述として、妥当なのはどれか。 (東京都2019)

1：ドルトンは、元素の周期律を発見し、当時知られていた元素を原子量の順に並べた周期表を発表した。
2：カロザースは、窒素と水素の混合物を低温、低圧のもとで反応させることにより、アンモニアを合成する方法を発見した。
3：プルーストは、一つの化合物に含まれる成分元素の質量の比は、常に一定であるという法則を発見した。
4：ハーバーは、食塩水、アンモニア及び二酸化炭素から炭酸ナトリウムを製造する、オストワルト法と呼ばれる方法を発見した。
5：アボガドロは、同温、同圧のもとで、同体積の気体に含まれる分子の数は、気体の種類により異なるという説を発表した。

OUTPUT

実践 問題 **118** の解説

チェック欄		
1回目	2回目	3回目

〈化学者〉

1× 元素を原子量の順に並べると，元素の性質が周期的に変化するという元素の周期律を発見し，当時知られていた元素を原子量の順に並べた周期表を発表したのは，メンデレーエフである。その後20世紀になって，元素を原子番号の順に並べるのが合理的であり，元素の価電子の数が周期的に変化することが明らかとなった。

なお，ドルトンは，物質はそれ以上分割できない小さな粒子からなる単位粒子を原子とする原子説を唱え，それをもとに倍数比例の法則を発見した。

2× 窒素と水素の混合物を約500℃，高圧のもとで反応させることにより，アンモニアを合成する方法を発見したのは，ハーバーとボッシュであり，この反応は典型的な可逆反応である。

$$N_2 + 3H_2 \rightleftarrows 2NH_3$$

なお，カロザースは，合成ゴムであるクロロプレン，世界初の合成繊維であるナイロン66の合成に成功した。

3○ 記述のとおりである。プルーストは，1つの化合物に含まれる成分元素の質量の比は，常に一定であるという定比例の法則を発見した。たとえば，水素が燃えてできた水も，海水の蒸留によって得た水も，成分元素の水素Hと酸素Oの質量比は，常に1：8である。

4× 食塩水，アンモニアおよび二酸化炭素から炭酸ナトリウムを製造する方法は，アンモニアソーダ法，またはソルベー法とよばれる。炭酸ナトリウムは，ガラス製造の原料として特に重要な物質である。

$$NaCl + NH_3 + CO_2 + H_2O \rightarrow NaHCO_3 + NH_4Cl$$
$$2NaHCO_3 \rightarrow Na_2CO_3 + H_2O + CO_2$$

なお，オストワルト法は，アンモニアを酸化して一酸化窒素にし，これを二酸化窒素にして水に吸収させ，硝酸を得る方法である。

$$4NH_3 + 5O_2 \rightarrow 4NO + 6H_2O$$
$$2NO + O_2 \rightarrow 2NO_2$$
$$3NO_2 + H_2O \rightarrow 2HNO_3 + NO$$

5× アボガドロは，同温，同圧のもとで，同体積の気体に含まれる分子の数は，気体の種類に関係なく同数であるという説を発表し，その後，さまざまな研究によって正しいことが確かめられ，アボガドロの法則とよばれている。たとえば，0℃，1013hPa（標準状態）における気体1molの体積（モル体積）は，気体の種類に関係なく，22.4Lである。

正答 3

第2章 SECTION 5 化学
有機化学・その他

実践　問題 119　応用レベル

頻出度			
地上★	国家一般職★	東京都★	特別区★
裁判所職員★	国税・財務・労基★		国家総合職★

問 次は，有機化合物の特徴とその分析に関する記述であるが，A～Dに当てはまるものの組合せとして最も妥当なのはどれか。　（国税・財務・労基2016）

炭素原子を骨格とする化合物を有機化合物といい，このうち，炭素原子間に二重結合や三重結合を含むものを　　A　　という。

有機化合物は，官能基と呼ばれる化合物の特性を決める原子団によりいくつかの化合物群に分類でき，有機化合物を化学式で表す場合，官能基を明示した　　B　　がよく用いられる。例えば，酢酸は，　　C　　という官能基を持つため，カルボン酸という化合物群に分類され，CH_3-COOH の　　B　　で表される。

いま，炭素原子，水素原子，酸素原子から成る有機化合物60gを，図のような装置で完全に燃焼させたところ，発生したH_2Oを全て吸収した塩化カルシウム管の質量が72g増加し，発生したCO_2を全て吸収したソーダ石灰管の質量が132g増加したとする。原子量を炭素原子＝12.0，水素原子＝1.0，酸素原子＝16.0とすると，この有機化合物の組成式は　　D　　である。

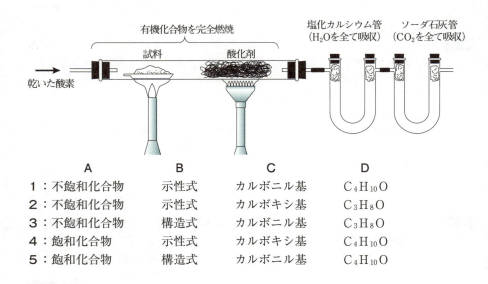

	A	B	C	D
1：	不飽和化合物	示性式	カルボニル基	$C_4H_{10}O$
2：	不飽和化合物	示性式	カルボキシ基	C_3H_8O
3：	不飽和化合物	構造式	カルボニル基	C_3H_8O
4：	飽和化合物	示性式	カルボキシ基	$C_4H_{10}O$
5：	飽和化合物	構造式	カルボニル基	$C_4H_{10}O$

OUTPUT

実践 問題 **119** の解説

〈有機化合物の元素分析〉

A **不飽和化合物**　有機化合物の炭素原子間の結合が単結合のみで構成されている化合物を飽和化合物，二重結合や三重結合を含む化合物を不飽和化合物という。

B **示性式**　有機化合物の表し方には分子式や示性式，構造式などがある。
分子式：分子を構成している原子とその個数を表したもの
示性式：官能基を明示して，性質を明らかにしたもの
構造式：個々の原子の結合の仕方を価標を使って表したもの
酢酸をそれぞれの式で表すと，次のようになる。
分子式：$C_2H_4O_2$
示性式：CH_3COOH
構造式：

```
        H   O
        |   ‖
    H—C—C—O—H
        |
        H
```

C **カルボキシ基**　酢酸の官能基は−COOHであるから，カルボキシ基である。カルボニル基はケトン基とアルデヒド基をまとめた官能基で $>C=O$ である。代表的な官能基は次のものがある。

官能基		化合物の一般名	例
−OH ヒドロキシ基		アルコール	メタノール　CH_3-OH エタノール　C_2H_5-OH エチレングリコール，グリセリン
カルボニル基 $>C=O$	−CHO アルデヒド基	アルデヒド	ホルムアルデヒド　$H-CHO$ アセトアルデヒド　CH_3-CHO
	$>C=O$ ケトン基	ケトン	アセトン　CH_3COCH_3
−COOH カルボキシ基		カルボン酸	ギ酸　$H-COOH$ 酢酸　CH_3-COOH
−COO− エステル結合		エステル	酢酸エチル　$CH_3COOC_2H_5$
−NO_2 ニトロ基		ニトロ化合物	ニトロベンゼン
−SO_3H スルホ基		スルホン酸	ベンゼンスルホン酸

第2章
化学

LEC東京リーガルマインド　2022-2023年合格目標 公務員試験 本気で合格！過去問解きまくり！
⑦自然科学 I

SECTION 5 化学 有機化学・その他

D **C₃H₈O** 問題の図のような装置を用いて元素分析を行うと，有機化合物に含まれていた水素原子はすべて水として塩化カルシウム管で吸収され，炭素原子はすべて二酸化炭素としてソーダ石灰管に吸収される。

したがって，分析の前後にそれぞれの管の質量を測定することで，発生した水と二酸化炭素の質量を求めることができ，それを原子量で割ることで元素の物質量を求めることができる。

問題文より，吸収された水は72 g，二酸化炭素は132 g であったことから，発生した水と二酸化炭素に含まれる，水素原子と炭素原子の重さはそれぞれ，

$$水素原子：72 \times \frac{2H}{H_2O} = 72 \times \frac{2}{18} = 8 \, [g]$$

$$炭素原子：132 \times \frac{C}{CO_2} = 132 \times \frac{12}{44} = 36 \, [g]$$

となる。これより，有機化合物60 g に含まれる酸素原子の質量は，60 g から水素原子の質量と炭素原子の質量を引いて求められることより，

$$60 - (8 + 36) = 16 \, [g]$$

となる。

組成式は炭素原子と水素原子，酸素原子の最も簡単な整数比で表されることから，

$$C : H : O = \frac{36}{12} : \frac{8}{1} : \frac{16}{16} = 3 : 8 : 1$$

より，C₃H₈O となる。

よって，正解は肢2である。

正答 2

memo

第2章 化学

SECTION ⑤ 化学
有機化学・その他

実践 問題 **120** 応用レベル

頻出度	地上★★	国家一般職★★	東京都★	特別区★
	裁判所職員★	国税・財務・労基★★		国家総合職★★

問 有機化合物に関する記述として最も妥当なのはどれか。　（国家総合職2021）

1：炭素と水素のみから成る有機化合物を炭化水素といい，炭素原子の結合の仕方により分類される。このうち，炭素原子が鎖状に結合したものを鎖式炭化水素といい，ベンゼンが代表的である。また，炭素原子どうしが全て単結合のみで結合したものを不飽和炭化水素，二重結合や三重結合を含むものを飽和炭化水素という。

2：アルデヒド（ホルミル）基（−CHO）を有する化合物をアルデヒドという。アルデヒドは還元性を有し，アンモニア性硝酸銀水溶液と反応して銀を析出させるほか，フェーリング液と反応して酸化銅（I）の赤色沈殿を生じさせる。アルデヒドの一種としてホルムアルデヒドがあり，その水溶液のうち一定の濃度のものはホルマリンと呼ばれ，生物標本などに利用される。

3：炭化水素の水素原子をヒドロキシ基（−OH）で置換した化合物をアルコールという。ヒドロキシ基は疎水性である一方，炭化水素基は親水性であるため，ヒドロキシ基の数が多いほど水に溶けにくく，逆に炭素原子の数が多いほど水に溶けやすい。アルコールの一種としてメタノールがあり，酵母によるアルコール発酵で生成される。

4：カルボキシ基（−COOH）を有する化合物をカルボン酸という。アルコールは一般に中性を示すが，カルボン酸は水に溶けると電離して，塩酸や硫酸と同等の強い酸性を示す。カルボン酸の一種として酢酸があり，食酢の50％以上を占める主成分である。酢酸のうち，純度の高いものは冬期に凍結するため氷酢酸と呼ばれる。

5：アルデヒドとスクロースが重合したエステルを油脂という。油脂に水酸化ナトリウム塩を加えて攪拌しながら冷却すると，加水分解してセッケンが得られる。セッケンは，水に溶けてその表面張力を強化する界面活性作用を有するほか，繊維中の汚れを取り囲んで水中に分散させるハロゲン化作用を有するため，洗剤として利用される。

OUTPUT

チェック欄		
1回目	2回目	3回目

実践 問題 **120** の解説 ────────────

〈有機化合物〉

1 × 炭化水素ならびに鎖式炭化水素に関する説明は正しいが，**ベンゼン** C_6H_6 は**環状炭化水素**の代表例である。また，炭素原子どうしがすべて単結合のみで結合したものを**飽和炭化水素**，二重結合や三重結合を含むものを**不飽和炭化水素**という。

2 ○ 記述のとおりである。アルデヒド基 –CHO を有する化合物を**アルデヒド**といい，**還元性を有するため**，銀イオンを含む溶液を還元して金属の銀を析出させるほか（**銀鏡反応**），フェーリング液との反応（**フェーリング反応**）が可能である。アルデヒドの一種である**ホルムアルデヒド** HCHO の約37％水溶液はホルマリンとよばれ，生物標本の保存溶液，合成樹脂の原料，消毒薬などに利用される。

3 × 炭化水素の水素原子をヒドロキシ基 –OH で置換されたものを**アルコール**という。炭化水素基は疎水性であるが，ヒドロキシ基は親水性であるため，**ヒドロキシ基が多いほど水に溶けやすい**。**メタノール** CH_3OH はアルコールの一種であるが，アルコール発酵により得られるアルコールは**エタノール** C_2H_5OH である。

4 × カルボキシ基 –COOH を有する化合物を**カルボン酸**という。アルコールは一般に非常に弱い酸性を示すが，カルボン酸も水に溶けるとわずかに電離し，弱酸性を示す。**酢酸** CH_3COOH はカルボン酸の一種であり，食酢の数％程度を占める。高純度の酢酸は融点が高く，冬期に凍結するため氷酢酸とよばれる。

5 × **油脂**は，脂肪酸とグリセリンのエステルである。油脂に水酸化ナトリウムを加えると加水分解（**けん化反応**）が起こり，脂肪酸ナトリウム（セッケン）が得られる。セッケンは，水に溶けると表面張力を低下させる界面活性作用を有するほか，繊維中の汚れを取り囲んで水中に分散させる乳化作用を有するため，洗剤として利用される。

第2章 化学

正答 **2**

第2章 SECTION ⑤ 化学
有機化学・その他

実践 問題 121 応用レベル

問 タンパク質に関する記述として，妥当なのはどれか。　（特別区2002）

1：タンパク質は，多数のアミノ酸が，カルボキシ基とアミノ基との間で脱水縮合したペプチド結合でつながった高分子化合物である。
2：タンパク質は，ヨウ素ヨウ化カリウム水溶液を加えると，ビウレット反応を示し，青紫色になる。
3：タンパク質は，フェノールフタレイン液を加えると，キサントプロテイン反応を示し，赤紫色になる。
4：タンパク質は，水に溶かすと疎水コロイドになり，この水溶液を加熱すると凝固・沈殿するが，アルコールを加えると溶解する。
5：タンパク質は，アミラーゼ及びマルターゼの2種類の酵素によってアミノ酸に加水分解される。

OUTPUT

実践 問題 121 の解説

〈タンパク質〉

1 ◯ 記述のとおりである。**塩基性のアミノ基(−NH₂)**と**酸性のカルボキシ基(−COOH)**をもった化合物を**アミノ酸**といい,各種のアミノ酸が多数縮合重合(縮重合)し,**ペプチド結合**で結合した分子量1万以上の高分子化合物を**タンパク質**という。縮重合とは,分子と分子との間で,水のような簡単な分子がとれて結合する反応(縮合反応)によって,高分子化合物ができる反応である。

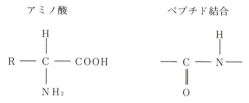

2 × タンパク質は,水酸化ナトリウム水溶液を加え,次に硫酸銅(Ⅱ)水溶液を加えると,**ビウレット反応**を示し,赤紫色になる。この反応は,タンパク質中のペプチド結合によるものである。ヨウ素ヨウ化カリウム水溶液を加えて青紫色になるのはデンプンである(**ヨウ素デンプン反応**)。

3 × タンパク質は,濃硝酸を加えて熱すると黄色になる。その後,冷却してアンモニア水を加えると橙色になる。これを**キサントプロテイン反応**といい,ベンゼン環を含むアミノ酸の検出反応である。フェノールフタレインは,中和滴定の際に用いる指示薬の1つである。

4 × タンパク質を水に溶かすと親水コロイド溶液になり,このタンパク質溶液を加熱したり,タンパク質溶液に強酸,強塩基アルコール,重金属イオン溶液を加えると,凝固して元に戻らなくなる。これを**タンパク質の変性**という。

5 × タンパク質は,ペプシン,トリプシンなどの酵素によってアミノ酸に加水分解される。多糖類のデンプン$(C_6H_{10}O_5)_n$は,アミラーゼおよびマルターゼの2種類の酵素によって単糖類のグルコース$C_6H_{12}O_6$にまで加水分解される。

正答 1

SECTION ⑤ 化学

第2章

有機化学・その他

実践 問題 **122** 応用レベル

頻出度	地上★★	国家一般職★★	東京都★	特別区★★
	裁判所職員★★	国税・財務・労基★★★★		国家総合職★★★

問 身の回りの化学物質に関する記述として最も妥当なのはどれか。

(国家総合職2019)

1：シリカゲルは，乾燥剤などに使われている。乾燥剤のシリカゲルには，吸湿の状態が分かるように塩化コバルト(Ⅱ)で着色されたものがあり，吸湿すると淡赤色から青色に変化する。また，吸湿したシリカゲルから水分を取り除くことはできず，吸湿したシリカゲルを乾燥剤として再利用することはできない。

2：硫酸は，自動車のバッテリーなどの鉛蓄電池に使われている。鉛蓄電池の電解液に用いられる発煙硫酸は，工業的に作られた濃硫酸を水で希釈することで得られるが，実験室において濃硫酸を水で希釈する場合には，濃硫酸と水が混ざる際に熱が発生して温度が急激に上昇するため，濃硫酸に対して，水を一度に加える必要がある。

3：テレフタル酸は，衣料やペットボトルの原料などに使われている。テレフタル酸の多数の分子どうしを凝縮させた高分子のポリエチレンテレフタラートは，アクリル繊維であり，合成繊維として衣料などに用いられるほか，無色透明で軽く，強度が大きいなどの特徴を生かしてペットボトルにも用いられている。

4：セッケンは，身体用，洗濯用の洗剤などに使われている。セッケンの分子は，疎水性の部分と親水性の部分を持ち，一定濃度以上で水に溶かすと，疎水性の部分を外側に，親水性の部分を内側にしてポリマーと呼ばれる集合体を形成するが，繊維などに付着した油汚れに触れると，疎水性の部分がこれを取り囲んで引き剥がし，水溶液中に分散させる作用がある。

5：サリチル酸は，解熱鎮痛剤や湿布薬の原料などに使われており，ヒドロキシ基とカルボキシ基の二つの官能基を持つ。ある化合物を作用させてサリチル酸のヒドロキシ基を反応させると，解熱鎮痛剤に用いられるアセチルサリチル酸が生じ，また，別の化合物を作用させてサリチル酸のカルボキシ基を反応させると，湿布薬に用いられるサリチル酸メチルが生じる。

OUTPUT

実践 問題 **122** の解説

チェック欄		
1回目	2回目	3回目

〈無機化合物・有機化合物〉

1× ケイ酸ナトリウムに水を加えて加熱すると，無色透明で粘性の大きな水ガラスが得られる。これに塩酸を加えると，弱酸であるケイ酸が白色ゲル状で生成する。ケイ酸を加熱して乾燥させると，シリカゲルが得られる。シリカゲルは微細な空間が多くあるため，単位質量あたりの表面積が非常に大きく，表面に水や気体の分子を吸着することから，乾燥剤や吸着剤として利用される。吸湿の状態がわかるようにされた青色の粒には塩化コバルト（Ⅱ）が含まれており，吸湿すると青色から淡赤色に変化する。吸湿したシリカゲルを穏やかに加熱すると，吸着した水が追い出されるため，乾燥剤として再利用することができる。

2× 硫酸は，自動車のバッテリーなどの鉛蓄電池（なまりちくでんち）に使われているが，鉛蓄電池の電解液に用いられているのは希硫酸である。発煙硫酸は，三酸化硫黄を濃硫酸に吸収させることで得られ，これを希硫酸で薄めて濃硫酸を得る（接触法）。実験室において濃硫酸を水で希釈する場合には，濃硫酸に水を注ぐと，多量の溶解熱によって加えた水が沸騰し，濃硫酸などが飛散して危険であるため，冷却しながら，水に濃硫酸をゆっくり加えていく。

3× ポリエチレンテレフタラート（PET）は，エチレングリコールとテレフタル酸との縮合重合によって得られるポリエステル系合成繊維である。耐日光性にすぐれ，乾きやすいことから合成繊維として衣料など用いられるほか，無色透明で軽く，強度が大きいなどの特徴を生かしてペットボトルにも用いられている。なお，アクリル繊維は，ポリアクリロニトリルを主成分とした合成繊維で，羊毛（ウール）に似て，軽くてやわらかいため，セーターなどの衣料や毛布，敷物などに用いられている。

4× セッケンは，高級脂肪酸のナトリウム塩 $RCOONa$ やカリウム塩 $RCOOK$ である。セッケンは，水に混じりにくい性質である疎水性の炭化水素基 $R-$ と，水に混じりやすい性質である親水性の $-COO^-Na^+$ からなる。水にセッケンを一定濃度（約0.1％）以上に溶かすと，親水性の部分を外側に，疎水性の部分を内側にして集合しミセルとよばれるコロイド粒子を形成する。疎水性の部分は油には混じりやすい（親油性）ため油汚れを取り囲み，親水性の部分を外側にして油汚れを水中に分散させることで，油汚れを繊維から引き離している。

5○ 記述のとおりである。サリチル酸 $C_6H_4(OH)COOH$ は，ベンゼン環にヒド

LEC東京リーガルマインド　2022-2023年合格目標 公務員試験 本気で合格！過去問解きまくり！⑦自然科学Ⅰ

ロキシ基-OH とカルボキシ基-COOH をともにもつため，フェノール類とカルボン酸の双方の性質をもつ。サリチル酸に無水酢酸と濃硫酸を作用させると，ヒドロキシ基が反応して，アセチルサリチル酸が生じる。サリチル酸は酸であるため，胃に対する強い副作用があり，その副作用を少なくしたのが，アセチルサリチル酸である。アセチルサリチル酸はアスピリンとしてよく知られ，熱や頭痛などを抑える解熱鎮痛剤として用いられる。一方，サリチル酸にメタノールと濃硫酸を作用させると，カルボキシ基が反応して，サリチル酸メチルが生じる。サリチル酸メチルは，筋肉痛などを和らげる消炎鎮痛剤(湿布薬)に用いられる。

正答 5

memo

第2章　化学

第2章 化学

SECTION ⑤ 有機化学・その他

実践 問題 123 応用レベル

頻出度	地上★	国家一般職★	東京都★	特別区★★
	裁判所職員★★	国税・財務・労基★★★	国家総合職★★	

問 物質に関する記述として最も妥当なのはどれか。　　　（国家総合職2016）

1 ：液体とその液体に溶けていない固体の混合物を，ろ紙などを用いてこし分ける方法を抽出という。また，溶媒に溶ける物質の量が温度によって変化することを利用して，目的とする物質を析出させて不純物を除く操作を昇華という。例えば，ヨウ素と塩化ナトリウムの混合物を水に溶かしたものから，昇華を利用して，純粋なヨウ素を分離することができる。

2 ：水溶液中の金属イオンが沈殿を生成したり，溶解したりする反応を利用して，金属イオンの混合水溶液から，金属イオンを分離することができる。リチウムなどのアルカリ金属の水溶液は硫化水素を通じることで，黒色沈殿を生じる。また，炎色反応を利用して，含まれている元素の種類を知ることができ，銅は赤色，カルシウムは黄色を示す。

3 ：沸点の異なる2種類以上の液体から成る混合物を，成分物質のわずかな沸点の差を利用して，適当な温度範囲に分けて蒸留することにより，分離することができる。この操作は分留と呼ばれ，例えば，エタノールと水の混合物を加熱した場合，水が先に分離される。また，この方法は，石油の精製にも利用されており，ガソリンは，重油よりも高い温度で分離される。

4 ：アルコールに複数の色素を混ぜて溶かし，ろ紙に滴下した後，ろ紙の端を溶媒に浸すと，溶媒がろ紙を伝って広がる。その際，赤色は速く，紫色は遅く移動するので，色素を分離することができる。この分離方法を，クロマトグラフィーという。クロマトグラフィーは，無色の物質には適さず，専ら色素成分の分離に利用されている。

5 ：有機化合物の中には，不斉炭素原子と結合している官能基などの立体配置の違いにより，互いに重ね合わせることのできない1対の異性体が存在するものがある。これらを鏡像異性体（光学異性体）といい，鏡像異性体には，生体に対する作用が異なり，その一方のみが有用で，他方は害になるという場合がある。そこで，一方の鏡像異性体だけを選択的に合成する手法が開発された。

OUTPUT

チェック欄		
1回目	2回目	3回目

実践 問題 **123** **の解説**

〈化学総合〉

1 ✕ ろ紙などを用いてこし分ける方法は**ろ過**である。また，溶媒に溶ける物質の量が温度によって変化することを利用して不純物を取り除く操作は**再結晶**である。ヨウ素と塩化ナトリウムの混合物を昇華によって分離するときは，水に溶かさず固体のままの混合物を加熱してヨウ素を昇華させ，得られた気体を冷却することによって純粋なヨウ素を分離する。

2 ✕ リチウムなどのアルカリ金属は硫化水素を通じても沈殿を生じない。また，**銅の炎色反応は青緑色，カルシウムの炎色反応は橙色**を示す。

3 ✕ 前半の分留に関する説明は正しい。しかし，エタノールと水の混合物を加熱した場合，エタノールのほうが沸点が低いため先に分離する。また，原油を分留すると，低い温度から順に，石油ガス，ガソリン（ナフサ），灯油，軽油，重油が分離される。

4 ✕ **クロマトグラフィー**とは物質内の各成分の大きさや吸着力などの違いを利用して，物質を成分ごとに分離する方法である。各成分の移動速度は，物質，溶媒，固定相の３つの条件によって決まる。色素の分離によって発見された手法であるが，現在では広く用いられており，無色の物質であっても移動速度に差がある物質であれば，クロマトグラフィーによって分離することが可能である。

5 ◯ 記述のとおりである。一方の鏡像異性体を選択的に合成する手法については，2001年にノーベル化学賞を受賞した野依良治の研究がある。

第2章 化学

正答 **5**

SECTION ⑤ 化学
有機化学・その他

実践 問題 **124** 応用レベル

頻出度	地上★	国家一般職★	東京都★	特別区★
	裁判所職員★	国税・財務・労基★		国家総合職★

問 近年，人間の活動によって作り出される物質による環境への影響が懸念されているが，環境問題とその原因となる化学物質に関する記述として最も妥当なのはどれか。　　　　　　　　　　　　　　　　　　　　　　　　　（地上2004）

1：地球温暖化は大気中の温室効果ガスの濃度が上昇しているため起きていると考えられており，二酸化炭素と硫黄酸化物の二つが温室効果の高いガスとして京都議定書での排出量の削減対象になっている。

2：オゾン層の破壊によって地表への紫外線の到達量の増大が問題になっているが，その原因とされるフロンは化学的活性が非常に高く，成層圏のオゾン層と激しく反応してフッ化水素を生成する。

3：容器等に利用されているPET（ポリエチレンテレフタラート）などのプラスチックは一般に自然に分解されないが，自然界に存在する生物により分解される生分解性プラスチックがトウモロコシなどから作られている。

4：都市周辺の水質汚染には有機物によるものや有害物質によるものなどがあるが，有機物によるものとしてはトリクロロエチレンによる富栄養化があげられ赤潮などを発生させる。

5：一般にpHが8以上の雨を酸性雨といい森林枯死や建造物の腐食等が問題となっているが，酸性雨のほとんどは大気中の塩化水素が雨にとけた塩酸や植物に由来する酢酸の雨である。

OUTPUT

実践 問題 **124** の解説

チェック欄		
1回目	2回目	3回目

〈環境問題〉

1✕ 二酸化炭素も硫黄酸化物も温室効果ガスであるが，京都議定書での排出量の削減対象となっているのは二酸化炭素，メタン，亜酸化窒素，ＨＦＣ，ＰＦＣ，六フッ化硫黄の６つであり，硫黄酸化物は含まれない。

2✕ フロン CCl_2F_2 は成層圏で光解離し，オゾン層を破壊するが，そのときに発生するのは ClO などである。

$$CCl_2F_2 \rightarrow CClF_2 + Cl, \quad Cl + O_3 \rightarrow ClO + O_2$$

3◯ 記述のとおりである。

4✕ 富栄養化の原因物質は，主に合成洗剤に含まれるリン酸ナトリウムやし尿中の窒素分やリン分である。トリクロロエチレンは，人体に対する毒性があり，中枢神経障害，肝臓・腎臓障害などが認められている。

5✕ 酸性雨は，一般に pH が5.6以下の雨のことである。酸性雨のほとんどは大気中の硫黄酸化物が雨に溶けた硫酸や，窒素酸化物が雨に溶けた硝酸の雨である。

第2章 化学

正答 **3**

SECTION ⑤ 化学
有機化学・その他

第2章

実践 問題 **125** 応用レベル

頻出度	地上★	国家一般職★	東京都★	特別区★
	裁判所職員★	国税・財務・労基★		国家総合職★

問 環境化学に関する記述として最も妥当なのはどれか。 （国税・労基2009）

1：地球温暖化とは，太陽から放射された赤外線が，地表に達する前に二酸化炭素などの温室効果ガスに吸収され熱エネルギーとして蓄えられることにより，大気温が高まる現象である。温室効果ガスのうち，メタンは二酸化炭素の約1万倍の温室効果があり，地球温暖化への寄与率が最も高いといわれている。

2：酸性雨とは，通常は弱アルカリ性を示す雨に，化石燃料の燃焼などに由来する硫黄酸化物や窒素酸化物が溶け，強い酸性になった雨のことである。このうち硫黄酸化物はノックスとも呼ばれ，酸性雨の原因として最も問題になるのは，一酸化硫黄である。

3：フロン類は，塩化水素にフッ素が結合した化合物の総称である。毒性が強いため取扱いに注意を要し，また，反応性が極めて高いため，成層圏に存在するオゾンと反応して，生物に有害な紫外線を吸収しているオゾン層を破壊する。

4：ダイオキシン類は，廃棄物の焼却工程などから発生する有機塩素化合物で，なかには急性毒性，発がん性を示すものがある。化学的に安定であるため，環境中に放出されると長期間分解されず，また，脂溶性のため体内の脂肪組織に蓄積されやすい。

5：水質汚濁で問題となる重金属として，水銀，六価クロム，マグネシウムなどがある。マグネシウムには発がん性があり，また，人体に多量に摂取されると骨軟化症や腎臓障害を起こす。工場排水などに含まれる重金属を除去するには，硫酸などを用いて重金属をイオン化するのが有効である。

OUTPUT

実践 問題 125 の解説

〈環境問題〉

1 ✕ 地球温暖化とは，地球から放射された赤外線が，宇宙に達する前に二酸化炭素などの温室効果ガスに吸収され，地表に再放射されることにより，大気温が高まる現象である。温室効果ガスのうち，メタンは二酸化炭素の約20倍の温室効果があるが，寄与率は二酸化炭素が約60％を占めているとされている。

2 ✕ 通常の雨水は二酸化炭素を含んでおり，pH5.6はあると考えられている。したがって，pHが5.6以下の雨を酸性雨という。硫黄酸化物は化学式 SO_x からソックスともよばれている。酸性雨の原因として問題になるのは，二酸化硫黄である。

3 ✕ フロン類は炭素・フッ素・塩素からなる物質で，クロロフルオロカーボンや，塩素を含まないフルオロカーボン，水素を含むハイドロクロロフルオロカーボンなどがある。フロンは人体には安全で，安定しているため，冷蔵庫やクーラーの冷媒や電子部品の洗浄剤として使われていた。

4 ◯ 記述のとおりである。ダイオキシン類は，ベンゼン環に塩素が結合した構造をしている。ダイオキシン類は，主に物質が燃焼するときに生成し，環境に拡散する。ダイオキシン類は，分解されにくい性質をもち，田畑や湖沼，海の底泥等に蓄積している。微量でも強い毒性をもつと考えられている。

5 ✕ 重金属とは，一般に比重が4以上の金属元素の総称である。重金属として鉄，クロム，カドミウム，水銀，亜鉛，ヒ素，マンガン，コバルト，ニッケル，モリブデン，スズ，ビスマスなどが挙げられる。マグネシウムは重金属ではなく軽金属である。

正答 4

第2章
SECTION ⑤ 化学
有機化学・その他

実践 問題 126 応用レベル

頻出度	地上★★	国家一般職★★	東京都★★	特別区★★
	裁判所職員★★	国税・財務・労基★★	国家総合職★	

問 資源の再利用に関する次の記述のうち正しいのはどれか。 （地上2013）

1：紙は，現在は主に，石油を精製して得られるナフサから作られている。容易に原料に戻り，再成形しても強度が低下しないことから古紙の再利用が進んでおり，日本の古紙利用率は世界一である。

2：プラスチックは，一般に自然に分解しにくく，焼却しても有害なダイオキシン等を生じる危険性をもつものもある。材質によって分別収集が行われており，例えばポリエチレンテレフタラート（PET）は融解・成形されて再利用が進んでいる。

3：ガラスは，炭素を主成分とする化合物で，瓶などに利用されている。一度成形されたガラスを融解して再形成すると強度が著しく低下するため，回収されたガラス瓶は洗浄・殺菌されて瓶のまま再利用される。

4：スチール缶・アルミ缶の再利用が進んでいる。工業的には，鉄は鉱石を電気分解して，アルミニウムは高炉で鉱石を還元して得られるが，共に多くのエネルギーを必要とするため，再利用による省エネルギー効果は高い。

5：携帯電話などの使用済み電子機器は有用金属を多く含むことから，都市鉱山と呼ばれている。中でも金やレアアースは，他の金属よりも酸に溶けやすく回収が容易であるため，近年のリサイクル率は90％以上となっている。

OUTPUT

チェック欄		
1回目	2回目	3回目

実践 問題 **126** の解説

〈資源リサイクル〉

1 ✕ 紙は，木材を原料とするパルプと古紙から作られており，現在日本では古紙の比率のほうが多い。また，最近では森林保護の観点から，サトウキビやマニラアサ，ケナフなどの非木材植物を原料とするパルプが，木材パルプの代替資源として紙の原料に使われることもある。古紙利用率は，製紙用原料に占める古紙の割合である。日本では古紙の再利用が進んでおり，**日本の古紙利用率は世界トップクラス**である。古紙を何度もリサイクルして再成形すると，繊維の強度が低下するという問題点があることから，日本では化学薬品を用いて強度を補っている。

2 ◯ 記述のとおりである。プラスチックは，現在は主に，石油を精製して得られるナフサからつくられている高分子化合物である。合成樹脂ともいわれ，一般には自然に分解しにくいが，現在では微生物などによって分解される生分解性プラスチックも開発されている。また，ポリ塩化ビニル（塩ビ）など塩素系のプラスチックは，焼却しても有害なダイオキシン等を生じる危険性をもつと考えられ問題となった。材質によって分別収集が行われており，たとえば，**ポリエチレンテレフタラート（PET）**は融解・成形されて再利用が進んでいる。2019年度には，PETボトルの85.8％がリサイクルされている。

3 ✕ ガラスは，ケイ素を主成分とし，他には炭酸ナトリウムや炭酸カルシウムなどを原料とする化合物で，瓶や板ガラスなどに利用されている。容易に原料に戻り，再成形しても強度が低下しないことから，ガラス瓶を融解して再生することが行われている。また，回収されたガラス瓶を洗浄・殺菌して瓶のまま再利用することもあり，これを**リターナブル瓶**という。

4 ✕ 2019年度には，**スチール缶・アルミ缶とも90％以上のリサイクル率**がある。工業的には，鉄は高炉で鉄鉱石を還元して，アルミニウムはボーキサイトを電気分解して得られるが，ともに多くのエネルギーを必要とするため，再利用による省エネルギー効果は高い。

5 ✕ パソコンや携帯電話などの使用済み電子機器は，金，銀，銅やレアメタル，レアアースなど有用金属を多く含むことから，**都市鉱山**とよばれている。日本の都市鉱山における埋蔵量は，世界の各資源国における埋蔵量に匹敵するとの調査結果もあり，近年注目を集めている。しかし，都市鉱山の利用は現在取り組みが始まった段階であり，使用済み電子機器の回収方法やそのためのコスト，機器からの有用金属の回収方法など，リサイクルシステムの構築にはまだまだ課題が多い。なお，金は王水以外の酸には溶けない。レアアースは分離精製が難しい。

正答 2

第2章 化学

第2章 化学
章末 CHECK

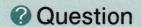 Question

- **Q1** 純物質は単体と化合物に分けることができる。ステンレスは単体である。
- **Q2** 単体の中で、同じ元素からできているが、その性質が異なるものを同位体という。
- **Q3** 原子核は、陽子と中性子という粒子から構成されているが、中性子は負に帯電している。
- **Q4** 原子に含まれる電子数は原子ごとに異なるため、電子数を原子番号としている。
- **Q5** 質量数とは、原子中の陽子数と中性子数の和である。
- **Q6** 同一元素で、質量数の異なる原子を同位体という。ほとんどの元素には同位体が存在する。
- **Q7** 電子は、K殻に2個、L殻に4個入ることができる。
- **Q8** 希ガスには、ヘリウム、アルゴン、塩素、ネオンなどの気体が含まれる。
- **Q9** マグネシウムは、2個の電子を放出して、2価の陽イオンになる。
- **Q10** 周期表で、同一の縦の列に含まれる元素を同族元素といい、似た性質をもつ。
- **Q11** 陽イオンと陰イオンを結びつける力をニュートン力といい、この力による結合をイオン結合という。
- **Q12** マグネシウムイオン Mg^{2+} と塩化物イオン Cl^- がイオン結合すると、塩化マグネシウム $MgCl$ が生成する。
- **Q13** 水素原子どうしは電子を共有することで、水素分子 H_2 をつくる。
- **Q14** 分子間にはたらく力を分子結合力といい、化学結合の中で最も強い結合力である。
- **Q15** ダイヤモンドや水晶は、共有結合によって多くの原子が結合して結晶をつくっている。
- **Q16** 水素結合は、水素と共有結合している場合の結合をいう。
- **Q17** 物質の三態とは、固体、液体、気体の3つの相のことである。
- **Q18** 固体から液体に相変化することを凝固、逆の相変化を融解という。
- **Q19** 液体から気体に相変化することを蒸発といい、このとき熱を放出する。
- **Q20** 気体から液体を経ずに固体に変わることを昇華、その逆を凝縮という。
- **Q21** ドライアイスが昇華するのは、極性をもつからである。
- **Q22** ボイルの法則によると、温度が一定の気体の体積と圧力は反比例する。

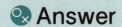

A1	×	ステンレスは、鉄にクロムやニッケルを混ぜた合金であるから、混合物である。
A2	×	単体の中で、同じ元素からできているが、その性質が異なるものは同素体である。たとえば、酸素の同素体として、酸素とオゾンがある。
A3	×	陽子は正に帯電しており、中性子は帯電していない。また、電子は、負に帯電している。
A4	×	原子番号は陽子の数によって決められている。
A5	○	記述のとおりである。なお、中性子の数は原子ごとに異なるし、同じ元素でも中性子数が異なる場合もある。
A6	○	記述のとおりである。ただし、ベリリウム、フッ素、ナトリウム、アルミニウム、リンのように同位体が存在しない元素もある。
A7	×	L殻には8個、M殻には18個の電子が入ることができる。
A8	×	塩素は、希ガスではなく、ハロゲンの1つである。
A9	○	マグネシウムは、2族の金属であるから、2価の陽イオンになる。
A10	○	周期表で、縦の列を族、横の列を周期という。
A11	×	陽イオンと陰イオンを結びつける力は、静電気力(クーロン力)という。
A12	×	塩化マグネシウムの化学式は $MgCl_2$ である。
A13	○	共有する電子を共有電子対という。
A14	×	分子間にはたらく力を分子間力といい、化学結合の中では最も弱い力である。
A15	○	このような結晶を共有結合結晶という。
A16	×	分子間で、正負の静電気によって引き合ってできる結合を、水素結合という。
A17	○	ほとんどの物質は、温度や圧力によって、3つの相変化をする。
A18	×	融解と凝固が逆である。
A19	×	蒸発は熱を吸収する相変化で、そのときの熱を蒸発熱という。
A20	×	凝縮とは、気体から液体に変わる相変化をいう。
A21	×	ドライアイスが昇華するのは、分子を結びつけている分子間力が小さいからである。
A22	○	温度が一定ならば、気体では、体積×圧力＝一定となる。

第2章 化学

第2章 化学
章末 CHECK — Question

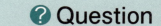

- **Q23** シャルルの法則によると、圧力が一定の気体では、体積と温度が比例する。
- **Q24** nモルの気体では、$PV = nRT$(P：圧力、V：体積、R：気体定数、T：絶対温度)が成り立つ。
- **Q25** アボガドロの法則によると、同温、同圧、同体積の気体は、同数の分子を含む。
- **Q26** ドルトンの分圧の法則とは、混合気体の全圧は、各成分気体の分圧の総和に等しいことである。
- **Q27** 液体に溶けている物質を溶媒、溶媒を溶かしている物質を溶質といい、生じた液体を溶液という。
- **Q28** 水に溶けると電離する物質を電解質、電離しない物質を非電解質という。
- **Q29** モル濃度とは、溶質の質量を溶液の質量で割って百分率で表したものである。
- **Q30** 固体の溶解度は一般に温度が高いと小さいが、気体の溶解度は一般に温度が高いと大きくなる。
- **Q31** コロイドは、ろ紙を通過できないが、半透膜は通過できる。
- **Q32** 水分を多くつけているコロイドを親水コロイドといい、少ないものを疎水コロイドという。
- **Q33** コロイドが絶えず不規則な運動をすることを、チンダル現象という。
- **Q34** 疎水コロイドが沈殿しないように加えられた親水コロイドを塩析という。
- **Q35** 化学反応式では係数は分数でもよいが、熱化学方程式では係数は整数とする。
- **Q36** $N_2 + 3H_2 \rightarrow 2NH_3$という化学反応式から、窒素1 mol、水素3 molからアンモニアが4 molできることがわかる。
- **Q37** 化学反応式の左右において、質量だけが保存される。
- **Q38** $N_2 + O_2 = 2NO - 180.8kJ$は、発熱反応である。
- **Q39** 化学反応において一方の反応の速度と他方の反応の速度が等しくなり、見かけ上反応が止まったように見える状態を化学平衡という。
- **Q40** 化学平衡状態の化学反応において、温度や圧力などの条件を変化させると、それを打ち消すような反応が促進される。これをラボアジェの原理という。

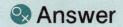

A23 × 比例するのは温度ではなく，絶対温度である。

A24 ○ 厳密には理想気体にのみ成り立つ公式であるが，近似的にすべての気体で成り立つとしてよい。

A25 ○ 別の表現をすると，同温，同圧で気体の体積は分子数に比例する。

A26 ○ ドルトンの分圧の法則より，標準状態では，大気圧は，およそ，窒素が0.8気圧，酸素が0.2気圧になるということである。

A27 × 溶質と溶媒が逆である。

A28 ○ 電解質には，塩化ナトリウム，塩化水素などがあり，非電解質にはエタノールやグルコースなどがある。

A29 × これは質量パーセント濃度の説明である。モル濃度とは，溶液1L中に溶けている溶質の量を物質量で表したものである。

A30 × 固体の溶解度は一般に温度が高いと大きくなるが，気体の溶解度は一般に温度が高いと小さくなる。

A31 × コロイドは，ろ紙を通過できるが，半透膜は通過できない。

A32 ○ 親水コロイドには，デンプン，タンパク質などがあり，疎水コロイドには，炭素，泥，硫黄などがある。

A33 × ブラウン運動の説明である。チンダル現象とは，コロイド溶液に光を当てると，光路が明るく見える現象である。

A34 × 疎水コロイドが沈殿しないように加えられた親水コロイドは保護コロイドという。

A35 × 化学反応式では係数は整数とするが，熱化学方程式では係数は分数でもよい。

A36 × 化学反応式の係数を見ると，アンモニアは2mol できる。

A37 ○ Q36の化学反応では窒素28gと水素6gからアンモニアが34gできる。

A38 × −180.8kJ より，吸熱反応であることがわかる。

A39 ○ 化学平衡状態においても，化学反応は起こっていることに注意しよう。

A40 × このような平衡移動の原理を，ルシャトリエの原理という。

第2章 化学

章末 CHECK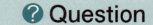

Question

- **Q41** 平衡状態にある化学反応の温度を上げると，発熱方向に平衡が移動する。
- **Q42** 水に溶けると，電離して水素イオンを生ずる化合物を塩基，水酸化物イオンを生ずる化合物を酸という。
- **Q43** 炭酸の価数は2価，水酸化ナトリウムの価数は3価である。
- **Q44** 代表的な強酸は，塩酸，硝酸，硫酸，炭酸などである。
- **Q45** 水素のイオン濃度をpHで表す。pHでは7が中性であり，数字が大きくなると酸性が強くなる。
- **Q46** 酸と塩基を混合して，水と塩ができる化学反応を，中和反応という。
- **Q47** 中和点を知るための指示薬として，フェノールフタレインやメチルオレンジなどがある。
- **Q48** 強酸と弱塩基の塩を加水分解すると，その水溶液は塩基性を示す。
- **Q49** 酸素を失うことを酸化といい，酸素と化合することを還元という。
- **Q50** 電子を放出することを酸化といい，電子を受け取ることを還元という。
- **Q51** 酸化が起こると還元も同時に起こるが，還元だけが起こることもある。
- **Q52** 金属が水溶液中で電子を放出して陽イオンになろうとする性質を，電気陰性度という。
- **Q53** 鉄と銅では，銅のほうがイオン化傾向が大きいため，さびやすい。
- **Q54** 化学電池では，イオン化傾向の大きい金属が正極，イオン化傾向の小さい金属が負極となる。
- **Q55** ヘリウムは，不燃性で最も軽い気体であるから，気球や飛行船などに使われている。
- **Q56** フッ素は，無色の気体で，電気陰性度が全元素中最も小さい。
- **Q57** 塩素は，常温では液体で，刺激臭がある。
- **Q58** 酸素の同素体であるオゾンは，特有の悪臭をもつ淡青色の気体である。
- **Q59** 硫黄には，斜方硫黄，単斜硫黄，ゴム状硫黄などの同位体がある。
- **Q60** 窒素は，空気の約21％を占め，無色・無臭の気体である。常温でも他の物質と反応しやすい。
- **Q61** 黄リンは，マッチ箱の側薬に用いられている。
- **Q62** 炭素の単体であるダイヤモンドの融点は，金に次いで高い。
- **Q63** ケイ素の地球地層（地殻）における存在率は，酸素に次いで第2位である。

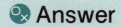

A41	×	平衡状態にある化学反応の温度を上げると,それを打ち消すように温度を下げる方向,すなわち,吸熱方向に平衡が移動する。
A42	×	水に溶けると,電離して水素イオンを生ずる化合物を酸,水酸化物イオンを生ずる化合物を塩基という。
A43	×	炭酸の価数は2価,水酸化ナトリウムの価数は1価である。
A44	×	炭酸や酢酸は弱酸である。
A45	×	pHでは中性は7であり,数字が小さくなるほど酸性は強くなり,数字が大きくなるほど塩基性が強くなる。
A46	○	中和反応では,(酸か塩基の価数)×(物質量)が等しくなる。
A47	○	フェノールフタレインは溶液が塩基性のときに用い,メチルオレンジは溶液が酸性のときに用いる。
A48	×	強酸と弱塩基の塩を加水分解すると,その水溶液は酸性を示す。
A49	×	酸素を失うことを還元といい,酸素と化合することを酸化という。
A50	○	その他,水素を失うことを酸化といい,水素を得ることを還元という。
A51	×	還元だけが起こることはなく,酸化と還元は同時に起こる。
A52	×	金属が水溶液中で電子を放出して陽イオンになろうとする性質を,イオン化傾向という。
A53	×	鉄と銅では,鉄のほうがイオン化傾向が大きいため,さびやすい。
A54	×	化学電池では,イオン化傾向の大きい金属が負極,イオン化傾向の小さい金属が正極となる。
A55	×	最も軽い気体は水素であり,ヘリウムは2番目に軽い気体である。
A56	×	フッ素は,淡黄色の気体で,電気陰性度は全元素中最も大きく4.0である。
A57	×	塩素は,常温では黄緑色の気体で,刺激臭がある。
A58	○	オゾンには,酸化作用,殺菌作用,漂白作用がある。
A59	×	斜方硫黄,単斜硫黄,ゴム状硫黄などは,硫黄の同素体である。
A60	×	窒素は,空気の約78%を占め,無色・無臭の気体である。常温では他の物質と反応しにくい。
A61	×	黄リンは毒性があり,自然発火するため水中で保存する。マッチ箱の側薬には,赤リンが用いられている。
A62	×	ダイヤモンドの融点は,最も高く約3600℃である。
A63	○	ケイ素の単体は,ゲルマニウムとともに半導体の材料にもなる。

第2章 化学

第2章 化学
章末 CHECK

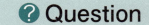 Question

- **Q64** 炭酸ナトリウムの工業的製法を，アンモニアソーダ法またはソルベー法という。
- **Q65** カリウムは黄色の炎色反応を示す。
- **Q66** 酸化カルシウムを消石灰，水酸化カルシウムを生石灰という。
- **Q67** 亜鉛は，酸とも塩基とも反応する不動態である。
- **Q68** 水銀は，常温で液体として存在する唯一の金属元素である。
- **Q69** アルミニウムは，酸とも塩基とも反応するが，濃硝酸や濃硫酸には反応しない。
- **Q70** 鉄は，酸素と反応しやすく，空気中で熱すると赤さびを生成する。
- **Q71** ジュラルミンとは，鉄，クロム，ニッケルの合金である。
- **Q72** 炭化水素に，ハロゲンを加えて光を当てると，水素原子がハロゲン原子に置き換わる反応を，付加反応という。
- **Q73** 炭化水素で，二重結合が切れてそこに他の原子が結びつく反応を，置換反応という。
- **Q74** エタノールは，無色で芳香のする液体であり，水やエーテルに混ざりにくい。

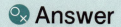

A64	◯	塩化ナトリウムの飽和溶液に，アンモニアと二酸化炭素を吹き込む製法である。
A65	×	黄色の炎色反応を示すのはナトリウムで，カリウムは紫色の炎色反応を示す。
A66	×	酸化カルシウムを生石灰，水酸化カルシウムを消石灰という。
A67	×	酸にも塩基にも反応する金属を，両性金属という。
A68	◯	水銀は，多くの金属とアマルガムという合金をつくる。
A69	◯	このような性質を不動態という。
A70	×	鉄は，酸素と反応しやすく，空気中で熱すると黒さびを生成する。
A71	×	鉄，クロム，ニッケルの合金は，ステンレスである。ジュラルミンは，アルミニウム，銅，マンガン，マグネシウムの合金である。
A72	×	炭化水素に，ハロゲンを加えて光を当てると，水素原子がハロゲン原子に置き換わる反応を，置換反応という。
A73	×	炭化水素で，二重結合が切れてそこに他の原子が結びつく反応を，付加反応という。
A74	×	エタノールは，無色で芳香のする液体であり，水やエーテルに混ざりやすい。

memo

第3章

数学

SECTION

① 式と計算
② 方程式・関数
③ 図形と式
④ 指数・対数・三角比・数列
⑤ 微分・積分
⑥ 図形の計量

第3章 数学

出題傾向の分析と対策

試験名	地上			国家一般職 (旧国Ⅱ)			東京都			特別区			裁判所職員			国税・財務・労基			国家総合職 (旧国Ⅰ)		
年　度	13-15	16-18	19-21	13-15	16-18	19-21	13-15	16-18	19-21	13-15	16-18	19-21	13-15	16-18	19-21	13-15	16-18	19-21	13-15	16-18	19-21
出題数 セクション	3	3	3							2											
式と計算			★							★											
方程式・関数	★★	★★★																			
図形と式	★	★★																			
指数・対数・三角比・数列																					
微分・積分										★											
図形の計量																					
その他																					

（注）　1つの問題において複数の分野が出題されることがあるため，星の数の合計と出題数とが一致しないことがあります。

　2014年から，地方上級以外では出題されていない。なお，国立大学法人や市役所では出題されている。数学は，「2次関数」をはじめとしてxy平面に関する出題がよく見られる。2次関数は，「方程式」や「図形と式」などとの関連性が強いため，一緒に学習するとよいだろう。その他の分野は，特に偏ることなく出題されている。なお，「ベクトル」はほぼ出題されていない。

地方上級

　例年1問出題される。「関数」に関する出題が多い。標準的なレベルよりはやや難しいため，単なる解法パターンの詰め込みでは対応できない。近年は，文章で誘導がついており，空欄を埋める形式の出題が多い。

国家一般職（旧国家Ⅱ種）

　2012年から出題されていない。

東京都

　出題されていない。

特別区

　2014年から出題されないことになった。

裁判所職員

　2012年から出題されていない。

国税専門官・財務専門官・労働基準監督官

　2012年から出題されていない。

国家総合職（旧国家Ⅰ種）

　2012年から出題されていない。

第3章　数学

Advice アドバイス　学習と対策

　数学は，2012年からは国家公務員系では出題がなく，特別区も2014年から出題されないことになった。したがって，地方公務員系の地方上級のみで出題される。数学で必要とされる論理的思考力や計算力は，数的処理や経済原論でも必要とされるから，これらの科目とリンクさせて学習すれば無駄がないだろう。

　地方公務員系の数学は，標準的なレベルよりはやや難しいため，単純な解法パターンの暗記では対応できない。したがって，選択する場合には基本的なレベルからのある程度の準備が必要となるため，学習の効率はよくない。

第3章 SECTION 1 数学
式と計算

必修問題 セクションテーマを代表する問題に挑戦！

式変形について学習します。暗記するのではなく，自分で作って覚えるようにしましょう。

問 素数Aに対し，下のような関係式がある。自然数m，nに対して，Aをmで記述することができるが，そのときAはどのように表されるか。 (地上2005)

$$A = m^3 - n^3$$
$$= (m - n)(m^2 + mn + n^2)$$

1 ： $A = m^2 - m + 1$
2 ： $A = m^2 + m + 1$
3 ： $A = m^2 - 3m + 1$
4 ： $A = 3m^2 + 3m + 1$
5 ： $A = 3m^2 - 3m + 1$

頻出度	地上 ★★★	国家一般職	東京都	特別区
	裁判所職員	国税・財務・労基		国家総合職

必修問題の解説

チェック欄

1回目	2回目	3回目

〈式と計算〉

Aは素数であるから，1かAでないと割り切ることができない。つまり，Aは，

A＝1×A

と表すことができる。

したがって，

A×1＝$(m-n)(m^2+mn+n^2)$

の右辺より，次の①，②の場合が考えられる。

	$m-n$	m^2+mn+n^2
①	A	1
②	1	A

①のとき

$m^2+mn+n^2=1$であるが，m，nは自然数（1以上の整数）であるから，m^2，mn，n^2の各項は1以上の整数になる。したがって，m^2+mn+n^2は少なくとも3以上の値をとるため，不適である。

②のとき

$m-n=1$より，$n=m-1$となる。これをA＝m^2+mn+n^2に代入すると，

$$A=m^2+mn+n^2$$
$$=m^2+m(m-1)+(m-1)^2$$
$$=m^2+m^2-m+m^2-2m+1$$
$$=3m^2-3m+1$$

よって，正解は肢5である。

正答 5

1 数の計算

(1) 有理数

有理数とは、整数 m, n で、$\frac{n}{m}$ ($m \neq 0$) と表される数のことです。すなわち、整数と分数のことです。分数を小数に直すと、割り切れるものと、割り切れずに同じ数が繰り返されるものとに分かれます。割り切れるものは有限小数といい、同じ数が規則的に繰り返されるものは循環小数といいます。

(2) 無理数

無理数とは、整数 m, n を用いて、$\frac{n}{m}$ と表すことができない数のことです。循環しない無限小数のことです。

たとえば、$\sqrt{2}$ や π を小数に直すと、

$\sqrt{2} = 1.41421356\cdots$

$\pi = 3.141592653\cdots$

となり、無限に続きますが規則性はありません。これらは循環しない無限小数であり、無理数です。

$$\text{実数}\begin{cases}\text{有理数}\begin{cases}\text{整数}\begin{cases}\text{正の整数(自然数)}\\0\\\text{負の整数}\end{cases}\\\text{分数}\begin{cases}\text{有限小数}\ \cdots\ 0.5,\ 0.25\text{など}\\\text{循環小数}\ \cdots\ 0.\dot{3},\ 0.\dot{1}\dot{6}\text{など}\end{cases}\end{cases}\\\text{無理数}\ =\text{循環しない無限小数}\ \cdots\ \sqrt{2},\ \pi\text{など}\end{cases}$$

2 平方根と有理化

(1) 平方根

2乗して a ($a > 0$) となる数を、a の平方根といいます。

a の平方根には $+\sqrt{a}$, $-\sqrt{a}$ があり、$\sqrt{a^2} = |a|$ となります。

(2) 有理化

分母に根号が含まれている場合、有理化して分母に根号を含まない形にします。

① $\dfrac{1}{\sqrt{a}} = \dfrac{1 \times \sqrt{a}}{\sqrt{a} \times \sqrt{a}} = \dfrac{\sqrt{a}}{a}$

② $\dfrac{1}{\sqrt{a} + \sqrt{b}} = \dfrac{\sqrt{a} - \sqrt{b}}{(\sqrt{a} + \sqrt{b})(\sqrt{a} - \sqrt{b})} = \dfrac{\sqrt{a} - \sqrt{b}}{a - b}$

INPUT

3 整式の乗法と因数分解

(1) 整式

　数，文字またはそれらの積で表された式を単項式，いくつかの単項式の和で表された式を多項式といいます。単項式と多項式をまとめて整式といいます。1つの整式の中で各項の次数のうち最高のものを，その整式の次数といいます。

(2) 整式の乗法と因数分解

　下の式で，左辺から右辺の計算を展開，右辺から左辺の計算を因数分解といいます。以下の10個の公式は覚えておくとよいでしょう。

① $m(a+b)=ma+mb$

② $(a+b)^2=a^2+2ab+b^2$

③ $(a-b)^2=a^2-2ab+b^2$

④ $(a+b)(a-b)=a^2-b^2$

⑤ $(x+a)(x+b)=x^2+(a+b)x+ab$

⑥ $(ax+b)(cx+d)=acx^2+(ad+bc)x+bd$

⑦ $(a+b)^3=a^3+3a^2b+3ab^2+b^3$

⑧ $(a-b)^3=a^3-3a^2b+3ab^2-b^3$

⑨ $(a+b)(a^2-ab+b^2)=a^3+b^3$

⑩ $(a-b)(a^2+ab+b^2)=a^3-b^3$

4 整式の除法

(1) 整式の除法

　整式 $A(x)$ を整式 $B(x)$ で割ったときの商を $Q(x)$，余りを $R(x)$ とすると，

　　$A(x)=B(x)Q(x)+R(x)$　　（ただし，$R(x)$ の次数は $B(x)$ の次数より低い）

となります。特に，$R(x)=0$ のとき，$A(x)$ は $B(x)$ で割り切れるといいます。

(2) 剰余の定理

　x の整式を $f(x)$，$g(x)$ などの記号で表し，$x=a$ のときの $f(x)$ の値を $f(a)$ で表します。このとき，x の整式 $f(x)$ を $x-a$ で割ったときの余りは $f(a)$ に等しくなります。

　たとえば，$f(x)=x^2+2x+3$ のとき，$f(1)=6$ となり，$f(x)=(x-1)(x+3)+6$ となります。

(3) 因数定理

　x の整式 $f(x)$ において，$f(a)=0$ ならば，$f(x)$ は $x-a$ で割り切れ，その逆も成り立ちます。このとき，$x-a$ を $f(x)$ の因数といいます。

　たとえば，$f(x)=x^2-2x-3$ のとき，$f(3)=0$ となるため，$f(x)=(x-3)(x+1)$ となります。すなわち，x^2-2x-3 を因数分解したことになります。

SECTION 1 式と計算

実践　問題 127　基本レベル

問 小数点以下の数字の並びが無限に続く小数のことを無限小数といい，そのうち，ある桁から同じ数字の配列が繰り返される小数のことを循環小数という。たとえば，0.333333…と続く循環小数を分数の形で表すには，$x=0.\dot{3}$とおいて，以下のように計算する。

$$10x = 3.33333\cdots$$
$$-)\ \ x = 0.33333\cdots$$
$$9x = 3$$
$$x = \frac{3}{9} = \frac{1}{3}$$

循環小数$4.\dot{3}\dot{6}$（＝4.363636…）を既約分数（これ以上，約分できない分数）の形で表したとき，既約分数の分母となる数はいくらか。　　　　　（地上2020）

1 ： 9
2 ： 11
3 ： 50
4 ： 90
5 ： 99

実践 問題 127 の解説

〈循環小数〉

$x = 4.\dot{3}\dot{6}$ とおくと，

$$\begin{array}{r} 100x = 436.3636\cdots \\ -)x = 4.3636\cdots \\ \hline 99x = 432 \end{array}$$

$$x = \frac{432}{99} = \frac{48}{11}$$

したがって，$4.\dot{3}\dot{6}$ を既約分数の形で表したときの分母は11である。
よって，正解は肢2である。

正答 2

第3章 SECTION 1 数学 式と計算

実践 問題 128 **基本レベル**

問 $ax+by=c$, $by+cz=a$, $cz+ax=b$, $abc(a+b+c) \neq 0$ のとき, $\dfrac{1}{x+1}+\dfrac{1}{y+1}+\dfrac{1}{z+1}$ の値はどれか。 （裁事・家裁2009）

1 : 2
2 : 1
3 : $\dfrac{1}{2}$
4 : -1
5 : -2

OUTPUT

チェック欄		
1回目	2回目	3回目

実践 問題 **128** **の解説**

〈式と計算〉

$ax + by = c$ ······①

$by + cz = a$ ······②

$cz + ax = b$ ······③

①+②+③より,

$2(ax + by + cz) = a + b + c$

これに①を代入すると,

$2(c + cz) = a + b + c$

$2c(z + 1) = a + b + c$

$a + b + c \neq 0$より,

$$\frac{1}{z + 1} = \frac{2c}{a + b + c}$$

同様に,

$$\frac{1}{x + 1} = \frac{2a}{a + b + c}, \quad \frac{1}{y + 1} = \frac{2b}{a + b + c}$$

したがって,

$$\frac{1}{x + 1} + \frac{1}{y + 1} + \frac{1}{z + 1} = \frac{2a}{a + b + c} + \frac{2b}{a + b + c} + \frac{2c}{a + b + c} = 2$$

よって, 正解は肢1である。

第3章

数学

正答 **1**

LEC東京リーガルマインド　2022-2023年合格目標 公務員試験 本気で合格！過去問解きまくり！　369
⑦自然科学Ⅰ

SECTION 1 数学 式と計算

実践 問題 129 基本レベル

問 $x+y=1$, $x^3+y^3=2$ のとき x^6y+xy^6 の値はいくらか。 （国Ⅰ2006）

1 : $-\dfrac{31}{27}$

2 : $-\dfrac{29}{27}$

3 : $-\dfrac{5}{27}$

4 : $\dfrac{5}{27}$

5 : $\dfrac{29}{27}$

OUTPUT

実践 ▶ 問題 **129** **の解説** ───────

チェック欄		
1回目	2回目	3回目

〈式と計算〉

$$\begin{cases} x + y = 1 \quad \cdots\cdots① \\ x^3 + y^3 = 2 \cdots\cdots② \end{cases}$$

$x + y = 1$ の両辺を3乗すると，

$$(x + y)^3 = 1$$
$$x^3 + 3x^2y + 3xy^2 + y^3 = 1$$
$$x^3 + y^3 + 3xy(x + y) = 1$$

これに①，②を代入して，

$$xy = -\frac{1}{3} \quad \cdots\cdots③$$

を得る。次に，$x + y = 1$ の両辺を2乗して，

$$(x + y)^2 = 1$$
$$x^2 + 2xy + y^2 = 1$$

これに③を代入して，

$$x^2 + y^2 = \frac{5}{3} \quad \cdots\cdots④$$

を得る。すると，①～④より，

$$(x^2 + y^2)(x^3 + y^3) = \frac{5}{3} \times 2 = \frac{10}{3}$$

$$x^5 + y^5 + x^2 y^2(x + y) = \frac{10}{3}$$

$$x^5 + y^5 + \left(-\frac{1}{3}\right)^2 \times 1 = \frac{10}{3}$$

$$x^5 + y^5 = \frac{29}{9}$$

以上より，

$$x^6 y + xy^6 = xy(x^5 + y^5)$$
$$= \left(-\frac{1}{3}\right) \times \frac{29}{9}$$
$$= -\frac{29}{27}$$

よって，正解は肢2である。

第3章

数学

正答 **2**

第3章 SECTION 1 数学
式と計算

実践 問題 130 〈基本レベル〉

問 有理数 $p,\ q,\ r$ は，$p(1+\sqrt{2})+q(2+\sqrt{3})+r\sqrt{3}=2\sqrt{2}+\sqrt{3}$ を満たしている。r を求めよ。　　　　　　　　　　　　　　　　（地上2002）

1： -2
2： -1
3：　0
4：　1
5：　2

OUTPUT

実践 問題 **130** の解説

〈恒等式〉

与式より,

$$p + p\sqrt{2} + 2q + q\sqrt{3} + r\sqrt{3} = 2\sqrt{2} + \sqrt{3}$$
$$(p + 2q) + p\sqrt{2} + (q + r)\sqrt{3} = 2\sqrt{2} + \sqrt{3}$$

となる。ここで, p, q, rは有理数であり, $\sqrt{2}$, $\sqrt{3}$が無理数であるから, 整数部分, $\sqrt{2}$の係数, $\sqrt{3}$の係数を左辺と右辺で比較すると,

$$\begin{cases} p + 2q = 0 \\ p = 2 \\ q + r = 1 \end{cases}$$

となる。これらを解くと,

$$p = 2, \quad q = -1, \quad r = 2$$

となる。

よって, 正解は肢5である。

【ポイント】

数の分類は以下のとおりである。

$$数 \begin{cases} 実数 \begin{cases} 有理数 \begin{cases} 整数 \begin{cases} 正の整数(自然数) \\ 0 \\ 負の整数 \end{cases} \\ 分数 \end{cases} \\ 無理数 \end{cases} \\ 虚数 \end{cases}$$

正答 5

第3章 SECTION 1 数学
式と計算

実践 問題 131 基本レベル

問 $\sqrt{3}$ は $\sqrt{3} = 1 + \cfrac{1}{1+\cfrac{1}{2+\cfrac{1}{1+\cfrac{1}{2+\cfrac{1}{1+\cfrac{1}{\cdots}}}}}}$ というように分母が無限に続く分数

で表すことができる。$\sqrt{5}$ を同じように表すときに以下の手順で行ったとき,空所オに入る数値として正しいのはどれか。　　　　　　　　　　(地上2008)

$\sqrt{5} = 2.236\cdots$ より,$\sqrt{5}$ を超えない最大の整数は 2 なので,$\sqrt{5} = 2 + \dfrac{1}{x_1}$ と表すことができる。これより,$x_1 = \dfrac{1}{\sqrt{5}-2}$ として有理化をすると,$x_1 = \boxed{\text{ア}}$ となる。これより,

$x_1 = \boxed{\text{イ}} + \dfrac{1}{x_2}$

$x_2 = \boxed{\text{ウ}} + \dfrac{1}{x_3}$

$x_3 = \boxed{\text{エ}} + \dfrac{1}{x_4}$

$x_4 = \boxed{\text{オ}} + \dfrac{1}{x_5}$

と表すことができ,これより,$\sqrt{5} = 2 + \cfrac{1}{\boxed{\text{イ}}+\cfrac{1}{\boxed{\text{ウ}}+\cfrac{1}{\boxed{\text{エ}}+\cfrac{1}{\boxed{\text{オ}}+\cfrac{1}{\cdots}}}}}$ となる。

1 ： 1
2 ： 2
3 ： 3
4 ： 4
5 ： 5

OUTPUT

実践 問題 **131** の解説

〈有理化〉

まず，$x_1 = \dfrac{1}{\sqrt{5} - 2}$ を有理化すると，

$$x_1 = \dfrac{1 \times (\sqrt{5} + 2)}{(\sqrt{5} - 2) \times (\sqrt{5} + 2)}$$

$$= \sqrt{5} + 2 \qquad \cdots\cdots(ア)$$

となる。

ここで，$\sqrt{5} + 2 = 4.236\cdots$ より，x_1を超えない最大の整数は 4 であるため，

$$x_1 = \underline{4} + \dfrac{1}{x_2} \quad \cdots\cdots(イ)$$

と表すことができる。

このとき，$x_1 = \sqrt{5} + 2$ であるため，$\sqrt{5} + 2 = 4 + \dfrac{1}{x_2}$ となり，これを解くと，

$$x_2 = \dfrac{1}{\sqrt{5} - 2} = \sqrt{5} + 2$$

となる。同様に，$\sqrt{5} + 2 = 4.236\cdots$ であるため，x_2を超えない最大の整数も 4 であるから，

$$x_2 = \underline{4} + \dfrac{1}{x_3} \quad \cdots\cdots(ウ)$$

と表すことができる。

これを解くと，$x_3 = \dfrac{1}{\sqrt{5} - 2} = \sqrt{5} + 2$ となるから，x_3，x_4 も同様に解くことができ，それぞれ，

$$x_3 = \underline{4} + \dfrac{1}{x_4} \quad \cdots\cdots(エ)$$

$$x_4 = \underline{4} + \dfrac{1}{x_5} \quad \cdots\cdots(オ)$$

と表すことができ，これより，

$$\sqrt{5} = 2 + \cfrac{1}{4 + \cfrac{1}{4 + \cfrac{1}{4 + \cfrac{1}{4 + \cfrac{1}{\cdots}}}}}$$

となる。

よって，正解は肢 4 である。

正答 4

第3章 数学

問 ある4次式は、x^4の係数が2であり、x^2-1で割ると$x-4$余り、x^2-4で割ると、$x-1$余るという。この4次式として妥当なのは次のうちどれか。

(国税・労基1993)

1 : $2x^4 - 5x^2 + x - 3$
2 : $2x^4 - 7x^2 + x + 5$
3 : $2x^4 - 7x^2 + x + 11$
4 : $2x^4 - 7x^2 + x - 3$
5 : $2x^4 - 9x^2 + x + 3$

OUTPUT

チェック欄		
1回目	2回目	3回目

実践 問題 **132** の解説

〈整式の割り算〉

求める 4 次式を,

$$f(x) = 2x^4 + ax^3 + bx^2 + cx + d \quad \cdots\cdots①$$

とおく。

すると, $x^2 - 1 = (x-1)(x+1)$, $x^2 - 4 = (x-2)(x+2)$ と因数分解できるから, $f(x)$ を $x^2 - 1$, $x^2 - 4$ で割ったときの商をそれぞれ $P(x)$, $Q(x)$ とすると,

$$f(x) = (x-1)(x+1)P(x) + x - 4 \quad \cdots\cdots②$$
$$f(x) = (x-2)(x+2)Q(x) + x - 1 \quad \cdots\cdots③$$

と表せる。ここで, **剰余の定理**を用いる。

①, ②に $x = \pm 1$ を代入すると,

$$f(1) = 2 + a + b + c + d = -3$$
$$f(-1) = 2 - a + b - c + d = -5$$

①, ③に $x = \pm 2$ を代入すると,

$$f(2) = 32 + 8a + 4b + 2c + d = 1$$
$$f(-2) = 32 - 8a + 4b - 2c + d = -3$$

したがって, 次の連立方程式を解けばよい。

$$\begin{cases} a + b + c + d = -5 \\ -a + b - c + d = -7 \\ 8a + 4b + 2c + d = -31 \\ -8a + 4b - 2c + d = -35 \end{cases}$$

これより, $a = 0$, $b = -9$, $c = 1$, $d = 3$ と求まる。

$$f(x) = 2x^4 - 9x^2 + x + 3$$

よって, 正解は肢 5 である。

【コメント】

選択肢を見ると $a = 0$, $c = 1$ のものしかないため, はじめから $a = 0$, $c = 1$ として計算すると, 効率化できる。

第3章 数学

正答 5

第3章 SECTION 1 数学
式と計算

実践 問題 133 応用レベル

問 一般に $(a+b)^n$ の展開式は次のようになる。

$$(a+b)^n = \sum_{k=0}^{n} {}_nC_k a^k b^{n-k} = a^n + {}_nC_1 a^{n-1} b^1 + {}_nC_2 a^{n-2} b^2 + \cdots\cdots + b^n$$

これを利用して 8^{50} を 7 で割ったときの余りとして正しいのは次のうちどれか。 (地上2003)

1 : 1
2 : 2
3 : 3
4 : 4
5 : 5

OUTPUT

実践 問題 **133** **の解説**

〈整数問題〉

与式に $a = 7$，$b = 1$，$n = 50$ を代入すると，

$$(7 + 1)^{50} = \sum_{k=0}^{50} {}_{50}C_k \cdot 7^k \cdot 1^{50-k}$$

$$= 7^{50} + {}_{50}C_1 \cdot 7^{49} \cdot 1^1 + {}_{50}C_2 \cdot 7^{48} \cdot 1^2 + \cdots\cdots + {}_{50}C_{49} \cdot 7^1 \cdot 1^{49} + 1^{50}$$

$$8^{50} = 7^{50} + {}_{50}C_1 \cdot 7^{49} \cdot 1^1 + {}_{50}C_2 \cdot 7^{48} \cdot 1^2 + \cdots\cdots + {}_{50}C_{49} \cdot 7^1 \cdot 1^{49} + 1^{50}$$

ここで，右辺の各項を見ると，第1項は7の倍数で，第2項以降も7の倍数であるが，最後の項（$1^{50} = 1$）だけ7の倍数でないことがわかる。

したがって，

$$8^{50} = 7 \times (ある整数) + 1$$

となり，8^{50} を7で割ったときの余りは1となる。

よって，正解は肢1である。

正答 **1**

数学 方程式・関数

必修問題 セクションテーマを代表する問題に挑戦！

頻出分野，2次関数が登場します。方程式と合わせて学習しましょう。

問 a を定数とし，x の2次関数
$$y = 2x^2 - 4ax + 8a + 10$$
のグラフが x 軸と接するとき，とり得る a の値をすべて挙げているのはどれか。

(国Ⅱ 2009)

1 ： -1，5
2 ： 1，3
3 ： 2
4 ： $2-\sqrt{5}$，$2+\sqrt{5}$
5 ： $1-2\sqrt{2}$，$1+2\sqrt{2}$

| 頻出度 | 地上★★★ | 国家一般職 | 東京都 | 特別区 |
| | 裁判所職員 | 国税・財務・労基 | | 国家総合職 |

必修問題の解説

チェック欄

1回目	2回目	3回目

〈2次関数〉

x軸を方程式で表すと，$y = 0$となるから，問題は「**2次関数のグラフ（放物線）と直線が接する**」条件となる。2次関数のグラフ（放物線）と直線が接するとき，連立方程式の**判別式 D が 0** となるため，これを利用する。

$y = 2x^2 - 4ax + 8a + 10$ ……①

$y = 0$ ……②

②を①に代入すると，

$2x^2 - 4ax + 8a + 10 = 0$ ……③

③の判別式を D とおくと，接する条件より，$D = 0$ となるから，

$D = (-4a)^2 - 4 \times 2 \times (8a + 10) = 0$

$16a^2 - 64a - 80 = 0$

$a^2 - 4a - 5 = 0$

$(a + 1)(a - 5) = 0$

$a = -1,\ 5$

となる。

よって，正解は肢1である。

正答 1

第3章 数学

第3章 SECTION 2 数学
方程式・関数

1 ▶ 2次方程式

(1) 解の公式

2次方程式 $ax^2 + bx + c = 0$ ($a \neq 0$) において，これを満たす x は，

$$x = \frac{-b \pm \sqrt{b^2 - 4ac}}{2a}$$

となります。この値を2次方程式の解といいます。

ここで，$f(x) = ax^2 + bx + c$ とおくと，2次方程式の解は $f(x) = 0$ となる x の値，つまり，右の図のような x 軸との交点の座標を求めることになります。

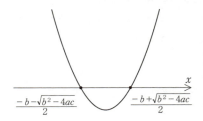

(2) 判別式による解の判別

2次方程式 $ax^2 + bx + c = 0$ ($a \neq 0$) の解の種類は，解の公式中の根号の値で分かれます。このため根号内を判別式といっています。

判別式は $D = b^2 - 4ac$ で表され，次のことが成り立ちます。

$D > 0$	$D = 0$	$D < 0$
異なる2実数解をもつ。	重解をもつ。	実数解をもたない。(異なる2虚数解をもつ)
($a > 0$ のとき)	($a > 0$ のとき)	($a > 0$ のとき)

(3) 2次方程式の解と係数の関係

2次方程式 $ax^2 + bx + c = 0$ ($a \neq 0$) の2つの解を α，β とするとき，次の関係式が成り立ちます。

$$\alpha + \beta = -\frac{b}{a}, \quad \alpha\beta = \frac{c}{a}$$

(4) 2次方程式と虚数解

2次方程式 $ax^2 + bx + c = 0$ ($a \neq 0$) の判別式が $D < 0$ のとき，2つの解は共役な複素数 ($x = p + qi$，$p - qi$) となります。

INPUT

② 関数

(1) 1次関数とグラフ

1次関数 $y = ax + b\,(a \neq 0)$ のグラフは，傾き a の直線で，y 軸と点 $(0, b)$ で交わります（y 切片が b）。このとき，$a > 0$ ならば右上がりの直線，$a < 0$ ならば右下がりの直線となります。

(2) 2次関数とグラフ

① 原点を通る2次関数

2次関数 $y = ax^2\,(a \neq 0)$ のグラフは，原点を通る放物線になります。

② 2次関数の標準形

$y = ax^2\,(a \neq 0)$ のグラフを，

x 軸方向に $+ p$，y 軸方向に $+ q$

平行移動したものは，以下の式で表されます。

$$y = a(x - p)^2 + q\,(a \neq 0)$$

頂点の座標 (p, q)，放物線の軸　$x = p$

③ 2次関数の一般形

$$y = ax^2 + bx + c$$

2次関数のグラフを描くためには，方程式を平方完成して標準形になるように式変形しなければなりません。

$$y = a\left(x + \frac{b}{2a}\right)^2 - \frac{b^2 - 4ac}{4a}$$

頂点の座標 $\left(-\dfrac{b}{2a}, -\dfrac{b^2 - 4ac}{4a}\right)$

放物線の軸　$x = -\dfrac{b}{2a}$

平方完成の方法

$$
\begin{aligned}
y &= ax^2 + bx + c \\
&= a\left(x^2 + \frac{b}{a}x\right) + c \\
&= a\left\{x^2 + \frac{b}{a}x + \left(\frac{b}{2a}\right)^2 - \left(\frac{b}{2a}\right)^2\right\} + c \\
&= a\left(x + \frac{b}{2a}\right)^2 - a\left(\frac{b}{2a}\right)^2 + c \\
&= a\left(x + \frac{b}{2a}\right)^2 - \frac{b^2 - 4ac}{4a}
\end{aligned}
$$

③ 二項定理

$(a + b)^n$ の展開式の係数は，組合せの記号 C を使って，次のように表せます。

$$(a + b)^n = {}_nC_0 a^n + {}_nC_1 a^{n-1}b + {}_nC_2 a^{n-2}b^2 + \cdots\cdots + {}_nC_r a^{n-r}b^r + \cdots\cdots + {}_nC_n b^n$$

第3章 SECTION 2 数学
方程式・関数

実践 問題 134 基本レベル

[問] 2次方程式 $2x^2-3x+6=0$ の2つの解を α, β とするとき, $\alpha-\dfrac{1}{\beta}$, $\beta-\dfrac{1}{\alpha}$ を解に持つ2次方程式はどれか。　　　　　（特別区2011）

1 : $3x^2-3x+4=0$
2 : $3x^2-6x+4=0$
3 : $3x^2+6x+4=0$
4 : $6x^2-5x+8=0$
5 : $6x^2+5x+8=0$

OUTPUT

チェック欄		
1回目	2回目	3回目

実践 ▶ 問題 **134** の解説

〈解と係数の関係〉

2次方程式 $2x^2 - 3x + 6 = 0$ の2つの解を α，β とすると，解と係数の関係より，

$$\alpha + \beta = \frac{3}{2}, \quad \alpha\beta = 3 \quad \cdots\cdots①$$

また，$\alpha - \dfrac{1}{\beta}$，$\beta - \dfrac{1}{\alpha}$ を解にもつ2次方程式は，解と係数の関係より，

$$x^2 - \left\{ \left(\alpha - \frac{1}{\beta}\right) + \left(\beta - \frac{1}{\alpha}\right) \right\} x + \left(\alpha - \frac{1}{\beta}\right) \times \left(\beta - \frac{1}{\alpha}\right) = 0 \quad \cdots\cdots②$$

と表すことができる。ここで，

$$\left(\alpha - \frac{1}{\beta}\right) + \left(\beta - \frac{1}{\alpha}\right) = (\alpha + \beta) - \left(\frac{1}{\alpha} + \frac{1}{\beta}\right) = (\alpha + \beta) - \frac{\alpha + \beta}{\alpha\beta} \quad \cdots\cdots③$$

①を③に代入すると，

$$\left(\alpha - \frac{1}{\beta}\right) + \left(\beta - \frac{1}{\alpha}\right) = \frac{3}{2} - \frac{\frac{3}{2}}{3} = 1 \quad \cdots\cdots④$$

また，

$$\left(\alpha - \frac{1}{\beta}\right) \times \left(\beta - \frac{1}{\alpha}\right) = \alpha\beta + \frac{1}{\alpha\beta} - 2 \quad \cdots\cdots⑤$$

①を⑤に代入すると，

$$\left(\alpha - \frac{1}{\beta}\right) \times \left(\beta - \frac{1}{\alpha}\right) = 3 + \frac{1}{3} - 2 = \frac{4}{3} \quad \cdots\cdots⑥$$

④と⑥を②に代入すると，

$$x^2 - x + \frac{4}{3} = 0$$

係数を整数にするために，両辺に3をかけると，

$$3x^2 - 3x + 4 = 0$$

となる。

よって，正解は肢1である。

第3章 数学

正答 **1**

LEC東京リーガルマインド　2022-2023年合格目標 公務員試験 本気で合格！過去問解きまくり！　385
⑦自然科学 I

第3章 SECTION ② 数学
方程式・関数

実践 問題 135 基本レベル

問 不等式 $x^2 - 6 < |x|$ を解け。　　　　　　　　　　　　　（地上1992）

1：$-3 < x < 3$
2：$-\sqrt{6} < x < 3$
3：$-2 < x < \sqrt{6}$
4：$-3 < x < \sqrt{6}$, $\sqrt{6} < x < 3$
5：$x < -3$, $x > 3$

OUTPUT

チェック欄		
1回目	2回目	3回目

実践 問題 **135** の解説 ────────────

〈2次不等式〉

　絶対値記号がついているから，その中が正のときと負のときに分けて，絶対値記号をはずさなくてはならない。本問の場合は x に直接絶対値記号がついているため，$x \geqq 0$ のときと $x < 0$ のときとに分ければよい。

(ⅰ) **$x \geqq 0$ のとき**

　　与えられた不等式は，$x^2 - 6 < x$ となる。

$$x^2 - x - 6 < 0$$
$$(x - 3)(x + 2) < 0$$
$$-2 < x < 3$$

　　ただし，ここでは $x \geqq 0$ であるから，$0 \leqq x < 3$　……①

(ⅱ) **$x < 0$ のとき**

　　与えられた不等式は，$x^2 - 6 < -x$ となる。

$$x^2 + x - 6 < 0$$
$$(x + 3)(x - 2) < 0$$
$$-3 < x < 2$$

　　ただし，ここでは $x < 0$ であるから，$-3 < x < 0$　……②

　①，②より，$-3 < x < 3$ となる。

　よって，正解は肢1である。

正答 **1**

第3章 SECTION 2 数学 方程式・関数

実践 問題 136 基本レベル

問 座標平面上において, 双曲線 $y = \dfrac{1}{x}$ の平行移動を考える。たとえば, $y = \dfrac{x}{x-1}$ について見ると, 右辺は $\dfrac{x}{x-1} = \dfrac{1}{x-1} + 1$ と変形できるので, $y = \dfrac{x}{x-1}$ のグラフは $y = \dfrac{1}{x}$ のグラフを x 軸方向に $+1$, y 軸方向に $+1$ 移動したものだとわかる。

では, $y = \dfrac{-4x-7}{x+2}$ のグラフは, $y = \dfrac{1}{x}$ のグラフを x 軸方向, y 軸方向にそれぞれいくら平行移動したものであるか。

(地上2017)

	x 軸方向	y 軸方向
1:	-2	$+1$
2:	-2	-4
3:	-2	-7
4:	-4	-2
5:	-4	-7

OUTPUT

実践 ▶ 問題 **136** **の解説**

チェック欄

1回目	2回目	3回目

〈双曲線の平行移動〉

$y = \dfrac{-4x - 7}{x + 2}$ の右辺は,

$$\dfrac{-4x - 7}{x + 2} = \dfrac{-4(x + 2) + 1}{x + 2} = -4 + \dfrac{1}{x + 2}$$

と変形できる。

したがって,

$$y = -4 + \dfrac{1}{x + 2}$$

$$y + 4 = \dfrac{1}{x + 2}$$

となるから，$y = \dfrac{1}{x}$ のグラフを x 軸方向に -2，y 軸方向に -4 平行移動したもの

である。

よって，正解は肢 2 である。

【コメント】

$y = f(x)$ を x 軸方向に a，y 軸方向に b 平行移動したグラフは,

$$y - b = f(x - a)$$

である。**x の代わりに $x - a$，y の代わりに $y - b$ を代入する**と理解しておくと
よい。

第3章

数学

正答 **2**

LEC東京リーガルマインド　2022-2023年合格目標 公務員試験 本気で合格！過去問解きまくり！
⑦自然科学Ⅰ

第3章 SECTION 2 数学
方程式・関数

実践 問題 137 基本レベル

頻出度	地上★★★	国家一般職	東京都	特別区
	裁判所職員	国税・財務・労基		国家総合職

[問] 右図のように，$y = x$，$y = -\dfrac{1}{2}x + 6$ と x 軸で囲まれる△OAB の内部に長方形 PQRS がある。空欄ア，イに入る式および数値の組合せとして妥当なのは，次のうちどれか。

(地上2016)

この長方形 PQRS の面積の最大値を次のようにして考える。

Q の座標を $(q, 0)$ とすると，P，R，S も q を用いて表すことができるので，QR の長さは ア である。

これより PQRS の面積が最大になる q の値は イ である。

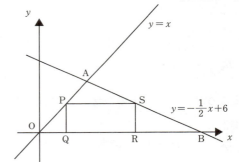

	ア	イ
1	$-\dfrac{3}{2}q + 6$	3
2	$-\dfrac{3}{2}q + 6$	2
3	$-q + 12$	2
4	$-3q + 12$	3
5	$-3q + 12$	2

OUTPUT

チェック欄		
1回目	2回目	3回目

実践 問題 **137** **の解説** ————————————

〈最大・最小〉

Pのx座標はQのx座標と等しいため，qとなる。また，Pは$y = x$上の点であるため，Pのy座標は，$x = q$を代入して，

$$y = q$$

となる。したがって，Pの座標は$(q，q)$となる。

また，Sのy座標はPのy座標と等しく，Sは$y = -\dfrac{1}{2}x + 6$上の点であるため，Sのx座標は，

$$q = -\frac{1}{2}x + 6$$

$$\frac{1}{2}x = -q + 6$$

$$x = -2q + 12$$

となる。

QRの長さはPSの長さと等しく，PSの長さはSのx座標からPのx座標を引けば求められるため，

$$(-2q + 12) - q = -3q + 12 \quad \cdots\cdots \boxed{\text{ア}}$$

である。

PQの長さはqであり，長方形PQRSの面積は（PQの長さ）×（PSの長さ）で求められるため，

$$q(-3q + 12)$$
$$= -3(q^2 - 4q)$$
$$= -3(q^2 - 4q + 4 - 4)$$
$$= -3\{(q - 2)^2 - 4\}$$
$$= -3(q - 2)^2 + 12$$

となることから，長方形PQRSの面積は$q = 2$のとき，最大値12となる。$\cdots\cdots \boxed{\text{イ}}$

したがって，アは$-3q + 12$，イは2となる。

よって，正解は肢5である。

正答 5

第3章 数学

第3章 SECTION 2 数学
方程式・関数

実践　問題 138　基本レベル

頻出度　地上★★　国家一般職　東京都　特別区
　　　　裁判所職員　国税・財務・労基　国家総合職

問 関数の最小値に関する次の文のア〜エに入るものがいずれも正しいのはどれか。
(地上2018)

2次関数 $f(x) = x^2 - 2ax + 2a^2 + 2a + 1$（$a$ は実数）の $-2 \leq x \leq 0$ における最小値について考える。$y = f(x)$ のグラフは放物線であり、軸は $x = a$ であるから、その最小値は a の値によって異なる。したがって、$y = f(x)$ の最小値を $m(a)$ として、次の(i)〜(iii)の場合に分けて考える。

(i) 図Ⅰのように、$y = f(x)$ の軸が $x = -2$ より左にあるとき、$-2 \leq x \leq 0$ における $y = f(x)$ の最小値 $m(a)$ は ア となり、$a < -2$ であるから $m(a) > 1$ となる。

(ii) 図Ⅱのように、$y = f(x)$ の軸が $-2 \leq x \leq 0$ の範囲にあるとき、$-2 \leq x \leq 0$ における $y = f(x)$ の最小値 $m(a) = f(a) = a^2 + 2a + 1$ となる。
　$m(a) = a^2 + 2a + 1 = (a+1)^2$ と変形できるから、$m(a)$ は $a = $ イ のとき最小値をとるので、$m(a) \geq $ ウ となる。

(iii) 図Ⅲのように、$y = f(x)$ の軸が $x = 0$ より右にあるとき、$-2 \leq x \leq 0$ における $y = f(x)$ の最小値 $m(a)$ は エ となり、$a > 0$ であるから、$m(a) > 1$ となる。

図Ⅰ　$x = a$
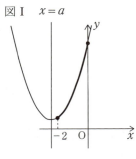

図Ⅱ　$x = a$
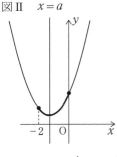

図Ⅲ　$x = a$
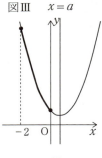

	ア	イ	ウ	エ
1	$f(-2) = 2a^2 + 6a + 5$	0	0	$f(0) = 2a^2 + 2a + 1$
2	$f(-2) = 2a^2 + 6a + 5$	-1	0	$f(0) = 2a^2 + 2a + 1$
3	$f(-2) = 2a^2 + 6a + 5$	-1	1	$f(0) = 2a^2 + 2a + 1$
4	$f(0) = 2a^2 + 2a + 1$	0	0	$f(-2) = 2a^2 + 6a + 5$
5	$f(0) = 2a^2 + 2a + 1$	-1	1	$f(-2) = 2a^2 + 6a + 5$

実践 問題 138 の解説

〈2次関数の最小値〉

$f(x) = x^2 - 2ax + 2a^2 + 2a + 1$
$= (x-a)^2 + a^2 + 2a + 1$

であるから，$y = f(x)$ のグラフは，直線 $x = a$ を軸とし，点 $(a, a^2 + 2a + 1)$ を頂点とする下に凸の放物線である。

(i) $y = f(x)$ の軸が $x = -2$ より左にあるとき（図Ⅰ）
$x = -2$ で最小値をとるから，
$m(a) = f(-2)$
$= (-2)^2 - 2a \cdot (-2) + 2a^2 + 2a + 1$
$= 2a^2 + 6a + 5$ ……ア

である。

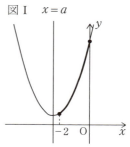

図Ⅰ $x = a$

(ii) $y = f(x)$ の軸が $-2 \leqq x \leqq 0$ の範囲にあるとき（図Ⅱ）
$x = a$ で最小値をとるから，
$m(a) = f(a) = a^2 + 2a + 1 = (a+1)^2$
となり，$(a+1)^2$ は，$a = -1$ ……イ のとき
最小値をとり，その値は，
$(-1+1)^2 = 0$
となるため，
$m(a) \geqq 0$ ……ウ

である。

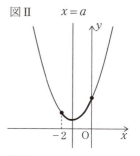

図Ⅱ $x = a$

(iii) $y = f(x)$ の軸が $x = 0$ より右にあるとき（図Ⅲ）
$x = 0$ で最小値をとるから，
$m(a) = f(0) = 2a^2 + 2a + 1$ ……エ
である。

よって，正解は肢2である。

【コメント】
$y = f(x)$ のグラフの頂点の x 座標が，定義域 $-2 \leqq x \leqq 0$ に含まれる場合と含まれない場合に分けて考えていく。

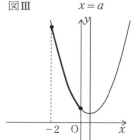

図Ⅲ $x = a$

正答 2

第3章 SECTION 2 方程式・関数

実践 問題139 基本レベル

問 正の整数 m, n による式
$$f(m, n) = m^2 - 4mn + 6n^2$$
の最小値はどれか。

(地上2009)

1 : 0
2 : 1
3 : 2
4 : 3
5 : 4

OUTPUT

実践 問題 139 の解説

〈最大・最小〉

$f(m, n) = m^2 - 4mn + 6n^2$ を，m, n それぞれについて，平方完成をして式変形する。

まず，m について平方完成すると，
$$f(m, n) = m^2 - 4mn + 6n^2$$
$$= m^2 - 4mn + 4n^2 - 4n^2 + 6n^2$$
$$= (m - 2n)^2 + 2n^2$$

$f(m, n)$ の $(m - 2n)^2$ の項は 2 乗しているから負にはならない。したがって，$f(m, n)$ を最小にするのであれば，
$$(m - 2n)^2 = 0 \iff m - 2n = 0$$
となるように m, n をとればよく，このときの最小値は $2n^2$ となる。
$$m - 2n = 0$$
$$m = 2n$$
と変形できるが，n は正の整数であるから 1 以上である。いま，$f(m, n)$ を最小にしたいため，$n = 1$ とすればよく，このとき，$m = 2$ となって，$f(m, n)$ は最小になる。
$$f(2, 1) = 2(1)^2$$
$$= 2$$

次に，n について平方完成をすると，
$$f(m, n) = 6n^2 - 4mn + m^2$$
$$= 6\left(n - \frac{1}{3}m\right)^2 + \frac{1}{3}m^2$$

と変形できるから，m の場合と同様に考えると，$3n = m$ のとき最小値 $\frac{1}{3}m^2$ をとる。

ここで m, n は正の整数であることから，$3n = m$ より $n = 1$, $m = 3$ のとき，$f(m, n)$ は最小になる。
$$f(3, 1) = \frac{1}{3}(3)^2$$
$$= 3$$

m について平方完成した場合と比較すると，$f(m, n)$ の最小値は 2 となる。
よって，正解は肢 3 である。

正答 3

第3章 SECTION 2 数学
方程式・関数

実践 問題 140 基本レベル

問 $x^2 - 3x + 1 = 0$ のとき，$x^3 - x^2 - \dfrac{1}{x^2} + \dfrac{1}{x^3}$ の値に最も近いものは，次のうちどれか。

（裁事・家裁2003）

1 : -14
2 : -10
3 : 0
4 : 10
5 : 14

OUTPUT

チェック欄		
1回目	2回目	3回目

実践 問題 **140** の解説

〈式の値〉

$x^3 - x^2 - \dfrac{1}{x^2} + \dfrac{1}{x^3}$ が，x と $\dfrac{1}{x}$ の累乗のみを項にもつことに着目し，$x^2 - 3x + 1 = 0$ を，x と $\dfrac{1}{x}$ を項にもつように変形することを考える。そこで，この式の両辺を $x\,(\neq 0)$ で割ると，

$$x - 3 + \dfrac{1}{x} = 0$$

$$x + \dfrac{1}{x} = 3 \quad \cdots\cdots ①$$

したがって，$x^3 - x^2 - \dfrac{1}{x^2} + \dfrac{1}{x^3}$ を，$x + \dfrac{1}{x}$ で表せば，①より値を求めることができる。

$$x^3 - x^2 - \dfrac{1}{x^2} + \dfrac{1}{x^3}$$

$$= \left(x^3 + \dfrac{1}{x^3}\right) - \left(x^2 + \dfrac{1}{x^2}\right)$$

$$= \left(x + \dfrac{1}{x}\right)^3 - \left(3x^2 \times \dfrac{1}{x} + 3x \times \dfrac{1}{x^2}\right) - \left(x + \dfrac{1}{x}\right)^2 + 2x \times \dfrac{1}{x}$$

$$= \left(x + \dfrac{1}{x}\right)^3 - 3\left(x + \dfrac{1}{x}\right) - \left(x + \dfrac{1}{x}\right)^2 + 2$$

上式に①を代入すると，

$$3^3 - 3 \times 3 - 3^2 + 2 = 11$$

となるから，選択肢より最も近い値は10となる。

よって，正解は肢4である。

【参考】

① $a^2 + b^2 = (a+b)^2 - 2ab$

② $a^3 + b^3 = (a+b)^3 - 3ab(a+b)$

の変形は，式の値を求めるときによく使われるから，しっかりと理解しておきたい。

正答 4

第3章 SECTION ② 数学 方程式・関数

実践 問題 141 ＜基本レベル＞

問 「4次方程式 $x^4 - 3x^3 + 4x^2 - 3x + 1 = 0$ を解け」という問題について、以下の解答過程が示されている。空欄ア、イに入る式および数値の組合せとして妥当なのは、次のうちどれか。 （地上1996）

与式を x^2 で割ると、$x^2 - 3x + 4 - \dfrac{3}{x} + \dfrac{1}{x^2} = 0$ となるので、$X = x + \dfrac{1}{x}$ とおいて X の方程式にすると、 ア となる。これから実数解としては $x = 1$ が得られるが、これは $X = $ イ の場合である。

　　　　　ア　　　　　　　　イ
1： $X^2 - 5X + 4 = 0$　　2
2： $X^2 - 5X + 4 = 0$　　4
3： $X^2 - 5X + 6 = 0$　　2
4： $X^2 - 3X + 2 = 0$　　1
5： $X^2 - 3X + 2 = 0$　　2

OUTPUT

チェック欄		
1回目	2回目	3回目

実践 問題 141 の解説

〈4次方程式〉

$x^4 - 3x^3 + 4x^2 - 3x + 1 = 0$ の両辺を x^2 で割ると,

$$x^2 - 3x + 4 - \frac{3}{x} + \frac{1}{x^2} = 0$$

$$\left(x + \frac{1}{x}\right)^2 - 2 \times x \times \frac{1}{x} - 3\left(x + \frac{1}{x}\right) + 4 = 0$$

$$\left(x + \frac{1}{x}\right)^2 - 3\left(x + \frac{1}{x}\right) + 2 = 0$$

ここで, $X = x + \frac{1}{x}$ とおくと,

$$(与式) = \underline{X^2 - 3X + 2 = 0} \quad (ア)$$

$$(X - 2)(X - 1) = 0$$

$$\left(x + \frac{1}{x} - 2\right)\left(x + \frac{1}{x} - 1\right) = 0$$

$$x + \frac{1}{x} = 2, \quad x + \frac{1}{x} = 1$$

となる。

それぞれの式の両辺に x をかけると,

$$\begin{cases} x^2 - 2x + 1 = 0 & \cdots\cdots① \\ x^2 - x + 1 = 0 & \cdots\cdots② \end{cases}$$

①より, $(x - 1)^2 = 0$

したがって, $x = 1$ で**重解**をもつ。

このとき, $X = \underline{2} \quad (イ)$

②より, **判別式** $D = (-1)^2 - 4 \times 1 \times 1 = -3 < 0$ となるから, このとき x は**虚数解**となる。

よって, 正解は肢5である。

正答 5

第3章 数学

第3章 SECTION 2 数学 方程式・関数

実践 問題 142 応用レベル

問 2次方程式 $2x^2 - ax + 2 = 0$ の1つの解が0と1の間に，他の解が1と2の間にあるとき，定数 a の範囲は次のうちどれか。 （地上1995）

1 ： $a < -4,\ 4 < a$
2 ： $a < 4,\ 5 < a$
3 ： $-4 < a < 4$
4 ： $4 < a < 5$
5 ： $4 < a < 8$

実践 問題 142 の解説

〈2次方程式〉

2次方程式 $ax^2 + bx + c = 0$ が実数解 α, β ($\alpha < \beta$) をもつとき,
$$p < \alpha < q < \beta < r$$
となる条件は,
$$f(p)f(q) < 0, \quad f(q)f(r) < 0$$
である。

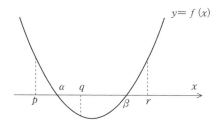

これより, 与式 $2x^2 - ax + 2 = 0$ にあてはめると,
$f(0)f(1) = 2(4-a) < 0$ ……①
$f(1)f(2) = (4-a)(10-2a) < 0$ ……②
①, ②より,
$$4 < a < 5$$
となる。

よって, 正解は肢4である。

正答 4

第3章 SECTION ② 数学 方程式・関数

実践 問題143 応用レベル

頻出度	地上★★★	国家一般職	東京都	特別区
	裁判所職員	国税・財務・労基		国家総合職

問 次の図のように，縦が3m，横が4mの長方形の池の周りに，幅がxで一定の花壇を造る。今，花壇の面積を44m²以上144m²以下，かつ，花壇の外周の長さを54m以下とするとき，xの範囲はどれか。　　　（特別区2012）

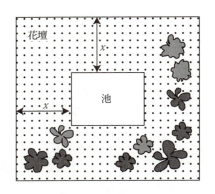

1：$2\text{m} \leq x \leq 4.5\text{m}$
2：$2\text{m} \leq x \leq 5\text{m}$
3：$2.5\text{m} \leq x \leq 4.5\text{m}$
4：$5\text{m} \leq x \leq 5.5\text{m}$
5：$5.5\text{m} \leq x \leq 8\text{m}$

OUTPUT

実践 問題 143 の解説

〈2次不等式〉

花壇の幅が x mであるから，花壇の長辺と短辺の長さは，それぞれ $(2x+4)$ m，$(2x+3)$ mとなる。

花壇の外周の長さが54m以下という条件より，

$$2\times(2x+4)+2\times(2x+3)\leqq 54$$
$$8x+14\leqq 54$$
$$8x\leqq 40$$
$$x\leqq 5 \quad \cdots\cdots ①$$

となる。次に，花壇の面積が44m²以上144m²以下であるから，

$$44\leqq(2x+4)(2x+3)-12\leqq 144$$
$$44\leqq 4x^2+14x\leqq 144$$

となる。この不等式の左側より，

$$44\leqq 4x^2+14x$$
$$0\leqq 4x^2+14x-44$$
$$2x^2+7x-22\geqq 0$$
$$(x-2)(2x+11)\geqq 0$$
$$x\leqq -\frac{11}{2},\ 2\leqq x \quad \cdots\cdots ②$$

となる。また，不等式の右側より，

$$4x^2+14x\leqq 144$$
$$4x^2+14x-144\leqq 0$$
$$2x^2+7x-72\leqq 0$$
$$(x+8)(2x-9)\leqq 0$$
$$-8\leqq x\leqq \frac{9}{2} \quad \cdots\cdots ③$$

となる。

①，②，③および $x>0$ より，

$$2\leqq x\leqq 4.5$$

となる。

よって，正解は肢1である。

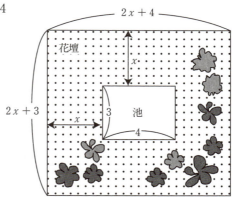

正答 1

第3章 SECTION ② 方程式・関数

実践 問題 144 応用レベル

問 $x + \dfrac{8}{x}$ の最小値はどれか。ただし、$0 < x \leq 10$ とする。 （特別区2013）

1 : $3\sqrt{2}$
2 : $3\sqrt{3}$
3 : $4\sqrt{2}$
4 : $4\sqrt{3}$
5 : $5\sqrt{2}$

OUTPUT

実践 **問題 144** **の解説**

チェック欄		
1回目	2回目	3回目

〈相加相乗平均〉

x の範囲が $0 < x \leqq 10$ より，x，$\dfrac{8}{x}$ ともに正の数であるから，相加相乗平均を用いて，

$$x + \frac{8}{x} \geqq 2\sqrt{x \times \frac{8}{x}} = 2\sqrt{8} = 4\sqrt{2}$$

となる。

ここで，等号が成立する条件は，

$$x = \frac{8}{x}$$

$$x^2 = 8$$

であるが，x は正の数であるから，

$$x = 2\sqrt{2}$$

であり，本問の x の範囲に入っていることから，求める最小値はこのとき，$4\sqrt{2}$ となる。

よって，正解は肢 3 である。

【参考】

a，b が正の数であるとき，相加平均 $\dfrac{a+b}{2}$ と相乗平均 $\sqrt{ab}$ には，次の関係がある。

$$\frac{a+b}{2} \geqq \sqrt{ab}$$

これより，上の解説で用いた

$$a + b \geqq 2\sqrt{ab}$$

の関係が得られる。

第3章 数学

正答 3

第3章 SECTION ② 数学 方程式・関数

実践 問題 145 応用レベル

問 関数 $f(x) = \left(\dfrac{1}{3}\right)^{2x} - 6\left(\dfrac{1}{3}\right)^{x} + 6\ (-2 \leqq x \leqq 0)$ の最大値, 最小値をそれぞれ α, β とするとき, $\alpha + \beta$ の値はいくらか。 (国Ⅰ2007)

1 : 28
2 : 30
3 : 33
4 : 35
5 : 39

実践 問題 145 の解説

〈指数関数〉

$f(x) = \left(\frac{1}{3}\right)^{2x} - 6\left(\frac{1}{3}\right)^x + 6 \ (-2 \leqq x \leqq 0)$ において、$\left(\frac{1}{3}\right)^x = t$ とおき、

$g(t) = t^2 - 6t + 6$

の最大値、最小値を考える。なお、このときの t の範囲は右上図より $1 \leqq t \leqq 9$ とわかる。$g(t)$ において、

$g(t) = t^2 - 6t + 6 \quad (1 \leqq t \leqq 9)$
$= (t-3)^2 - 9 + 6$
$= (t-3)^2 - 3$

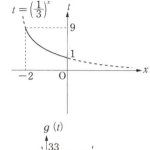

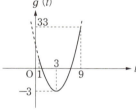

これを図示すると、右下図のようになり、$t = 3$ のとき最小値 -3 を、$t = 9$ のとき最大値 33 をとることがわかる。したがって、$\alpha + \beta = 33 + (-3) = 30$ となる。

よって、正解は肢 2 である。

【参考】

(1) **指数の拡張**

a を実数、m、n を正の整数とするとき

① $a^0 = 1 \ (a \neq 0), \quad a^{-n} = \dfrac{1}{a^n} \ (a \neq 0)$

② $a^{\frac{m}{n}} = \sqrt[n]{a^m}, \quad a^{-\frac{m}{n}} = \dfrac{1}{\sqrt[n]{a^m}} \ (a \neq 0)$

(2) **指数関数**

$y = a^x \ (a > 0, \ a \neq 1)$

① $a > 1$ のとき

② $0 < a < 1$ のとき

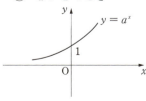

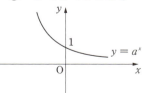

正答 2

S ECTION ② 方程式・関数

実践 問題 146 応用レベル

問 グラフ $y=|x-1|-x+2$ と $y=-x+a$ が2点で交わるような a のすべての範囲を示したのはどれか。　　　　　　　　　　（国Ⅱ2004）

1： $a>0$
2： $a>1$
3： $a>2$
4： $a>3$
5： $a>4$

OUTPUT

実践 問題 146 の解説

〈絶対値記号を含む関数〉

$y = |x - 1| - x + 2$ ……①
$y = -x + a$ ……②

①と②において，2つのグラフが交わるから，①＝②より，
$|x - 1| - x + 2 = -x + a$
$|x - 1| + 2 = a$

したがって，$y = |x - 1| + 2$ と $y = a$ の交点の個数を調べればよい。
そこで，$y = |x - 1| + 2$ のグラフを描くために，この関数を調べる。

(1) $x - 1 \geq 0$，つまり $x \geq 1$ のとき
この関数は，
$y = x - 1 + 2$
$= x + 1 \, (x \geq 1)$
となる。

(2) $x - 1 < 0$，つまり $x < 1$ のとき
この関数は，
$y = -x + 1 + 2$
$= -x + 3 \, (x < 1)$
となる。

したがって，$y = |x - 1| + 2$ と $y = a$ のグラフは次のようになる。

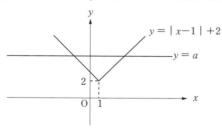

グラフより，$a < 2$ のとき交点は0個，$a = 2$ のとき交点は1個，$a > 2$ のとき交点は2個となる。

よって，正解は肢3である。

正答 3

問 $x^4+ax+b=0$ の1つの解が $x=\dfrac{-1+\sqrt{3}i}{2}$ であるとき a はどれか。

(裁事・家裁1999)

1 : 0
2 : ±1
3 : -1
4 : 2
5 : -2

OUTPUT

実践 問題 **147** の解説 ─────────

〈4次方程式〉

$x = \dfrac{-1+\sqrt{3}\,i}{2}$ より，$2x+1 = \sqrt{3}\,i$

両辺を平方して，整理すると，

$x^2 + x + 1 = 0$ ……①

ここで，①で $x^4 + ax + b$ を割ると，

$x^4 + ax + b = (x^2 + x + 1)(x^2 - x) + (a+1)x + b = 0$

上式に $x = \dfrac{-1+\sqrt{3}\,i}{2}$ を代入すると，

$(a+1) \times \left(\dfrac{-1+\sqrt{3}\,i}{2}\right) + b = 0$

$\dfrac{\sqrt{3}}{2}(a+1)\,i - \dfrac{a+1}{2} + b = 0$

これを満たす a，b の値を求めると，

$\begin{cases} \dfrac{\sqrt{3}}{2}(a+1) = 0 \\ -\dfrac{a+1}{2} + b = 0 \end{cases}$

$a = -1$，$b = 0$

である。

よって，正解は肢3である。

第3章 数学

正答 **3**

SECTION ②

数学 方程式・関数

実践 問題 **148** 応用レベル

頻出度	地上★★★	国家一般職	東京都	特別区
	裁判所職員	国税・財務・労基		国家総合職

問 一般に関数 $f(x)$ は $x_1 < x_2$ のとき，$f(x_1) < f(x_2)$ が成り立つならば，$f(x)$ は単調に増加し，$x_1 < x_2$ のとき，$f(x_1) > f(x_2)$ が成り立つならば，$f(x)$ は単調に減少する。

4次関数 $y = \{(x - p)^2 - q\}^2$ の増減の様子を述べた文章を完成させよ。

(地上2007)

2次関数 $y = (x - p)^2 - q$ のグラフは $x =$ 　ア　 に関して対称であり，4次関数 $y = \{(x - p)^2 - q\}^2$ のグラフも $x =$ 　ア　 に対称である。よって，$x >$ 　ア　 の範囲で考えればよい。

この4次関数は常に $y \geq 0$ であり，$x >$ 　ア　 の範囲では $y = 0$ となるのは $x =$ 　イ　 のときである。また，増減は 　ア　 $< x <$ 　イ　 のとき単調に 　ウ　 し，$x >$ 　イ　 のとき 　エ　 する。ただし，$p \geq 0$，$q \geq 0$ とする。

	ア	イ	ウ	エ
1：	p	$p + \sqrt{q}$	増加	減少
2：	p	$p + \sqrt{q}$	減少	増加
3：	p	$p + \dfrac{\sqrt{q}}{2}$	増加	減少
4：	q	$p + \dfrac{\sqrt{q}}{2}$	減少	増加
5：	q	$p + \sqrt{q}$	増加	減少

実践 問題 148 の解説

〈4次関数〉

2次関数 $y=(x-p)^2-q$ のグラフを描くと下図のようになり、$y=(x-p)^2-q$ は $x=p$ に関して対称である。

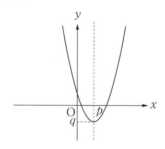

そして、4次関数 $y=\{(x-p)^2-q\}^2$ において、$y=0$ になるときの x の値を求めると、

$$\{(x-p)^2-q\}^2=0$$
$$(x-p)^2-q=0$$
$$(x-p)^2=q$$
$$x-p=\pm\sqrt{q}$$
$$x=p\pm\sqrt{q}$$

ただし、文章の条件より、$x>p$ の範囲で考えているため、$x=p+\sqrt{q}$ である。
次に、この4次関数の増減について考える。$x=p$ のとき、$y>0$ となり、$x=p+\sqrt{q}$ のとき、$y=0$ であるから、$p<x<p+\sqrt{q}$ の範囲において、$f(p)>f(p+\sqrt{q})$ が成り立つ。したがって、条件より、この範囲では関数は減少していることがわかる。また、この4次関数は **$x=p+\sqrt{q}$ 以外では常に $y>0$** であるから、$x>p+\sqrt{q}$ のとき、y は増加することがわかる。

よって、正解は肢2である。

正答 2

第3章 SECTION 3 数学
図形と式

必修問題 セクションテーマを代表する問題に挑戦！

xy座標平面上で，図形の計量を考えます。まずは関数を学習してからにしましょう。

問 座標平面上において，点A$(-1, 0)$，点B$(1, 0)$があり，直線$y = x - 2$上に任意の点Pをとる。このとき，AP＋PB（線分APと線分PBの長さの合計）の最小値はいくらか。

（国税・労基2011）

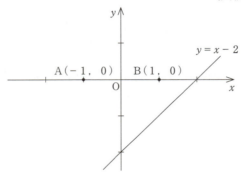

1 ： $\sqrt{10}$
2 ： $1 + \sqrt{5}$
3 ： $\dfrac{\sqrt{26} + \sqrt{2}}{2}$
4 ： $\dfrac{3\sqrt{2} + \sqrt{10}}{2}$
5 ： $2\sqrt{5}$

必修問題 の解説

〈図形と式〉

下図のように，直線 $y = x - 2$ に関して点Bと対称な点をCとすると，PB＝PCとなることから，AP＋PBの値が最小となるのは，AP＋PCが最小となるときである。

ここで，AP＋PCの値が最小となる点Pについて検討する。図より，点A，点C，点Pの3点を結んでできる図形を考える。このとき，点Pが直線AC上にある場合には，3点を結んでできる図形は直線となり，点Pが直線AC上にない場合にはACを1辺とし3点を頂点とする三角形ができる。

すると，**三角形の2辺の和は1辺の長さよりも大きい**から，AP＋PCの値が最小となるのは，点Pが直線AC上にあるときである。

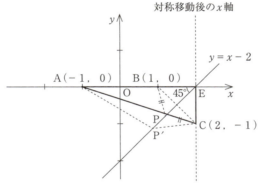

このとき，**x軸とy＝x－2のつくる角度は45°**であるから，x軸を $y = x - 2$ で対称移動させると，90°回転してy軸と平行な直線となり，点Bを対称移動させた点Cの座標は(2，－1)となる。すると，$y = x - 2$ とx軸との交点をEとすると，△AECは，∠AEC＝90°，AE＝3，EC＝1の直角三角形となるため，三平方の定理より，

$AC^2 = AE^2 + EC^2$
$AC^2 = 9 + 1 = 10$
$AC = \pm\sqrt{10}$

ここで，AC＞0より，AC＝$\sqrt{10}$ となる。

したがって，このときAP＋PC＝AP＋PB＝$\sqrt{10}$ が最小値となる。

よって，正解は肢1である。

正答 1

第3章 SECTION 3 数学
図形と式

1 図形と式

(1) 2点間の距離

2点 $A(x_1, y_1)$, $B(x_2, y_2)$ があるとき，AB の距離（長さ）は次の式で求められます。

$$AB = \sqrt{(x_1 - x_2)^2 + (y_1 - y_2)^2}$$

 三平方（ピタゴラス）の定理
2点AB間の距離の公式は，三平方の定理と同じです。

(2) 直線の方程式

① 点 (x_1, y_1) を通る傾き m の直線は，次の式で表されます。
$y - y_1 = m(x - x_1)$

② **直線の標準形** $y = mx + n$
傾き m，y 切片が n の直線

③ **一般形** $ax + by + c = 0$

④ **直線の平行条件**
直線 $y = mx + n$ に平行な直線は，傾きが m となるすべての直線となります。y 切片 n が同一のときは，同じ直線となります。

⑤ **直線の垂直条件**
直線 $y = mx + n$ に垂直な直線は，傾きが $-\dfrac{1}{m}$ となる（<u>互いに垂直な2直線の傾きの積は -1 となる</u>）すべての直線となります。

⑥ **点と直線の距離**
点 (x_1, y_1) から直線 $ax + by + c = 0$ までの距離 d は，次の式で求められます。

$$d = \frac{|ax_1 + by_1 + c|}{\sqrt{a^2 + b^2}}$$

(3) 円の方程式
① 円の方程式の標準形
中心の座標(a, b)で，半径がrの円の方程式は次のようになります。
$$(x-a)^2+(y-b)^2=r^2$$
原点を中心として，半径がrの円の方程式は，次のようになります。
$$x^2+y^2=r^2$$

② 円の方程式の一般形
$$x^2+y^2+kx+my+n=0$$
一般形の方程式で与えられた円を座標平面上に表すには，xとyについてそれぞれ平方完成をして，標準形に変形します。

(4) 不等式と領域
$y>f(x)$や，$y<f(x)$のような不等式は，グラフの領域を表しています。図を描いて考えるようにしましょう。

ただし，≧や≦のときは境界線を含み，＞や＜のときは，境界線を含みません。

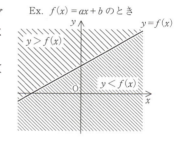

Ex. $f(x)=ax+b$のとき

① $y>f(x)$
…… $y=f(x)$のグラフよりも上部の領域

② $y<f(x)$
…… $y=f(x)$のグラフよりも下部の領域

③ $(x-a)^2+(y-b)^2<r^2$
…… 円の内側の領域

④ $(x-a)^2+(y-b)^2>r^2$
…… 円の外側の領域

ポイント 点と直線の距離の公式を使うときは，直線の方程式を，
$$ax+by+c=0$$
の形に変形します。

第3章 数学
SECTION 3 図形と式

実践 問題 149 基本レベル

問 xy 平面上の直線 $ax - y + 2a - 1 = 0$（a は定数）を ℓ とし，原点Oから ℓ までの距離を d とする。次のように d を求めるとき，空欄ア〜ウに入る数値の組合せとして正しいのはどれか。 (地上2011)

ℓ を $y + 1 = a(x + 2)$ と変形する。これより，ℓ は a の値によらずある点を通る。この点をPとする。d が最小となるときは ℓ がOを通過するときなので，$a = \boxed{\text{ア}}$ となる。また d が最大になるのはOPと ℓ が垂直に交わるときなので，$a = \boxed{\text{イ}}$，$d = \boxed{\text{ウ}}$ となる。

このように，d は a の値を変えることにより0から $\boxed{\text{ウ}}$ までの値をとる。

	ア	イ	ウ
1	2	-2	$\sqrt{3}$
2	2	-2	$\sqrt{5}$
3	2	$-\dfrac{1}{2}$	2
4	$\dfrac{1}{2}$	$-\dfrac{1}{2}$	$\sqrt{3}$
5	$\dfrac{1}{2}$	-2	$\sqrt{5}$

OUTPUT

実践 問題 149 の解説

〈直線の垂直条件〉

直線ℓの方程式$ax - y + 2a - 1 = 0$(aは定数)を$y + 1 = a(x + 2)$と変形する。この方程式は，aの値にかかわらず，$(x, y) = (-2, -1)$が解になる。つまり，直線ℓは，aの値にかかわらず，$P(-2, -1)$を通る。

直線ℓと原点Oとの距離dが最小になるときは，直線ℓが原点Oを通るときである。このとき，$d = 0$である。

そこで，直線ℓが原点O$(0, 0)$を通るときのaの値を求めると，
$a \times 0 - 0 + 2a - 1 = 0$
$$a = \frac{1}{2} \quad (ア)$$
となる。

また，dが最大になるのは，直線OPと直線ℓが垂直に交わるときである。このとき，$d = $ OP である。

ここで，2つの直線が垂直に交わる条件は，各直線の傾きの積が-1となることである。直線OPの傾きが$\frac{1}{2}$，直線ℓの傾きがaであることから，

$$\frac{1}{2} \times a = -1$$
$$a = -2 \quad (イ)$$

となる。
このときのdの値は，三平方の定理から，
$d = \sqrt{2^2 + 1^2}$
$= \sqrt{5} \quad (ウ)$

となる。

以上より，ア：$\frac{1}{2}$，イ：-2，ウ：$\sqrt{5}$となる。

よって，正解は肢5である。

正答 5

第3章 数学
SECTION 3 図形と式

実践 問題 150 基本レベル

頻出度	地上★★★	国家一般職	東京都	特別区
	裁判所職員	国税・財務・労基		国家総合職

問 放物線 $y = ax^2$（a は正の定数）上に点 A, B がある。△OAB が面積 $\sqrt{3}$ の正三角形であるとき, a の値は次のどれか。

ただし, A, B の x 座標はそれぞれ, 正, 負とする。　　　（国Ⅱ 2006）

1 ：$\dfrac{\sqrt{2}}{3}$

2 ：$\dfrac{\sqrt{3}}{2}$

3 ：1

4 ：$\sqrt{2}$

5 ：$\sqrt{3}$

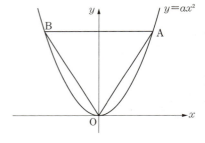

OUTPUT

実践 問題150 の解説

〈放物線と三角形〉

点Aのx座標をx（$x>0$）とすると，△OABが正三角形であることから，点Bのx座標は$-x$となる。

各頂点の座標はO(0, 0)，A(x, ax^2)，B($-x$, ax^2)である。ここで，△OABは正三角形という条件から，

$2x : ax^2 = 2 : \sqrt{3}$

$x \neq 0$であるから，

$ax = \sqrt{3}$

となる。これから，△OABは，

$\frac{1}{2} \times 2x \times ax^2 = ax^3 = \sqrt{3}\, x^2 = \sqrt{3}$

$x = 1$

$a = \sqrt{3}$

となる。

よって，正解は肢5である。

正答 5

SECTION 3 図形と式

実践 問題 151 基本レベル

頻出度	地上★	国家一般職	東京都	特別区
	裁判所職員	国税・財務・労基		国家総合職

問 図のように，x軸の正の向きとのなす角が30°でy軸との交点が$(0, 2)$の直線lがあり，この直線の式は$y = \dfrac{1}{\sqrt{3}}x + 2$で表される。

この直線lを，ある点を中心に反時計回りに30°回転させると，原点を通る直線mとなった。このとき，直線lと直線mとy軸で囲まれる三角形の面積はいくらか。 （地上2021）

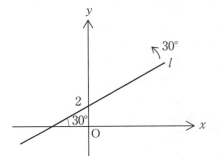

1 : $\dfrac{1}{2}$
2 : $\dfrac{\sqrt{3}}{2}$
3 : 1
4 : $\sqrt{3}$
5 : 2

実践 問題 151 の解説

〈直線の回転移動〉

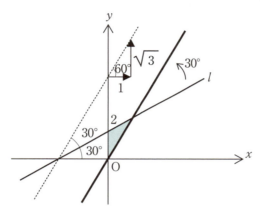

　直線 l を x 軸との交点を中心に反時計回りに30°回転させた直線を、上図の点線で表す。この直線は x 軸と60°の角をなしている。この直線に沿って x 軸方向に1だけ進むと、y 軸方向には $\sqrt{3}$ だけ増加するため、この直線の傾きは $\sqrt{3}$ である。直線 m は、この直線を原点が通るように平行移動したものに相当し、それは上図の太線である。

　したがって、求める図形の面積は、図中の色つき部分の三角形の面積である。

　この三角形の底辺を原点と y 切片が結ぶ線分と考えれば、直線 l と m の交点の x 座標が高さに相当する。これは、以下の計算により求められる。

$$\frac{1}{\sqrt{3}}x + 2 = \sqrt{3}\,x$$
$$x + 2\sqrt{3} = 3x$$
$$x = \sqrt{3}$$

　したがって、三角形の面積は、

$$\frac{1}{2} \times 2 \times \sqrt{3} = \sqrt{3}$$

である。

　よって、正解は肢4である。

正答 4

第3章 SECTION 3 数学 図形と式

実践 問題 152 基本レベル

問 $x^2+y^2 \leq 4$ において $x+y$ の値を考える。xy 平面上において，$x^2+y^2 \leq 4$ の表す領域は，原点Oを中心とする半径2の円及びその内部である。$x+y=k$ とおいて，式変形をすると $y=-x+k$ となるから，$x+y$ の値は傾き -1 の直線の y 切片であることがわかる。$x+y$ の最大値はいくらか。

(地上2019)

1 ： $\dfrac{\sqrt{2}}{2}$
2 ： $\sqrt{2}$
3 ： 2
4 ： $2\sqrt{2}$
5 ： 4

OUTPUT

実践 問題 152 の解説

〈最大・最小〉

$x^2 + y^2 \leqq 4$ の表す領域は，原点Oを中心とする半径2の円およびその内部であるから，下の図の色つき部分である。ただし，境界も含む。

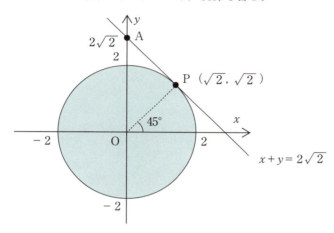

$x + y = k$ とおいて，式変形をすると $y = -x + k$ となるから，$x + y$ の値は傾き -1 の直線の y 切片 k であることがわかる。

y 切片 k の値が増加すると，直線 $x + y = k$ は左下から右上のほうへ移動する。k の値が最大となるのは，上の図のように，円 $x^2 + y^2 = 4$ と直線 $y = -x + k$ が接するときである。このとき，円と直線の接点P，直線の y 切片をAとおくと，線分OPと x 軸は45°をなし，線分OPは半径であるため，長さは2であることから，P$(\sqrt{2}, \sqrt{2})$ である。このことから，直線の y 切片の値は，

$$k = \sqrt{2} + \sqrt{2} = 2\sqrt{2}$$

である。

したがって，求める $x + y$ の最大値は $2\sqrt{2}$ である。

よって，正解は肢4である。

正答 4

第3章 SECTION 3 数学 図形と式

実践 問題 153 基本レベル

問 xy 平面上において，$x^2 - 2\sqrt{3}\,x + y^2 - 2y + 3 \leqq 0$，$x - \sqrt{3}\,y \leqq 0$，$x \geqq \sqrt{3}$ で表される，円と直線で囲まれた領域の面積として最も妥当なのはどれか。 （国税・労基2007）

1 ：$\dfrac{1}{6}\pi$

2 ：$\dfrac{1}{3}\pi$

3 ：$\dfrac{1}{2}\pi$

4 ：$\dfrac{2}{3}\pi$

5 ：$\dfrac{5}{6}\pi$

実践 問題153 の解説

〈円と直線〉

$x^2 - 2\sqrt{3}x + y^2 - 2y + 3 \leq 0$ を平方完成して，
$(x-\sqrt{3})^2 + (y-1)^2 \leq 1$

となるから，中心 $(\sqrt{3}, 1)$，半径1の円の内部の領域を示している。また，$x - \sqrt{3}y = 0 \Leftrightarrow y = \dfrac{1}{\sqrt{3}}x$ は，点 $(\sqrt{3}, 1)$ を通る。したがって，与えられた不等式の表す領域は以下のようになる。

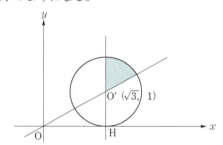

これより，求める面積の図形は扇形であることがわかる。

ここで，原点O，円の中心O′，O′からx軸に下ろした垂線の足をHとすると，O′の座標より，

$OH = \sqrt{3}$
$O'H = 1$

である。

△OO′Hは辺の比が $1 : 2 : \sqrt{3}$ の直角三角形であるから，∠OO′H = 60°であり，その対頂角である扇形の中心角は60°とわかる。

したがって，求める面積は，

$1^2 \times \pi \times \dfrac{60}{360} = \dfrac{\pi}{6}$

となる。

よって，正解は肢1である。

正答 1

第3章 SECTION 3 数学 図形と式

実践 問題154 基本レベル

問 次の文章の中のアからウに入る語句の組み合わせとして正しいものはどれか。
(地上2014)

$0 \leq x \leq 2$, $0 \leq y \leq 1$ の領域を D とする。
直線 $y = ax + b$ (a, b は定数, $b \geq 0$) を ℓ とする。
直線 ℓ の b の値が, $0 \leq b \leq$ ア のときは a の値によらず, 領域 D を通る。
$b >$ ア のときは, 図Ⅱのように a を小さくしていくと直線 ℓ が領域 D を通る。このとき $a \leq$ イ である。
この a と b の関係を図示したものは ウ である。

	ア	イ	ウ
1	1	$\dfrac{1-b}{2}$	図Ⅲ
2	1	$\dfrac{1-b}{2}$	図Ⅳ
3	1	$\dfrac{2-b}{2}$	図Ⅲ
4	2	$\dfrac{1-b}{2}$	図Ⅲ
5	2	$\dfrac{2-b}{2}$	図Ⅳ

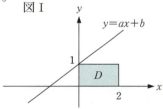

図Ⅰ

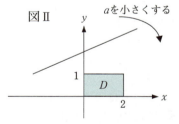

図Ⅱ

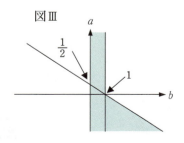

図Ⅲ

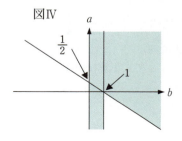

図Ⅳ

OUTPUT

実践 問題 **154** の解説

〈直線と領域〉

まず，直線 ℓ の方程式は $y = ax + b$ であり，その切片は b であるから，直線 ℓ は $(0, b)$ を通る。ここで，領域 D は，$0 \leqq x \leqq 2$，$0 \leqq y \leqq 1$ の領域であるから，$0 \leqq b \leqq 1$ であれば，直線 ℓ の切片は必ず領域 D に含まれる。条件より $b \geqq 0$ であるから，　ア　は「1」である。

次に，$b > 1$ のときを考える。このとき，a を小さくしていくと，領域 D に初めに到達するのは右図の点 $(2, 1)$ である。このとき，a と b の関係は，$x = 2$，$y = 1$ を式に代入して，

$$1 = a \times 2 + b \quad \Leftrightarrow \quad a = \frac{1 - b}{2}$$

となる。a がこの値より小さければ領域 D を通るため，　イ　は「$\dfrac{1 - b}{2}$」である。

以上より，a と b の関係は，

$0 \leqq b \leqq 1$ のとき，すべての a

$b > 1$ のとき，$a \leqq \dfrac{1 - b}{2}$

となるから，これを示しているのは図Ⅲである。……　ウ

よって，正解は肢1である。

正答 **1**

数学 指数・対数・三角比・数列

必修問題 セクションテーマを代表する問題に挑戦！

その他の数学のセクションです。この中で出題頻度が高いのは，対数です。

問 正の数 A，B，Cについて，$A^x = B^y = C^z = 256$，$\log_2 ABC = 8$ を満たすとき，$\dfrac{1}{x} + \dfrac{1}{y} + \dfrac{1}{z}$ の値はいくつか。（裁事・家裁2006）

1 ： -3
2 ： -1
3 ： 1
4 ： 3
5 ： 5

頻出度	地上★	国家一般職	東京都	特別区
	裁判所職員	国税・財務・労基		国家総合職

必修問題の解説

チェック欄		
1回目	2回目	3回目

〈対数〉

$A^x = 256$ において，$256 = 2^8$ より，

$A^x = 2^8$

両辺に，底を2とする対数をとって，

$\log_2 A^x = \log_2 2^8$

$x \log_2 A = 8$ （任意の正の数 a において，$\log_a a = 1$ であるから）

$\log_2 A = \dfrac{8}{x}$ ……①

と表すことができる。同様に，$\log_2 B = \dfrac{8}{y}$，$\log_2 C = \dfrac{8}{z}$ となる。 ……②

次に，$\log_2 ABC = \log_2 A + \log_2 B + \log_2 C$ より，

$\log_2 A + \log_2 B + \log_2 C = 8$

①，②を代入して，

$\dfrac{8}{x} + \dfrac{8}{y} + \dfrac{8}{z} = 8$

$\dfrac{1}{x} + \dfrac{1}{y} + \dfrac{1}{z} = 1$

よって，正解は肢3である。

第3章

数学

正答 **3**

第3章 SECTION 4 数学
指数・対数・三角比・数列

1 指数・対数

(1) 指数 a^n

$a>0$, $b>0$ で m, n が正の整数のとき，以下のことが成り立ちます。

指数法則

① $a^m a^n = a^{m+n}$ ② $(a^m)^n = a^{mn}$ ③ $(ab)^n = a^n b^n$

④ $\dfrac{a^m}{a^n} = a^{m-n}$ ⑤ $\left(\dfrac{a}{b}\right)^n = \dfrac{a^n}{b^n}$

指数の拡張

a を実数，m, n を正の整数とすると，

① $a^0 = 1$ ② $a^{\frac{m}{n}} = \sqrt[n]{a^m}$ ($a \neq 0$)   ③ $a^{-n} = \dfrac{1}{a^n}$ ($a \neq 0$)

(2) 対数 $\log_a P$

対数の定義

$a>0$, $a \neq 1$ とし，$a^r = P$ ($P>0$) のとき，

$r = \log_a P$

と表します。このとき，r を，a を底とする P の対数といいます。

また，P のことを a を底とする対数 r の真数といい，P は必ず0より大きい数となります。特に，$\log_a 1 = 0$ ($P=1$)，$\log_a a = 1$ ($P=a$) が成り立ちます。

対数の性質

a, $b>0$ で，a, $b \neq 1$ として，P, $Q>0$ のとき，以下の性質が成り立ちます。

① $P=Q$ のとき，$\log_a P = \log_a Q$ ② $\log_a P^t = t \log_a P$

③ $\log_a \sqrt[n]{P} = \dfrac{1}{n} \log_a P$ ④ $\log_a PQ = \log_a P + \log_a Q$

⑤ $\log_a \dfrac{P}{Q} = \log_a P - \log_a Q$ ⑥ $\log_a \dfrac{1}{Q} = -\log_a Q$

⑦ $\log_a P = \dfrac{\log_b P}{\log_b a}$ （底の変換公式）   ⑧ $\log_a b = \dfrac{1}{\log_b a}$

2 三角比

(1) 三角比の定義

右図の直角三角形において，次のように三角比を定義します。

① 正弦　$\sin A = \dfrac{a}{c}$ ② 余弦　$\cos A = \dfrac{b}{c}$

③ 正接　$\tan A = \dfrac{a}{b}$

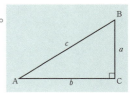

INPUT

(2) 正弦，余弦，正接の相互関係

① $\tan \theta = \dfrac{\sin \theta}{\cos \theta}$ ② $\sin^2 \theta + \cos^2 \theta = 1$ ③ $1 + \tan^2 \theta = \dfrac{1}{\cos^2 \theta}$

(3) 三角比と図形

① 正弦定理

右図のような円に内接する三角形において，次の関係が成り立ちます。ただし，外接円の半径を R とします。

$$\dfrac{a}{\sin A} = \dfrac{b}{\sin B} = \dfrac{c}{\sin C} = 2R$$

② 余弦定理

三角形 ABC において，次の関係が成り立ちます。

$a^2 = b^2 + c^2 - 2bc \cos A$
$b^2 = c^2 + a^2 - 2ca \cos B$
$c^2 = a^2 + b^2 - 2ab \cos C$

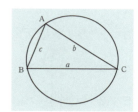

3 数列

(1) 等差数列

初項 a，公差 d の等差数列において，

① 一般項 a_n

$a_n = a + (n-1)d$

② 第 n 項までの和 S_n

$S_n = \dfrac{n(a + a_n)}{2} = \dfrac{n\{2a + (n-1)d\}}{2}$

(2) 等比数列

初項 a，公比 r の等比数列において，

① 一般項 a_n

$a_n = ar^{n-1}$

② 第 n 項までの和 S_n

$r \neq 1$ のとき $S_n = \dfrac{a(1-r^n)}{1-r} = \dfrac{a(r^n-1)}{r-1}$

$r = 1$ のとき $S_n = na$

第3章 SECTION 4 数学 指数・対数・三角比・数列

実践 問題 155 基本レベル

頻出度	地上★	国家一般職	東京都	特別区
	裁判所職員	国税・財務・労基		国家総合職

問 数の大小関係として正しいのは，次のうちどれか。　　　（国Ⅱ1991）

1 ： $1 > 2^{0.6} > (\sqrt{2})^{-\frac{1}{4}} > \left(\frac{1}{4}\right)^{\frac{1}{3}}$

2 ： $1 > 2^{0.6} > \left(\frac{1}{4}\right)^{\frac{1}{3}} > (\sqrt{2})^{-\frac{1}{4}}$

3 ： $2^{0.6} > 1 > (\sqrt{2})^{-\frac{1}{4}} > \left(\frac{1}{4}\right)^{\frac{1}{3}}$

4 ： $2^{0.6} > \left(\frac{1}{4}\right)^{\frac{1}{3}} > 1 > (\sqrt{2})^{-\frac{1}{4}}$

5 ： $2^{0.6} > \left(\frac{1}{4}\right)^{\frac{1}{3}} > (\sqrt{2})^{-\frac{1}{4}} > 1$

OUTPUT

実践 問題 155 の解説

〈指数〉

$1, (\sqrt{2})^{-\frac{1}{4}}, \left(\frac{1}{4}\right)^{\frac{1}{3}}$ をそれぞれ 2^n という形に変形して，比較する。

$1 = 2^0$

$(\sqrt{2})^{-\frac{1}{4}} = (2^{\frac{1}{2}})^{-\frac{1}{4}} = 2^{-\frac{1}{8}}$

$\left(\frac{1}{4}\right)^{\frac{1}{3}} = (2^{-2})^{\frac{1}{3}} = 2^{-\frac{2}{3}}$

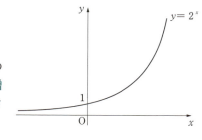

ここで，$y = 2^x$ のグラフを描くと，右図のようになる。つまり，**2^x は x について単調増加**であるから，2^x と表したとき x の値が大きいほど，2^x の値も大きいということになる。

したがって，

$2^{0.6} > 2^0 > 2^{-\frac{1}{8}} > 2^{-\frac{2}{3}}$

つまり，

$2^{0.6} > 1 > (\sqrt{2})^{-\frac{1}{4}} > \left(\frac{1}{4}\right)^{\frac{1}{3}}$

となる。

よって，正解は肢3である。

正答 3

第3章 SECTION 4 数学 指数・対数・三角比・数列

実践 問題 156 基本レベル

頻出度　地上★　国家一般職　東京都　特別区
　　　　裁判所職員　国税・財務・労基　国家総合職

問 次の a, b, c の大小関係を表したものとして妥当なのはどれか。
なお、$\log_{10} 2 = 0.3010$, $\log_{10} 3 = 0.4771$ とする。　　　　（国Ⅰ 2009）

$$a = \left(\frac{1}{3}\right)^{30} \quad b = \left(\frac{1}{5}\right)^{20} \quad c = \left(\frac{1}{6}\right)^{18}$$

1 ： $a < b < c$
2 ： $a < c < b$
3 ： $b < a < c$
4 ： $c < a < b$
5 ： $c < b < a$

OUTPUT

実践 問題 **156** の解説

〈対数〉

a，b，cの式を次のように変形する。

$a = 3^{-30}$， $b = 5^{-20}$， $c = 6^{-18}$

底が10（1より大きい）の対数では，$x > y$に対して，

$\log_{10} x > \log_{10} y$

が成り立つため，a，b，cの両辺の対数をとり，それを比較する（底を10として，省略する）。

$\log a = -30 \log 3$， $\log b = -20 \log 5$， $\log c = -18 \log 6$

ここで，

$\log 5 = \log(10 \div 2) = \log 10 - \log 2 = 1 - \log 2$

$\log 6 = \log(2 \times 3) = \log 2 + \log 3$

を利用すると，

$$\begin{cases} \log a = -30 \log 3 & \log b = -20(1 - \log 2) \\ \log c = -18(\log 2 + \log 3) \end{cases}$$

となる。条件より，$\log 2 = 0.3010$，$\log 3 = 0.4771$をそれぞれ代入すると，

$$\begin{cases} \log a = -30 \times 0.4771 & \log b = -20(1 - 0.3010) \\ \log c = -18(0.3010 + 0.4771) \end{cases}$$

$\log a = -14.31$， $\log b = -13.98$， $\log c = -14.01$

したがって，$a < c < b$となる。

よって，正解は肢2である。

【参考】

10を底とする対数を，常用対数という。

正答 2

第3章 数学

LEC東京リーガルマインド　2022-2023年合格目標 公務員試験 本気で合格！過去問解きまくり！　437
⑦自然科学Ⅰ

第3章 SECTION 4 数学
指数・対数・三角比・数列

実践 問題 157 基本レベル

頻出度	地上★	国家一般職	東京都	特別区
	裁判所職員	国税・財務・労基		国家総合職

問 $\sin\theta = \dfrac{1}{3}$（$0° \leqq \theta \leqq 90°$）のとき，$2\cos\theta + \tan\theta$ はいくらか。（国Ⅱ2011）

1 : $\dfrac{5\sqrt{2}}{6}$

2 : $\dfrac{7\sqrt{2}}{6}$

3 : $\dfrac{11\sqrt{2}}{6}$

4 : $\dfrac{17\sqrt{2}}{12}$

5 : $\dfrac{19\sqrt{2}}{12}$

実践 問題 157 の解説

〈三角比〉

$\sin^2\theta + \cos^2\theta = 1$ より $\cos^2\theta = 1 - \sin^2\theta$

$\sin\theta = \dfrac{1}{3}$ であるから,

$\cos^2\theta = 1 - \dfrac{1}{9} = \dfrac{8}{9}$

$\cos\theta = \pm\dfrac{2\sqrt{2}}{3}$

となる。

ここで, $0° \leqq \theta \leqq 90°$ より $\cos\theta > 0$ であるから,

$\cos\theta = \dfrac{2\sqrt{2}}{3}$ ……①

となる。

すると,

$\tan\theta = \dfrac{\sin\theta}{\cos\theta} = \dfrac{1}{3} \div \dfrac{2\sqrt{2}}{3} = \dfrac{1}{2\sqrt{2}} = \dfrac{\sqrt{2}}{4}$ ……②

である。①, ②より,

$2\cos\theta + \tan\theta = 2 \times \dfrac{2\sqrt{2}}{3} + \dfrac{\sqrt{2}}{4} = \dfrac{19\sqrt{2}}{12}$

となる。

よって, 正解は肢5である。

正答 5

SECTION 4 指数・対数・三角比・数列

実践 問題 158　基本レベル

| 頻出度 | 地上★ 裁判所職員 | 国家一般職 国税・財務・労基 | 東京都 | 特別区 国家総合職 |

問 次の図のように，△ABC の辺 AB 上に AB：AD ＝ 5：2 となる点を，また，辺 AC 上に AC：AE ＝ 1：x となる点 E を取った。△ADE の面積が △ABC の面積の $\frac{1}{3}$ となるときの x の値はいくらか。　　　　　（国Ⅱ1995）

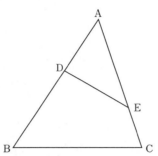

1：$\frac{1}{2}$

2：$\frac{2}{3}$

3：$\frac{3}{4}$

4：$\frac{4}{5}$

5：$\frac{5}{6}$

実践 問題 158 の解説

〈三角比〉

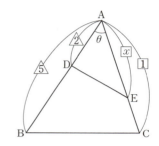

∠BAC = θ とおくと, △ABC, △ADE の面積は,

$\triangle ABC = \dfrac{1}{2} AB \cdot AC \sin\theta$

$\triangle ADE = \dfrac{1}{2} AD \cdot AE \sin\theta$

$= \dfrac{1}{2} \cdot \dfrac{2}{5} AB \cdot x\, AC \sin\theta$

$= \dfrac{x}{5} AB \cdot AC \sin\theta$

題意より, $\triangle ADE = \dfrac{1}{3} \triangle ABC$ であるから,

$\dfrac{x}{5} AB \cdot AC \sin\theta = \dfrac{1}{3} \cdot \dfrac{1}{2} AB \cdot AC \sin\theta$

より,

$\dfrac{x}{5} = \dfrac{1}{6}$

$x = \dfrac{5}{6}$

となる。

よって, 正解は肢 5 である。

正答 5

第3章 SECTION 4 数学
指数・対数・三角比・数列

実践 問題 159　基本レベル

頻出度	地上★	国家一般職	東京都	特別区
	裁判所職員	国税・財務・労基		国家総合職

問　$19800 \sum_{k=1}^{98} \dfrac{1}{k(k+2)}$ の値はいくらか。

（国税・労基2008）

1：14651
2：14653
3：14655
4：14657
5：14659

OUTPUT

実践 問題 **159** の解説 ━━━━━━━━━━━━━━━━━━━━

チェック欄		
1回目	2回目	3回目

〈数列〉

$\dfrac{1}{k(k+2)}$ を差の形に分解するために以下のような式変形をする。なお，このとき分子の値は不明であるため，x とおく。

$$\frac{1}{k(k+2)} = \frac{x}{k} - \frac{x}{k+2}$$

$$\frac{1}{k(k+2)} = \frac{2x}{k(k+2)}$$

分子の値を比較することにより，$x = \dfrac{1}{2}$ を得る。したがって，与式は，

$$\frac{19800}{2} \sum_{k=1}^{98} \left(\frac{1}{k} - \frac{1}{k+2} \right)$$

と変形できる。

次に，Σ の部分を計算する。これを実際に書くと次のようになる。

$$\sum_{k=1}^{98} \left(\frac{1}{k} - \frac{1}{k+2} \right) = \left(1 - \frac{1}{3} \right) + \left(\frac{1}{2} - \frac{1}{4} \right) + \left(\frac{1}{3} - \frac{1}{5} \right) + \left(\frac{1}{4} - \frac{1}{6} \right) + \cdots\cdots$$
$$+ \left(\frac{1}{97} - \frac{1}{99} \right) + \left(\frac{1}{98} - \frac{1}{100} \right)$$

これより，第 k 項目の後半の項と，第 $(k+2)$ 項目の前半の項が打ち消し合っていることがわかる。したがって，

$$\sum_{k=1}^{98} \left(\frac{1}{k} - \frac{1}{k+2} \right) = 1 + \frac{1}{2} - \frac{1}{99} - \frac{1}{100}$$

となるから，

$$\frac{19800}{2} \sum_{k=1}^{98} \left(\frac{1}{k} - \frac{1}{k+2} \right) = 9900 \times \frac{9900 + 4950 - 100 - 99}{9900} = 14651$$

を得る。

よって，正解は肢 1 である。

第3章
数学

正答 **1**

第3章 SECTION 4 数学
指数・対数・三角比・数列

実践 問題 160 応用レベル

頻出度	地上★	国家一般職	東京都	特別区
	裁判所職員	国税・財務・労基		国家総合職

問 次の図のように，3.0km 離れた 2 地点 A，B から山頂 P を見ると，∠PAB＝60°，∠PBA＝70°であり，地点 A から山頂 P を見た仰角は30°であった。山頂 P と地点 A の標高差 OP の値として，妥当なのはどれか。ただし，三角比は次の表によるものとする。　　　　　　　　　　　　　　　　　　　（特別区2012）

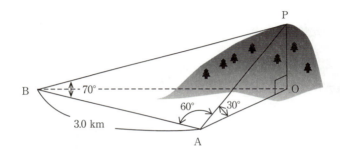

θ	10°	20°	30°	40°
$\sin\theta$	0.17	0.34	0.50	0.64
$\cos\theta$	0.98	0.94	0.87	0.77

1 ： 1.5 km
2 ： 1.6 km
3 ： 1.8 km
4 ： 2.0 km
5 ： 2.5 km

OUTPUT

実践 問題 160 の解説

〈三角比〉

下図のように，△PABにおいて，点Pから辺ABに垂線を下ろした交点をCとする。

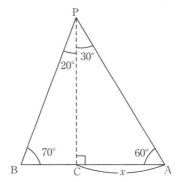

ここで，ACの長さを$x$kmとすると，BCの長さは($3-x$)kmとなる。
また，△PACは30°，60°，90°の直角三角形であるから，

AC : PA : PC $= 1 : 2 : \sqrt{3}$
$ = x : 2x : \sqrt{3}\,x$

である。

△PBCに着目すると，∠BPC=20°，BC=$3-x$，PC=$\sqrt{3}\,x$であるから，次の式が成り立つ。

$$\frac{3-x}{\sqrt{3}\,x} = \tan 20° = \frac{\sin 20°}{\cos 20°} = \frac{0.34}{0.94}$$

$0.94 \times (3-x) = 0.34 \times 1.73\,x$
$2.82 - 0.94\,x = 0.59\,x$
$1.53\,x = 2.82$
$x = 1.84\,[\text{km}]$

次に，求めるのは標高差OPであるため，△APOに着目する。

△APOは，30°，60°，90°の直角三角形であり，斜辺APが△PACと共通であるから，△APOと△PACとは合同である。

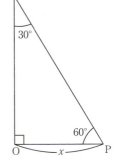

したがって，
標高差 OP = AC = x = 1.84 [km]
となる。

よって，正解は肢3である。

正答 3

第3章 SECTION 5 数学
微分・積分

必修問題 セクションテーマを代表する問題に挑戦！

微分・積分は出題形式がある程度固まっています（特に積分）。出題形式を覚えてしまってもよいでしょう。

問 図のように，放物線 $y = -\dfrac{1}{3}x^2 + 4$ 上を $x > 0$，$y > 0$ の範囲で動く点をBとし，Bから x 軸，y 軸に引いた垂線と座標軸との交点をそれぞれA，Cとする。このとき，長方形OABCの面積の最大値はいくらか。 （国税・労基2009）

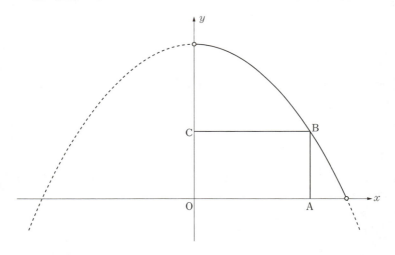

---

1 : $3 + \sqrt{3}$

2 : $\dfrac{46}{9}$

3 : $3\sqrt{3}$

4 : $\dfrac{16}{3}$

5 : $4 + \sqrt{3}$

| 頻出度 | 地上★ | 国家一般職 | 東京都 | 特別区 |
| | 裁判所職員 | 国税・財務・労基 | | 国家総合職 |

チェック欄		
1回目	2回目	3回目

必修問題の解説

〈微分〉

点Aのx座標を$x_1 (x_1 > 0)$とすると，点Bの座標は$\left(x_1, -\dfrac{1}{3}x_1{}^2 + 4\right)$となる。

このとき，長方形OABCの面積Sは，

$$S = x_1 \times \left(-\dfrac{1}{3}x_1{}^2 + 4\right)$$

$$= -\dfrac{1}{3}x_1{}^3 + 4x_1$$

となる。上式の両辺をx_1で微分すると，

$$S' = -x_1{}^2 + 4$$

となるから，**極値条件 $S' = 0$** より，

$$x_1{}^2 - 4 = 0$$

$$(x_1 + 2)(x_1 - 2) = 0$$

$$x_1 = \pm 2$$

である。次に，増減表をつくると，

x_1	$\cdots$	-2	$\cdots$	2	$\cdots$
S'	$-$	0	$+$	0	$-$
S	↘	$-\dfrac{16}{3}$	↗	$\dfrac{16}{3}$	↘

となるため，$x_1 > 0$ より，長方形OABCの面積の最大値は$x_1 = 2$のとき$\dfrac{16}{3}$となる。

よって，正解は肢4である。

正答 **4**

第3章 数学

LEC東京リーガルマインド 　2022-2023年合格目標 公務員試験 本気で合格！過去問解きまくり！　447
⑦自然科学Ⅰ

SECTION ⑤ 数学 微分・積分

第3章

1 微分

(1) 導関数

関数 $y = f(x)$ が，ある区間で微分可能なとき，その区間の任意の点 x における

微分係数 $f'(x)$ を，$f(x)$ の**導関数**といい，$f'(x)$，y'，$\dfrac{dy}{dx}$ などで表します。この

とき，導関数を求めることを，「$f(x)$ を微分する」といいます。

k を定数として，以下の公式が成り立ちます。

$k' = 0$

$(x^n)' = nx^{n-1}$

$\{kf(x)\}' = kf'(x)$

$\{f(x) \pm g(x)\}' = f'(x) \pm g'(x)$ （複号同順）

$\{f(x)g(x)\}' = f'(x)g(x) + f(x)g'(x)$

(2) 関数の増減と極大・極小

関数 $f(x)$ について，ある区間で

$f'(x) > 0$ ならば，この区間で**単調増加**

$f'(x) < 0$ ならば，この区間で**単調減少**

となります。これをもとに関数の増減を調べ，グラフに表すことができます。

$f'(a) = 0$ となる $x = a$ の前後において，

$f'(x)$ の符号が正から負に変わるとき，

関数 $f(x)$ は，$x = a$ で**極大値**をとります。

$f'(x)$ の符号が負から正に変わるとき，

関数 $f(x)$ は，$x = a$ で**極小値**をとります。

INPUT

> ### 具体例
>
> $f(x) = x^3 - 3x$ の場合
> $f'(x) = 3x^2 - 3$
> $\quad\;\; = 3(x+1)(x-1)$
> したがって，$f'(x) = 0$ となるのは，$x = -1$，1 のときとなります。
> ここで $x = -1$ と $x = 1$ の前後について，$f'(x)$ の符号を調べ，増減表に表すと，
>
> | x | $\cdots$ | -1 | $\cdots$ | 1 | $\cdots$ |
> |---|---|---|---|---|---|
> | $f'(x)$ | $+$ | 0 | $-$ | 0 | $+$ |
> | $f(x)$ | $\nearrow$ | 2 | $\searrow$ | -2 | $\nearrow$ |
>
> となります。
> $x = -1$ のとき，$f(x)$ は極大値 2 をとり，$x = 1$ のとき，$f(x)$ は極小値 -2 をとることがわかります。

第3章 数学

② 積分

関数 $F(x)$ があり，$F(x)$ の導関数が $f(x)$ となるとき，$F(x)$ を関数 $f(x)$ の**原始関数**といい，原始関数を求めることを積分するといいます。
このとき，これを $\int f(x)dx$ で表します。

(1) 不定積分の基本

$$\int x^n dx = \frac{x^{n+1}}{n+1} + C$$

$$\int (ax+b)^n dx = \frac{1}{a} \cdot \frac{(ax+b)^{n+1}}{n+1} + C \quad (C \text{ は積分定数})$$

(2) 定積分

関数 $f(x)$ の原始関数を $F(x)$ とすると，

$$\int_a^b f(x)\,dx = \left[F(x) \right]_a^b = F(b) - F(a)$$

を a から b までの定積分といいます。

SECTION 5 微分・積分

実践 問題 161 基本レベル

問 $f(x) = ax^3 + bx^2 - 12x + 5$ が，$x = -1$ で極大値をとり，$x = 2$ で極小値をとる場合，$f(1)$ の値はいくらか。 （国Ⅱ 2005）

1： -8
2： -6
3： -2
4： 2
5： 6

OUTPUT

実践 問題 **161** **の解説**

チェック欄		
1回目	2回目	3回目

〈極大・極小〉

$f(x) = ax^3 + bx^2 - 12x + 5$ を x で微分すると，

$f'(x) = 3ax^2 + 2bx - 12$

$x = -1$ で極大値を，$x = 2$ で極小値をとるため，方程式 $f'(x) = 0$ の解は $x = -1$，2 である。したがって，解と係数の関係より，

$$(-1) + 2 = -\frac{2b}{3a} \quad \cdots\cdots ①$$

$$(-1) \times 2 = \frac{-12}{3a} \quad \cdots\cdots ②$$

が成り立つ。②より，$a = 2$ を得て，これを①に代入して $b = -3$ を得る。

したがって，$f(x)$ は，

$f(x) = 2x^3 - 3x^2 - 12x + 5$

となる。$x = 1$ を代入して，

$f(1) = 2 \cdot 1^3 - 3 \cdot 1^2 - 12 \cdot 1 + 5 = -8$

よって，正解は肢1である。

第3章 数学

正答 **1**

第3章 SECTION 5 数学 微分・積分

実践 問題 162 基本レベル

[問] 導関数が $f'(x) = 2x + 3$ である関数 $f(x)$ がある。今，曲線 $y = f(x)$ 上の x 座標が1である点における接線が曲線 $y = -3x^2 - x + 7$ の接線となっているとき，$f(x)$ はどれか。 (特別区2011)

1 ： $x^2 + 3x - 1$
2 ： $x^2 + 3x + 11$
3 ： $2x^2 + 3x + 7$
4 ： $2x^2 + 3x - 2$
5 ： $4x^2 + 3x - 19$

OUTPUT

実践 ▶ 問題 **162** ▶ の解説

〈接線〉

導関数が $f'(x) = 2x + 3$ である関数 $f(x)$ は，不定積分の計算より，

$$f(x) = \int (2x + 3) dx$$
$$= x^2 + 3x + C \ (C \text{ は積分定数}) \quad \cdots\cdots①$$

である。

この関数の x 座標が a である点の接線の方程式は，

$$y - (a^2 + 3a + C) = (2a + 3)(x - a) \quad \cdots\cdots②$$

となる。

②の式に $a = 1$ を代入して，整理すると接線の方程式は次のようになる。

$$y - (4 + C) = 5(x - 1)$$
$$y = 5x + C - 1 \quad \cdots\cdots③$$

③の接線が，

曲線 $y = -3x^2 - x + 7 \quad \cdots\cdots④$

の接線となるとき，③と④の連立方程式の判別式 D が 0 となるため，

$$5x + C - 1 = -3x^2 - x + 7$$
$$3x^2 + 6x + C - 8 = 0$$
$$D = 6^2 - 4 \times 3 \times (C - 8) = 0$$
$$12C = 132$$
$$C = 11 \quad \cdots\cdots⑤$$

⑤を①に代入すると，

$$f(x) = x^2 + 3x + 11$$

となる。

よって，正解は肢2である。

正答 2

第3章 数学

第3章 SECTION 5 数学 微分・積分

実践 問題 163 基本レベル

| 頻出度 | 地上★ 裁判所職員 | 国家一般職 国税・財務・労基 | 東京都 | 特別区 国家総合職 |

問 図のように，放物線 $y = -x^2 + 4x$ と直線 $y = x$ によって囲まれる網掛け部分の面積はいくらか。

(国Ⅱ2011)

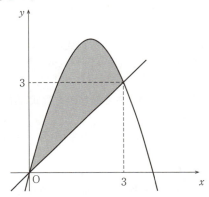

1 : 3.0
2 : 3.5
3 : 4.0
4 : 4.5
5 : 5.0

OUTPUT

実践 問題 **163** の解説

〈面積〉

グラフより，放物線 $y = -x^2 + 4x$ と直線 $y = x$ の交点の座標は，$(0, 0)$，$(3, 3)$ である。

ここで，区間 $a \leqq x \leqq b$ において，2つの関数 $y = f(x)$ と $y = g(x)$ で表されるグラフに挟まれた部分の面積 S は，

$$S = \int_a^b | f(x) - g(x) | \, dx$$

で求めることができる。

本問では，区間 $0 \leqq x \leqq 3$ では，放物線が直線より上にあるから，求める面積を S とすると，

$$S = \int_0^3 \{ (-x^2 + 4x) - x \} \, dx$$

$$= \int_0^3 (-x^2 + 3x) \, dx$$

$$= \left[-\frac{1}{3} x^3 + \frac{3}{2} x^2 \right]_0^3$$

$$= \left(-\frac{3^3}{3} + \frac{3 \times 3^2}{2} \right)$$

$$= -9 + 13.5$$

$$= 4.5$$

となる。

よって，正解は肢4である。

【補足】

2次方程式 $ax^2 + bx + c = 0$ の実数解を α，β $(\alpha < \beta)$ とすると，

$$\int_\alpha^\beta (ax^2 + bx + c) \, dx = a \int_\alpha^\beta (x - \alpha)(x - \beta) \, dx = -\frac{a}{6}(\beta - \alpha)^3$$

となることを利用して，

$$\int_0^3 (-x^2 + 3x) \, dx$$

$$= -\int_0^3 x(x - 3) \, dx$$

$$= \frac{1}{6}(3 - 0)^3$$

$$= 4.5$$

と求めることもできる。

正答 **4**

SECTION 5 数学 微分・積分

実践 問題 164 基本レベル

問 2つの放物線 $y = x^2 - 2x + 2$ と $y = 6 - x^2$ で囲まれた部分の面積はどれか。 （特別区2013）

1 ： $\dfrac{1}{3}$

2 ： 3

3 ： $\dfrac{13}{3}$

4 ： 6

5 ： 9

実践 問題 164 の解説

〈面積〉

放物線 $y = x^2 - 2x + 2$ は,
$$y = x^2 - 2x + 2 = (x-1)^2 + 1$$
となるから,頂点$(1,1)$の下に凸のグラフとなる。
また,放物線 $y = 6 - x^2$ は,頂点$(0,6)$の上に凸のグラフとなる。
これらのグラフを描くと次のようになる。

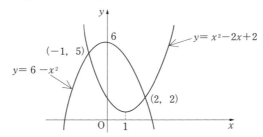

この2つの放物線の交点を,2式の連立方程式を解いて求めると,
$$x^2 - 2x + 2 = 6 - x^2$$
$$2x^2 - 2x - 4 = 0$$
$$x^2 - x - 2 = 0$$
$$(x+1)(x-2) = 0$$
$$x = -1, 2$$

ここで,$-1 \leq x \leq 2$ の範囲では,$y = 6 - x^2$ のほうが y の値が大きい。
これより,この2つの放物線に囲まれた部分の面積 S は,

$$S = \int_{-1}^{2} \{(6 - x^2) - (x^2 - 2x + 2)\} dx$$

$$= \int_{-1}^{2} (-2x^2 + 2x + 4) dx$$

$$= \left[-\frac{2x^3}{3} + x^2 + 4x \right]_{-1}^{2}$$

$$= \left(-\frac{2 \times 2^3}{3} + 2^2 + 4 \times 2 \right) - \left\{ -\frac{2 \times (-1)^3}{3} + (-1)^2 + 4 \times (-1) \right\}$$

$$= \frac{20}{3} - \left(-\frac{7}{3} \right) = \frac{27}{3} = 9$$

よって,正解は肢5である。

正答 5

第3章 SECTION 6 数学
図形の計量

必修問題 セクションテーマを代表する問題に挑戦！

このセクションの問題は，数的処理においても出題されます。

問 底面の半径 r，高さ h の円すい（直円すい）の側面積が底面積の3倍に等しいとき，h を r で表したものとして正しいのはどれか。

(国税・労基2008)

1 : $2r$
2 : $2\sqrt{2}r$
3 : $2\sqrt{3}r$
4 : $4r$
5 : $2\sqrt{5}r$

〈図形の計量〉

図に示すように，母線の長さを ℓ，展開したときの扇形の中心角を θ とする。なお，見取り図において，三平方の定理より，

$$\ell = \sqrt{r^2 + h^2} \quad \cdots\cdots ①$$

の関係が成り立つ。

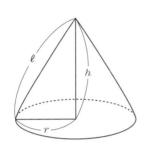
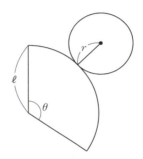

図より，扇形の弧長と底面の円周は等しいから，

$$2\pi\ell \times \frac{\theta}{360°} = 2\pi r$$

$$\frac{\theta}{360°} = \frac{r}{\ell} \quad \cdots\cdots ②$$

という関係が成り立つ。

また，面積に関する条件より，

$$\pi\ell^2 \times \frac{\theta}{360°} = 3\pi r^2$$

この式に②を代入して，

$$\ell = 3r$$

という関係を得る。これに①を代入して，

$$\sqrt{r^2 + h^2} = 3r$$
$$r^2 + h^2 = 9r^2$$

$h > 0$ より，

$$h = 2\sqrt{2}\,r$$

となる。

よって，正解は肢2である。

正答 2

SECTION 6 図形の計量

1 図形の計量

(1) 面積の基本公式
　① 台形：(上底＋下底)×高さ÷2
　② ひし形：(対角線×対角線)÷2
　③ 円：$\pi \times (半径)^2$
　④ 扇形：$\pi \times (半径)^2 \times 中心角 \div 360°$
　⑤ 球の表面積：$4\pi \times (半径)^2$

(2) 体積の基本公式
　① 柱体(円柱，四角柱など)：底面積×高さ
　② すい体(円すい，三角すいなど)：底面積×高さ×$\dfrac{1}{3}$
　③ 球：$\dfrac{4}{3}\pi \times (半径)^3$

2 三角形の相似条件

　① 3組の辺の比がそれぞれ等しい。
　② 2組の辺の比とその間の角がそれぞれ等しい。
　③ 2組の角がそれぞれ等しい。

3 相似比，面積比，体積比の関係

△ABC と △DEF が相似で，相似比が $a:b$ のとき，面積比は $a^2:b^2$ となります。

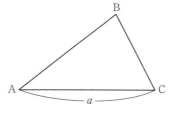

辺の長さの比	a	:	b
面積比	a^2	:	b^2

立体Aと立体Bが相似で，相似比が$a:b$のとき，体積比は$a^3:b^3$となります。

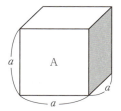

辺の長さの比	a	:	b
表面積比	a^2	:	b^2
体積比	a^3	:	b^3

4 面積関係

① 三角形の底辺を$a:b$に内分したとき，面積の比も$a:b$に分割されます。

② 底辺に平行に頂点を移動させた三角形は元の三角形と高さが同じであるため，面積も等しくなります。

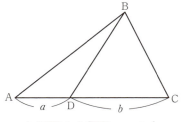

△ABD : △CBD = $a:b$
（高さが共通であるため）

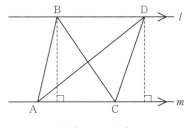

△ABC = △ADC

5 特別な直角三角形の3辺の比

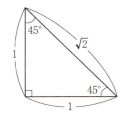
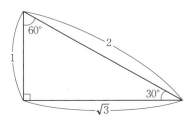

SECTION 6 図形の計量

実践 問題 165 基本レベル

問 辺 AB＝6，辺 AD＝10 とする長方形 ABCD において，BC を 2：3 に分ける点を E とし，AC と DE の交点を F とする。このとき三角形 AEF の面積は次のどれか。　　　　　　　　　　　　　　　　（裁事・家裁2008）

1 ：11.21
2 ：11.25
3 ：11.27
4 ：11.30
5 ：11.33

実践 問題 165 の解説

〈三角形の面積比〉

問題文の図形を図に示すと,次のようになる。

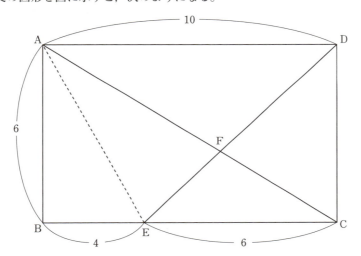

AとEを結ぶ補助線を引き,△AEDの面積を求めると,図より $\frac{1}{2} \times 10 \times 6 = 30$ となる。

ここで,△FCEと△FADに関して,**2角相等より,△FCE ∽ △FAD** となる。このときの相似比は,

CE：AD＝6：10＝3：5　……①

より,3：5である。つまり,EF：DF＝3：5となる。

したがって,△AEFの面積は,△AEDの底辺がEF：FD＝3：5に分割されていることから,

$\triangle \text{AEF} = 30 \times \frac{3}{8}$

$= 11.25$

となる。

よって,正解は肢2である。

正答 2

第3章 数学
SECTION 6 図形の計量

実践 問題 166 基本レベル

問 図のような四角形 ABCD があり，対角線 BD を 3：4 に内分する点を E とする。このとき，四角形 ABCD の面積は三角形 ADE の面積の何倍か。

ただし，∠BCD＝90°，∠ADC＝150°，辺 AD，BC，CD の長さをそれぞれ 3，6，$\sqrt{3}$ とする。 （国Ⅰ2004）

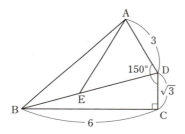

1 ：$\dfrac{5}{2}$ 倍

2 ：$\dfrac{11}{4}$ 倍

3 ：3 倍

4 ：$\dfrac{13}{4}$ 倍

5 ：$\dfrac{7}{2}$ 倍

実践 問題 166 の解説

〈三角形の面積比〉

まず，ADの延長とBCの延長との交点をFとする。

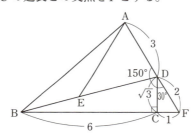

∠CDF＝30°であるため，∠FCD＝90°，CD＝$\sqrt{3}$ より，CF＝1，DF＝2となる。したがって，

△BCD：△FCD＝BC：FC＝6：1

△BDF：△BDA＝DF：DA＝2：3

となる。

一方，△ABE：△ADE＝BE：ED＝3：4である。

ここで，△ADEの面積を4とすると，比より△ABEの面積は3となる。

次に，△BDAの面積を求めると，△BDAの面積は，△ADE＋△ABEより7となる。これより，△BDFの面積は，

$$\triangle BDF = \frac{2}{3} \times \triangle BDA = \frac{14}{3}$$

となることから，△BCDの面積は，

$$\triangle BCD = \frac{6}{7} \times \triangle BDF = \frac{6}{7} \times \frac{14}{3} = 4$$

と求められる。

したがって，△ADE：△ABE：△BCD＝4：3：4となり，

$$四角形 ABCD = \frac{4+3+4}{4} \triangle ADE = \frac{11}{4} \triangle ADE$$

となる。

よって，正解は肢2である。

正答 2

SECTION 6 図形の計量

実践 問題 167 基本レベル

頻出度	地上★	国家一般職	東京都	特別区
	裁判所職員	国税・財務・労基		国家総合職

問 図Ⅰのような半径1の円盤から，中心角 θ の扇形の部分を切り取り，切り取った辺で接合して円すいを作ったところ，図Ⅱに示すように，立方体の箱にちょうど収まる大きさとなった。このとき，円すいの底面積はいくらか。

(国Ⅱ2002)

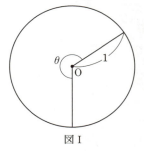

図Ⅰ

1 : $\dfrac{\pi}{5}$

2 : $\dfrac{\pi}{2}$

3 : $\dfrac{\pi}{\sqrt{5}}$

4 : $\dfrac{\pi}{\sqrt{2}}$

5 : π

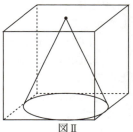

図Ⅱ

OUTPUT

実践 ▶ **問題 167** **の解説**

〈円すい〉

　円すいの底面にあたる円の半径を r とする。すると，円すいの底面がちょうど立方体の底面に収まっていることから，この立方体の1辺の長さは円すいの底面の直径，すなわち $2r$ に等しいことがわかる。

　そして，この円すいの高さも立方体の1辺の長さに等しいことから，この円すいの高さも $2r$ である。

　ここで，r の大きさを考える。円すいの頂点をA，円すいの底面の中心をO，円すいの底面の円周上の1点をBとすると，△AOBは∠AOB＝90°の直角三角形となる。そこで，△AOBに三平方の定理を適用すると，

$$AB^2＝AO^2＋OB^2$$
$$1^2 = (2r)^2 + r^2$$
$$5r^2 = 1$$

$r > 0$ より，

$$r = \frac{1}{\sqrt{5}}$$

となる。したがって，円すいの底面は半径 $\dfrac{1}{\sqrt{5}}$ の円であるから，その面積は，

$$\pi r^2 = \pi \left(\frac{1}{\sqrt{5}}\right)^2 = \frac{\pi}{5}$$

となる。

　よって，正解は肢1である。

正答 **1**

第3章　数学

LEC東京リーガルマインド　2022-2023年合格目標 公務員試験 本気で合格！過去問解きまくり！　467
⑦自然科学Ⅰ

第3章 SECTION 6 数学 図形の計量

実践 問題 168 基本レベル

問 1辺の長さが1の正八面体に内接する球の半径はいくらか。

（国税・労基2004）

1 : $\dfrac{\sqrt{2}}{6}$

2 : $\dfrac{\sqrt{3}}{6}$

3 : $\dfrac{\sqrt{6}}{6}$

4 : $\dfrac{\sqrt{2}}{3}$

5 : $\dfrac{\sqrt{3}}{3}$

実践 問題168 の解説

〈内接球〉

　球と正八面体の1つの面との接点は，正八面体の面である正三角形の重心となる。球の中心をO，CDの中点をFとしたとき，3点A，O，Fを通る平面で切ると，切断面はBEの中点も通る（各点のアルファベットと切断面は図1，2を参照）。点Gは正三角形ACDの重心である。

　正八面体の1辺の長さが1であるから，AFは$\frac{\sqrt{3}}{2}$，OF$=\frac{1}{2}$より，△AOFにおいて，三平方の定理を用いて，

$$AO = \sqrt{\left(\frac{\sqrt{3}}{2}\right)^2 - \left(\frac{1}{2}\right)^2} = \frac{\sqrt{2}}{2}$$

ここで，球の半径をrとすると，△AFO ∽ △OFG（2角相等）であるから，

$$r : \frac{1}{2} = \frac{\sqrt{2}}{2} : \frac{\sqrt{3}}{2}$$

$$r = \frac{\sqrt{6}}{6}$$

となる。

　よって，正解は肢3である。

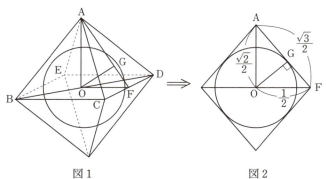

図1　　　図2

正答 3

第3章 SECTION 6 数学 図形の計量

実践 問題 169 基本レベル

頻出度	地上★	国家一般職	東京都	特別区
	裁判所職員	国税・財務・労基		国家総合職

問 図のような立方体Aの各面の中心を結んで正八面体Bをつくり，さらにその正八面体Bの各面の中心を結んで立方体Cをつくった。大きな立方体の体積を V_A，その中にできる小さな立方体の体積を V_C とすると，$\dfrac{V_C}{V_A}$ はいくらか。

（国税・労基2006）

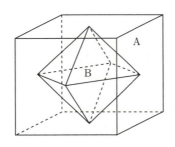
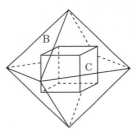

1 ： $\dfrac{1}{8}$

2 ： $\dfrac{1}{9}$

3 ： $\dfrac{1}{16}$

4 ： $\dfrac{1}{18}$

5 ： $\dfrac{1}{27}$

実践 問題169 の解説

〈立体の体積比〉

まず，正八面体Bと立方体Cについて考える。

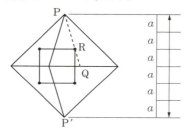

立方体Cの頂点は，正八面体Bの各面（正三角形）の重心となる。したがって，図のように点P，Q，Rを設定すると，PR：RQ＝2：1となる。

これより，立方体Cの1辺の長さを$2a$とすると，図のように，正八面体の頂点Pから頂点P′までの長さは$6a$となる。

立方体Aと正八面体Bの関係において，立方体の1辺の長さはPP′に等しいため，$6a$であることがわかる。

これより，立方体Aと立方体Cの相似比は6：2＝3：1となるから，両者の体積比は，

$$\frac{V_C}{V_A} = \frac{1^3}{3^3} = \frac{1}{27}$$

となる。

よって，正解は肢5である。

正答 5

第3章 数学
章末 CHECK
❓Question

Q1 $(x+4)^2 = x^2 + 4x + 16$ である。

Q2 $(2x+3)(4x-5) = 8x^2 + 2x - 15$ である。

Q3 $6x^2 - 11x + 4$ を因数分解すると，$(2x+1)(3x-4)$ となる。

Q4 $8x^3 - 18x$ を因数分解すると，$2x(2x+3)(2x-3)$ となる。

Q5 $x^3 + 2x^2 - 3x + 4$ を $x-1$ で割った余りは，10 である。

Q6 $x^3 - 8x - 8$ は $x = -2$ を代入すると 0 となるため，$x^3 - 8x + 8$ は $x+2$ という因数をもつ。

Q7 2次方程式 $ax^2 + bx + c = 0$ の解は，$x = \dfrac{-b \pm \sqrt{b^2 - 4ac}}{2a}$ である。

Q8 2次方程式 $ax^2 + bx + c = 0$ の判別式を D とすると，$D > 0$ のとき，重解をもつ。

Q9 2次方程式 $x^2 + 18x + 81 = 0$ の解は $x = -9$ のみとなるから，判別式 D の値を計算すると，$D = 0$ となる。

Q10 2次方程式 $ax^2 + bx + c = 0$ の2解を α，β とすると，$\alpha + \beta = \dfrac{b}{a}$，$\alpha\beta = \dfrac{c}{a}$ が成り立つ。

Q11 2次方程式 $ax^2 + bx + c = 0$ の1つの解を $2 + 3i$ とすると，他の解は $2 - 3i$ となる。

Q12 関数とは，2変数 x，y において，x の値が1つ決まれば y の値が2つ決まる関係である。

Q13 関数 $y = f(x)$ を，x 軸方向に p，y 軸方向に q だけ平行移動すると，$y = f(x+p) + q$ となる。

Q14 関数 $y = f(x)$ を，x 軸に関して対称移動させると，$y = f(-x)$ となる。

Q15 関数 $y = f(x)$ を，原点に関して対称移動させると，$y = -f(-x)$ となる。

Q16 1次関数 $y = ax + b$ において，a を切片，b を傾きという。

Q17 1次関数 $y = 2x + 4$ と1次関数 $y = -x + 4$ は y 軸上の点で交わる。

Q18 2次関数 $y = ax^2$ のグラフは，原点を通る双曲線になる。

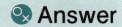

A1 × $(x+4)^2 = x^2 + 8x + 16$ となる。

A2 ○ $(ax+b)(cx+d) = acx^2 + (ad+bc)x + bd$ の公式を利用する。

A3 × $6x^2 - 11x + 4$ を因数分解すると $(2x-1)(3x-4)$ となる。

A4 ○ まず共通因数 $2x$ をくくりだしてから、公式を利用する。

A5 × $f(1) = 1^3 + 2 \times 1^2 - 3 \times 1 + 4 = 4$ となり、余りは4である。

A6 ○ $f(-2) = (-2)^3 - 8 \times (-2) - 8 = 0$ となるから、$x+2$ という因数をもつ。

A7 ○ 解の公式は、すべての2次方程式に利用できる。

A8 × 判別式 $D = b^2 - 4ac > 0$ のときは、異なる2実数解をもつ。

A9 ○ 判別式 $D = 0$ となるとき、2次方程式は重解をもち、解は1つとなる。

A10 × $\alpha + \beta = -\dfrac{b}{a}$, $\alpha\beta = \dfrac{c}{a}$ が成り立つ。この関係を、解と係数の関係という。

A11 ○ $2+3i$ と $2-3i$ の関係を共役な複素数といい、一方が2次方程式の解ならば他方も解となる。

A12 × 関数とは、2変数 x, y において、x の値が1つ決まれば y の値が1つ決まる関係である。

A13 × 関数 $y = f(x)$ を、x 軸方向に p、y 軸方向に q だけ平行移動すると、$y = f(x-p) + q$ となる。

A14 × 関数 $y = f(x)$ を、x 軸に関して対称移動させると、$y = -f(x)$ となる。

A15 ○ 関数 $y = f(x)$ を、原点に関して対称移動させると、$y = -f(-x)$ となる。

A16 × 1次関数 $y = ax + b$ において、a を傾き、b を切片という。

A17 ○ 1次関数 $y = ax + b$ において、b を切片といい、y 軸との交点となる。2式とも切片は4であるから、y 軸上の点 $(0, 4)$ で交わる。

A18 × 2次関数 $y = ax^2$ のグラフは、原点を通る放物線になる。

第3章 数学
章末 CHECK ? Question

Q19 2次関数 $y = ax^2$ のグラフを x 軸方向に p，y 軸方向に q だけ平行移動したグラフの式は，$y = a(x - p)^2 + q$ となる。

Q20 2次関数 $y = x^2 + 6x + 3$ の頂点の座標は（3，3）である。

Q21 二項定理を利用すると，$(x + 1)^5 = x^5 + x^4 + x^3 + x^2 + x + 1$ である。

Q22 絶対値 $|x - 3|$ において，$x = -4$ のときの値は，$+1$ である。

Q23 2点（3，4），（-2，-3）の距離は，15である。

Q24 2点（3，4），（7，8）の中点の座標は（5，6）である。

Q25 3点（3，4），（7，8），（11，15）を頂点とする三角形の重心の座標は（7，9）である。

Q26 点（-2，3）を通る，傾き-3の直線の式は，$y = -3x + 3$ である。

Q27 2つの直線 $y = 3x + 4$ と $y = 3x - 3$ は平行である。

Q28 2つの直線 $y = 3x + 4$ と $y = -\dfrac{1}{3}x - 3$ は垂直である。

Q29 点（1，1）から直線 $x + y + 3 = 0$ までの距離は3である。

Q30 円 $(x - 3)^2 + (y + 1)^2 = 16$ の中心の座標は（-3，1）であり，半径は16である。

Q31 $x^2 + y^2 + xy + 2x + 4y + 8 = 0$ は，円を表す方程式である。

Q32 $y < f(x)$ は，$y = f(x)$ のグラフより下部の領域を表す。

Q33 球の体積の公式は，$\dfrac{4}{3}\pi r^2$ である。

Q34 $2^3 \times 2^4 = 2^{12}$ である。

Q35 $3^4 \div 3^7 = 3^{4-7} = 3^{-3} = \dfrac{1}{3^3}$ である。

Q36 $2^{\frac{4}{3}} = \sqrt[4]{2^3}$ である。

Q37 $\log_{10} 6 = \log_{10} 2 + \log_{10} 3$ である。

Q38 $\log_{10} 16 = 4$ である。

Q39 $\sin 60° = \dfrac{1}{2}$ である。

Q40 $\cos 90° = 1$ である。

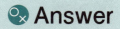

A19 ○ $y = a(x-p)^2 + q$ を，2次関数の標準形という。

A20 × $y = (x+3)^2 - 6$ より，頂点の座標は $(-3, -6)$ である。

A21 × $(x+1)^5 = x^5 + 5x^4 + 10x^3 + 10x^2 + 5x + 1$ である。

A22 × $x = -4$ を代入して，$|-4-3| = 7$ となる。

A23 × $\sqrt{\{3-(-2)\}^2 + \{4-(-3)\}^2} = \sqrt{74}$ である。

A24 ○ $\left(\dfrac{3+7}{2}, \dfrac{4+8}{2}\right) = (5, 6)$ である。

A25 ○ $\left(\dfrac{3+7+11}{3}, \dfrac{4+8+15}{3}\right) = (7, 9)$ である。

A26 × 点 $(-2, 3)$ を通る，傾き -3 の直線の式は，$y = -3(x+2) + 3 = -3x - 3$ である。

A27 ○ 2つの直線は傾きが等しく切片が異なるため平行である。

A28 ○ $3 \times \left(-\dfrac{1}{3}\right) = -1$ より，2直線は垂直である。

A29 × $\dfrac{|1+1+3|}{\sqrt{1^2+1^2}} = \dfrac{5}{\sqrt{2}} = \dfrac{5\sqrt{2}}{2}$ である。

A30 × 円 $(x-3)^2 + (y+1)^2 = 16$ の中心の座標は $(3, -1)$ であり，半径は 4 である。

A31 × xy の項を含むから，円を表す方程式ではない。

A32 ○ この場合，境界線は含まないから注意しよう。

A33 × 球の体積の公式は，$\dfrac{4}{3}\pi r^3$ である。

A34 × $2^3 \times 2^4 = 2^{3+4} = 2^7$ である。

A35 ○ 指数の拡張公式を利用する。

A36 × $2^{\frac{4}{3}} = \sqrt[3]{2^4}$ である。

A37 ○ $\log_{10} 6 = \log_{10}(2 \times 3) = \log_{10} 2 + \log_{10} 3$ である。

A38 × $\log_{10} 16 = \log_{10} 2^4 = 4\log_{10} 2$ である。

A39 × $\sin 60° = \dfrac{\sqrt{3}}{2}$ である。

A40 × $\cos 90° = 0$ である。

第3章 数学 章末CHECK

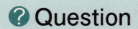 Question

Q41 正弦定理とは，$\dfrac{a}{\sin A} = \dfrac{b}{\sin B} = \dfrac{c}{\sin C} = 2R$ のことである。

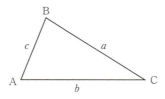

Q42 $\displaystyle\lim_{x \to \infty} \dfrac{2}{x+3} = 2$ である。

Q43 $x^3 - 3x^2 + 2$ を微分すると，$3x^2 - 2x + 2$ となる。

Q44 関数 $y = f(x)$ が，ある区間において，$f'(x) > 0$ ならば，この区間では単調に減少する。

Q45 $3x^2$ を積分すると，$\int 3x^2 dx = x^3 + C$（C は積分定数）となる。

Q46 定積分 $\displaystyle\int_{-2}^{0} (-2x^2 - 4x) dx = \dfrac{8}{3}$ である。

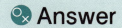

A41 ○ ここで，R は外接円の半径である。
なお，余弦定理とは，
$$a^2 = b^2 + c^2 - 2bc\cos A$$
$$b^2 = c^2 + a^2 - 2ca\cos B$$
$$c^2 = a^2 + b^2 - 2ab\cos C$$
のことである。

A42 × $\lim_{x\to\infty}\dfrac{2}{x+3} = 0$ である。

A43 × $x^3 - 3x^2 + 2$ を微分すると，$3x^2 - 6x$ となる。

A44 × 関数 $y = f(x)$ が，ある区間において，$f'(x) > 0$ ならば，この区間では単調に増加する。

A45 ○ 積分定数をつけることを忘れないようにしよう。

A46 ○ $\int_{-2}^{0}(-2x^2 - 4x)dx = -2\int_{-2}^{0}(x^2 + 2x)dx$
$= -2\left[\dfrac{1}{3}x^3 + x^2\right]_{-2}^{0} = \dfrac{8}{3}$

INDEX

数字
2点間の距離 416

アルファベット
ＨＦＣ 345
ＰＦＣ 345
ｖ－ｔグラフ 29
Ｘ線 160

あ
亜鉛 219, 231, 256
アクリル繊維 319, 339
亜酸化窒素 345
アセチルサリチル酸 340
アセチレン 301
アセトン 311
アボガドロ 329
アボガドロ定数 175
アミラーゼ 337
アモルファス金属 201
アルカリ金属 255, 259, 261, 273
アルカリ土類金属
　253, 256, 259, 261, 273
アルカリマンガン乾電池 235
アルコール 293, 311, 335
アルコール発酵 311
アルデヒド 293, 311, 335
アルデヒド基 291, 293
α線 149, 155, 157, 159
α崩壊 157, 159
アルミニウム
　256, 279, 283, 287, 289
アンモニアソーダ法 275, 329

い
硫黄 254, 289
イオン化傾向 219, 233

イオン結合 174, 183, 195
イオン結晶 174, 181, 183
異性体 149, 299
位置エネルギー 67
一次電池 287
一酸化炭素 265
陰イオン 179
因数定理 365
因数分解 365, 377

う
うなり 97, 113
運動エネルギー 67
運動方程式 5, 7, 63
運動量保存（則） 65, 66

え
エーテル 294, 311
エステル 315
エタノール 303, 311, 327, 335
エタン 301
エチレン 301, 303
エチレングリコール 303
塩 228
塩化カルシウム 275
塩化水素 265, 327
塩基 217
炎色反応 213, 256, 263
円すい振り子 47
延性 181, 184, 195, 207
塩析 211
塩素 255, 289
鉛直投げ上げ 31
円の方程式 417

お
王水 231

黄銅	277	ギ酸	311
黄リン	263, 289, 327	キサントプロテイン反応	296, 337
オームの法則	123, 133	気体定数	203
オストワルト法	329	気体の状態方程式	203
オゾン	265	強塩基	225
オゾンホール	269	凝固	201, 202
音の3要素	101	凝固熱	202

か

カーボンナノチューブ	263, 267	強酸	225
回折	97, 105	凝縮	201
解と係数の関係	382	凝析	211
解の公式	382	共役	382
化学反応式	187	共有結合	174, 183
化学変化	205	共有結合の結晶	174, 181
化合物	177	極小値	448
可視光線	107	極性	183, 208
加水分解	295	極大値	448
可塑性	195	極値条件	447
活性化エネルギー	221	虚数解	382, 399
ガラクトース	317	キルヒホッフの法則	125, 147
カルシウム	283, 287	銀鏡反応	294, 335
カルボキシ基	291, 293	金属結合	174, 184
カルボン酸	293, 294, 312, 331, 335	金属結晶	174, 184

| カロザース | 329 |
| 還元剤 | 233 |

く

		クーロンの法則	122, 125
還元性	293	屈折	95, 97, 105
干渉	97, 103, 105	屈折率	103, 111
環状炭化水素	335	グリコーゲン	317
慣性の法則	7, 49, 51, 79	グリセリン	303, 311, 315
慣性力	13	グルコース	317, 319
γ線	149, 155, 157, 159	クロマトグラフィー	343
γ崩壊	159		

き

け

		ケイ素	254, 289
		結晶	181
希ガス	259, 263	ケトン	294, 311

479

INDEX

ゲル	211
けん化	295, 335
原子	149, 153, 174
原子価	195
原子核	149, 153, 159, 174, 179
原始関数	449
原子説	329
原子番号	149, 174
原子量	175
元素分析	331

こ

構造異性体	299
高分子化合物	208
交流	145
コロイド	211
混合物	177

さ

再結晶	343
最大静止摩擦力	49
酢酸	335
作用・反作用の法則	7, 11, 49, 51
サリチル酸	339
サリチル酸メチル	340
酸	217
酸化カルシウム	273
三角比	432
酸化剤	233
三重結合	195
酸性	293
酸性雨	269, 345, 347
酸素	254, 283
三平方の定理	416, 459, 467

し

ジエチルエーテル	303, 311

紫外線	107
脂環式炭化水素	301
式量	175
シクロヘキサン	292, 301
仕事	71
指数	432
実数	364
実数解	382
実像	99
質量数	149, 153, 159, 174
ジメチルエーテル	311
弱塩基	225
弱酸	225
シャルルの法則	85, 203, 207
重解	382, 399
臭化メチル	269
周期	259, 261
周期表	329
臭素	255
自由電子	184
自由落下	31
ジュール熱	139, 141
ジュールの法則	141
ジュラルミン	277, 283
昇華	201, 207, 213
硝酸	329
消石灰	273
焦点距離	99
蒸発	201, 202
蒸発熱	202
消費電力	123
剰余の定理	365, 377
触媒	221
シリカゲル	339

磁力線		127, 131
親水基		295
振動数		96

す

水銀		256, 279, 327
水酸化カルシウム		273
水素結合		195, 207
スネルの法則		111
スペクトル		103

せ

正弦定理		433
正四面体構造		195
生成熱		245
生石灰		273
生分解性高分子		319
赤外線		107
赤リン		263, 289, 327
セッケン		339
絶対屈折率		111
絶対零度		205
セルシウス（摂氏）温度		205
セルロース		317
遷移元素		253, 261
全反射		105

そ

相加相乗平均		405
相対質量		175
族		259, 261
疎水基		295
素数		363
組成式		175
ゾル		211
ソルベー法		329

た

ダイオキシン		347
対数		432
縦波		96
ダニエル電池		219, 235
炭酸カルシウム		273, 275, 287
炭酸水素ナトリウム		273
炭酸ナトリウム		329
弾性エネルギー		67
炭素		254, 263
単体		177
単調減少		448
単調増加		435, 448
タンパク質		296

ち

地球温暖化		107, 347
チタン		287
窒素		254, 265
中性		293
中性子		149, 153, 159, 174, 179
中和滴定		218
中和反応		218
潮解		184, 213, 275, 283
直線の垂直条件		416
直線の平行条件		416
直線の方程式		416
直流		145
直列回路		123
チンダル現象		211

て

抵抗		137
定積分		449
定比例の法則		329
滴定曲線		225

481

INDEX

デシベル	95
鉄	280
電圧	122
電解精錬	249, 277
電気陰性度	183, 195, 233
電気泳動	211
電気分解	243
典型元素	253, 261
電子	174, 179
電子親和力	179, 233
電磁波	107
電磁誘導	125, 131
展性	181, 184, 195, 207
電池	213, 219, 233
デンプン	317, 337
電離作用	155
電離度	227
電流	122
電力	123

と

銅	219, 279, 284
同位体	149, 159, 175, 177, 208, 263
等加速度運動	6, 37
導関数	448
等差数列	433
透析	211
同素体	177, 208, 263, 289
等比数列	433
トタン	284
ドップラー効果	98, 117
ドライアイス	201, 202
トリプシン	337
ドルトン	329

な

ナイロン66	329
ナトリウム	283
ナトリウムアルコキシド	303
ナフタレン	174, 201, 202
鉛	219, 235, 279
鉛蓄電池	219, 233, 235, 247, 339
波の速さ	96

に

二項定理	383
二酸化硫黄	255, 265
二次電池	287
二重結合	195
入射角	97

ね

熱化学方程式	218
熱容量	81
熱力学第 1 法則	85
熱力学第 2 法則	85
熱量の保存	81
燃料電池	233, 236

は

ハーバー・ボッシュ法	221
媒質	96
倍数比例の法則	329
波長	96
はねかえり係数	65, 66, 89
ばね定数	6
バリウム	287
ハロゲン	253, 255, 263
半減期	157, 159
反射	97
反射角	97
半透膜	211

判別式	382, 399	分子量	175
万有引力	51	**へ**	
ひ		平方完成	395
ビウレット反応	296, 337	平方根	364
ヒドロキシ基	291, 293	並列回路	123
標準状態	175	β 線	149, 155, 157, 159
ふ		β 崩壊	157, 159
ファラデーの法則	239	ヘスの法則	218, 239
ファンデルワールス力	195	偏光	103
ファントホッフの法則	239	ベンゼン	292, 301, 335
フェーリング液	317	ヘンリーの法則	239
フェーリング反応	294, 335	**ほ**	
フェノールフタレイン	217, 228	ボイル・シャルルの法則	
複素数	382		85, 203, 215, 239
フックの法則	6, 13, 49, 51	ボイルの法則	85, 203
物質の三態	202	芳香族炭化水素	291, 301
物質量	175	放射性崩壊	149, 150
フッ素	255	放射線	149
物理変化	205	放射能	150
不定積分	449	飽和脂肪酸	315
不動態	257, 283	飽和炭化水素	301, 335
不飽和脂肪酸	315	ホール・エルー法	257
不飽和炭化水素	301, 335	保護コロイド	211
フラーレン	263	ポリエチレンテレフタラート	319, 339
ブラウン運動	211	ボルタ電池	219, 235
ブリキ	233, 284, 327	ホルムアルデヒド	311, 335
浮力	19	ホン	95
プルースト	329	**ま**	
フルクトース	319	マルターゼ	337
フレミングの左手の法則	125, 129	マルトース	317
分極	235	**み**	
分散	97, 103	右ねじの法則	125, 127, 131
分子間力	174, 183	ミセル	295
分子結晶	174, 181, 183		

INDEX

む

無極性分子	174
無定型固体	201
無理数	364, 373

め

メタノール	303, 311, 327, 335
メタン	301
メチルオレンジ	217, 228
メンデレーエフ	329

も

モーメント	7, 79

ゆ

融解	202
融解塩電解（溶融塩電解）	277
融解電解法	249
融解熱	202
有理化	364, 375
有理数	364, 373
油脂	294, 312, 335

よ

陽イオン	179
陽子	149, 153, 159, 174, 179
ヨウ素	201, 202, 255
ヨウ素デンプン反応	317, 337
ヨードホルム反応	294, 307
余弦定理	433
横波	96

り

力学的エネルギー保存則	
	67, 73, 75, 77
リチウム	287, 327
リチウムイオン電池	
	233, 235, 287, 327
リチウム電池	235, 287, 327

立体異性体	299
硫酸	339
硫酸カルシウム	275
両性元素	257, 323
リン	254, 289

る

ルシャトリエの原理	241

れ

レンズ	99
レンツの法則	125, 131

ろ

ろ過	343
六フッ化硫黄	345

2022-2023年合格目標
公務員試験 本気で合格！ 過去問解きまくり！
⑦自然科学 I

2019年12月20日　第1版　第1刷発行
2021年11月25日　第3版　第1刷発行
編著者●株式会社　東京リーガルマインド
　　　　LEC総合研究所　公務員試験部

発行所●株式会社　東京リーガルマインド
　　　　〒164-0001　東京都中野区中野4-11-10
　　　　　　　　　　アーバンネット中野ビル
　　　　LECコールセンター　✉ 0570-064-464

受付時間　平日9：30～20：00/土・祝10：00～19：00/日10：00～18：00
※このナビダイヤルは通話料お客様ご負担となります。

書店様専用受注センター　TEL 048-999-7581 / FAX 048-999-7591

受付時間　平日9：00～17：00/土・日・祝休み

www.lec-jp.com/

カバーイラスト●ざしきわらし
印刷・製本●情報印刷株式会社

©2021 TOKYO LEGAL MIND K.K., Printed in Japan　　　ISBN978-4-8449-0729-9
複製・頒布を禁じます。
本書の全部または一部を無断で複製・転載等することは，法律で認められた場合を除き，
著作者及び出版者の権利侵害になりますので，その場合はあらかじめ弊社あてに許諾を
お求めください。
なお，本書は個人の方々の学習目的で使用していただくために販売するものです。弊社
と競合する営利目的での使用等は固くお断りいたしております。
落丁・乱丁本は，送料弊社負担にてお取替えいたします。出版部（TEL03-5913-6336）ま
でご連絡ください。

公務員試験攻略はLECにおまかせ!
LEC大卒程度公務員試験 書籍のご紹介

過去問対策

公務員試験 本気で合格!過去問解きまくり!

最新過去問を収録し、最新の試験傾向がわかる過去問題集。入手困難な地方上級の再現問題も収録し、充実した問題数が特長。類似の問題を繰り返し解くことで、知識の定着と解法パターンの習得が図れます。講師が選ぶ「直前復習」で直前期の補強にも使えます。

※「2022-2023年合格目標」版の①、②、④巻には、無料解説動画がつきます。
　詳しくは該当書籍をご覧ください。

教養科目

① 数的推理・資料解釈　定価 1,980円
② 判断推理・図形　定価 1,980円
③ 文章理解　定価 1,980円
④ 社会科学　定価 2,090円
⑤ 人文科学Ⅰ　定価 1,980円
⑥ 人文科学Ⅱ　定価 1,980円
⑦ 自然科学Ⅰ　定価 1,980円
⑧ 自然科学Ⅱ　定価 1,980円

専門科目

⑨ 憲法　定価 2,090円
⑩ 民法Ⅰ　定価 2,090円
⑪ 民法Ⅱ　定価 2,090円
⑫ 行政法　定価 2,090円
⑬ ミクロ経済学　定価 1,980円
⑭ マクロ経済学　定価 1,980円
⑮ 政治学　定価 1,980円
⑯ 行政学　定価 1,980円
⑰ 社会学　定価 1,980円
⑱ 財政学　定価 1,980円

※価格は、税込(10%)です。

数的処理対策

岡野朋一の算数・数学のマスト

LEC専任講師
岡野朋一 著
定価 1,320円

「小学生のころから算数がキライ」「数的処理って苦手。解ける気がしない」を解決! LEC人気講師が数的推理の苦手意識を払拭! [数学ギライ]から脱出させます!

畑中敦子 数的処理シリーズ

畑中敦子 著

大卒程度　数的推理の大革命! 令和版　定価 1,980円
　　　　　判断推理の新兵器! 令和版　定価 1,980円
　　　　　資料解釈の最前線! 令和版　定価 1,540円

高卒程度　天下無敵の数的処理! 令和版　各定価 1,650円
　① 判断推理・空間把握編　② 数的推理・資料解釈編

「ワニ」の表紙でおなじみ、テクニック満載の初学者向けのシリーズ。LEC秘蔵の地方上級再現問題も多数掲載! ワニの"小太郎"が、楽しく解き進められるよう、皆さんをアシストします。「天下無敵」は数的処理の問題に慣れるための腕試しにオススメです!

※価格は、税込(10%)です。

LEC公務員サイト

LEC独自の情報満載の公務員試験サイト！

www.lec-jp.com/koumuin/

最新情報
試験データなど

ここに来れば「公務員試験の知りたい」のすべてがわかる!!

LINE公式アカウント [LEC公務員]

公務員試験に関する全般的な情報をお届けします！
さらに学習コンテンツを活用して公務員試験対策もできます。

友だち追加はこちらから！

@leckoumuin

❶ **公務員を動画で紹介！「公務員とは？」**
公務員についてよりわかりやすく動画で解説！

❷ **LINE でかんたん公務員受験相談**
公務員試験に関する疑問・不明点をトーク画面に送信するだけ！

❸ **復習に活用！「一問一答」**
公務員試験で出題される科目を○×解答！

❹ **LINE 限定配信！学習動画**
公務員試験対策に役立つ動画を LINE 限定配信!!

❺ **LINE 登録者限定！オープンチャット**
同じ公務員を目指す仲間が集う場所

公務員試験 応援サイト 直前対策＆成績診断

www.lec-jp.com/koumuin/juken/

LEC Webサイト ▷▷▷ www.lec-jp.com/

情報盛りだくさん！

資格を選ぶときも、
講座を選ぶときも、
最新情報でサポートします！

≫最新情報
各試験の試験日程や法改正情報、対策講座、模擬試験の最新情報を日々更新しています。

≫資料請求
講座案内など無料でお届けいたします。

≫受講・受験相談
メールでのご質問を随時受付けております。

≫よくある質問
LECのシステムから、資格試験についてまで、よくある質問をまとめました。疑問を今すぐ解決したいなら、まずチェック！

≫書籍・問題集（LEC書籍部）
LECが出版している書籍・問題集・レジュメをこちらで紹介しています。

充実の動画コンテンツ！

ガイダンスや講演会動画、
講義の無料試聴まで
Webで今すぐCheck！

≫動画視聴OK
パンフレットやWebサイトを見てもわかりづらいところを動画で説明。いつでもすぐに問題解決！

≫Web無料試聴
講座の第1回目を動画で無料試聴！気になる講義内容をすぐに確認できます。

スマートフォン・タブレットからはQRコードでのアクセスが便利です。 ▷▷▷

自慢のメールマガジン配信中！（登録無料）

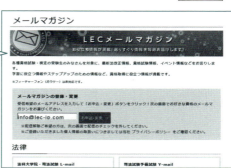

LEC講師陣が毎週配信！ 最新情報やワンポイントアドバイス、改正ポイントなど合格に必要な知識をメールにて毎週配信。

www.lec-jp.com/mailmaga/

LEC E学習センター

新しい学習メディアの導入や、Web学習の新機軸を発信し続けています。また、LECで販売している講座・書籍などのご注文も、いつでも可能です。

online.lec-jp.com/

LEC 電子書籍シリーズ

LECの書籍が電子書籍に！ お使いのスマートフォンやタブレットで、いつでもどこでも学習できます。

※動作環境・機能につきましては、各電子書籍ストアにてご確認ください。

www.lec-jp.com/ebook/

LEC書籍・問題集・レジュメの紹介サイト **LEC書籍部** www.lec-jp.com/system/book/

- LECが出版している書籍・問題集・レジュメをご紹介
- 当サイトから書籍などの直接購入が可能（＊）
- 書籍の内容を確認できる「チラ読み」サービス
- 発行後に判明した誤字等の訂正情報を公開

＊商品をご購入いただく際は、事前に会員登録（無料）が必要です。
＊購入金額の合計・発送する地域によって、別途送料がかかる場合がございます。

※資格試験によっては実施していないサービスがありますので、ご了承ください。

LEC 全国学校案内

＊講座のお問合せ、受講相談は最寄りのLEC各校へ

LEC本校

■ 北海道・東北

札　幌本校　　☎011(210)5002
〒060-0004 北海道札幌市中央区北4条西5-1　アスティ45ビル

仙　台本校　　☎022(380)7001
〒980-0021 宮城県仙台市青葉区中央3-4-12
仙台ＳＳスチールビルⅡ

■ 関東

渋谷駅前本校　　☎03(3464)5001
〒150-0043 東京都渋谷区道玄坂2-6-17　渋東シネタワー

池　袋本校　　☎03(3984)5001
〒171-0022 東京都豊島区南池袋1-25-11　第15野萩ビル

水道橋本校　　☎03(3265)5001
〒101-0061 東京都千代田区神田三崎町2-2-15　Daiwa三崎町ビル

新宿エルタワー本校　　☎03(5325)6001
〒163-1518 東京都新宿区西新宿1-6-1　新宿エルタワー

早稲田本校　　☎03(5155)5501
〒162-0045 東京都新宿区馬場下町62　三朝庵ビル

中　野本校　　☎03(5913)6005
〒164-0001 東京都中野区中野4-11-10　アーバンネット中野ビル

立　川本校　　☎042(524)5001
〒190-0012 東京都立川市曙町1-14-13　立川MKビル

町　田本校　　☎042(709)0581
〒194-0013 東京都町田市原町田4-5-8　町田イーストビル

横　浜本校　　☎045(311)5001
〒220-0004 神奈川県横浜市西区北幸2-4-3　北幸GM21ビル

千　葉本校　　☎043(222)5009
〒260-0015 千葉県千葉市中央区富士見2-3-1　塚本大千葉ビル

大　宮本校　　☎048(740)5501
〒330-0802 埼玉県さいたま市大宮区宮町1-24　大宮GSビル

■ 東海

名古屋駅前本校　　☎052(586)5001
〒450-0002 愛知県名古屋市中村区名駅3-26-8
ＫＤＸ名古屋駅前ビル

静　岡本校　　☎054(255)5001
〒420-0857 静岡県静岡市葵区御幸町3-21　ペガサート

■ 北陸

富　山本校　　☎076(443)5810
〒930-0002 富山県富山市新富町2-4-25　カーニープレイス富山

■ 関西

梅田駅前本校　　☎06(6374)5001
〒530-0013 大阪府大阪市北区茶屋町1-27　ABC-MART梅田ビル

難波駅前本校　　☎06(6646)6911
〒542-0076 大阪府大阪市中央区難波4-7-14　難波フロントビル

京都駅前本校　　☎075(353)9531
〒600-8216 京都府京都市下京区東洞院通七条下ル2丁目
東塩小路町680-2　木村食品ビル

京　都本校　　☎075(353)2531
〒600-8413　京都府京都市下京区烏丸通仏光寺下ル
大政所町680-1 第八長谷ビル

神　戸本校　　☎078(325)0511
〒650-0021 兵庫県神戸市中央区三宮町1-1-2　三宮セントラルビル

■ 中国・四国

岡　山本校　　☎086(227)5001
〒700-0901 岡山県岡山市北区本町10-22　本町ビル

広　島本校　　☎082(511)7001
〒730-0011 広島県広島市中区基町11-13　合人社広島紙屋町アネクス

山　口本校　　☎083(921)8911
〒753-0814 山口県山口市吉敷下東 3-4-7　リアライズⅢ

高　松本校　　☎087(851)3411
〒760-0023 香川県高松市寿町2-4-20　高松センタービル

松　山本校　　☎089(961)1333
〒790-0003 愛媛県松山市三番町7-13-13　ミツネビルディング

■ 九州・沖縄

福　岡本校　　☎092(715)5001
〒810-0001 福岡県福岡市中央区天神4-4-11　天神ショッパーズ
福岡

那　覇本校　　☎098(867)5001
〒902-0067 沖縄県那覇市安里2-9-10　丸姫産業第2ビル

■ EYE関西

EYE 大阪本校　　☎06(7222)3655
〒530-0013　大阪府大阪市北区茶屋町1-27　ABC-MART梅田ビル

EYE 京都本校　　☎075(353)2531
〒600-8413　京都府京都市下京区烏丸通仏光寺下ル
大政所町680-1 第八長谷ビル

【LEC公式サイト】www.lec-jp.com/

QRコードからかんたんアクセス！

LEC提携校

＊提携校はLECとは別の経営母体が運営をしております。
＊提携校は実施講座およびサービスにおいてLECと異なる部分がございます。

■ 北海道・東北

北見駅前校【提携校】 ☎0157(22)6666
〒090-0041　北海道北見市北1条西1-8-1　一燈ビル　志学会内

八戸中央校【提携校】 ☎0178(47)5011
〒031-0035　青森県八戸市寺横町13　第1朋友ビル　新教育センター内

弘前校【提携校】 ☎0172(55)8831
〒036-8093　青森県弘前市城東中央1-5-2
まなびの森　弘前城東予備校内

秋田校【提携校】 ☎018(863)9341
〒010-0964　秋田県秋田市八橋鯲沼町1-60
株式会社アキタシステムマネジメント内

■ 関東

水戸見川校【提携校】 ☎029(297)6611
〒310-0912　茨城県水戸市見川2-3092-3

所沢校【提携校】 ☎050(6865)6996
〒359-0037　埼玉県所沢市くすのき台3-18-4　所沢K・Sビル
合同会社LPエデュケーション内

東京駅八重洲口校【提携校】 ☎03(3527)9304
〒103-0027　東京都中央区日本橋3-7-7　日本橋アーバンビル
グランデスク内

日本橋校【提携校】 ☎03(6661)1188
〒103-0025　東京都中央区日本橋茅場町2-5-6　日本橋大江戸ビル
株式会社大江戸コンサルタント内

新宿三丁目駅前校【提携校】 ☎03(3527)9304
〒160-0022　東京都新宿区新宿2-6-4　KNビル　グランデスク内

■ 東海

沼津校【提携校】 ☎055(928)4621
〒410-0048　静岡県沼津市新宿町3-15　萩原ビル
M-netパソコンスクール沼津校内

■ 北陸

新潟校【提携校】 ☎025(240)7781
〒950-0901　新潟県新潟市中央区弁天3-2-20　弁天501ビル
株式会社大江戸コンサルタント内

金沢校【提携校】 ☎076(237)3925
〒920-8217　石川県金沢市近岡町845-1　株式会社アイ・アイ・ピー金沢内

福井南校【提携校】 ☎0776(35)8230
〒918-8114　福井県福井市羽水2-701　株式会社ヒューマン・デザイン内

■ 関西

和歌山駅前校【提携校】 ☎073(402)2888
〒640-8342　和歌山県和歌山市友田町2-145
KEG教育センタービル　株式会社KEGキャリア・アカデミー内

■ 中国・四国

松江殿町校【提携校】 ☎0852(31)1661
〒690-0887　島根県松江市殿町517　アルファステイツ殿町
山路イングリッシュスクール内

岩国駅前校【提携校】 ☎0827(23)7424
〒740-0018　山口県岩国市麻里布町1-3-3　岡村ビル　英光学院内

新居浜駅前校【提携校】 ☎0897(32)5356
〒792-0812　愛媛県新居浜市坂井町2-3-8　パルティフジ新居浜駅前店内

■ 九州・沖縄

佐世保駅前校【提携校】 ☎0956(22)8623
〒857-0862　長崎県佐世保市白南風町5-15　智翔館内

日野校【提携校】 ☎0956(48)2239
〒858-0925　長崎県佐世保市椎木町336-1　智翔館日野校内

長崎駅前校【提携校】 ☎095(895)5917
〒850-0057　長崎県長崎市大黒町10-10　KoKoRoビル
minatoコワーキングスペース内

沖縄プラザハウス校【提携校】 ☎098(989)5909
〒904-0023　沖縄県沖縄市久保田3-1-11
プラザハウス　フェアモール　有限会社スキップヒューマンワーク内

※上記は2021年10月1日現在のものです。

書籍の訂正情報の確認方法とお問合せ方法のご案内

このたびは、弊社発行書籍をご購入いただき、誠にありがとうございます。
万が一誤りと思われる箇所がございましたら、以下の方法にてご確認ください。

1 訂正情報の確認方法

発行後に判明した訂正情報を順次掲載しております。
下記サイトよりご確認ください。

www.lec-jp.com/system/correct/

2 お問合せ方法

上記サイトに掲載がない場合は、下記サイトの入力フォームより
お問合せください。

http://lec.jp/system/soudan/web.html

フォームのご入力にあたりましては、「Web教材・サービスのご利用について」の
最下部の「ご質問内容」に下記事項をご記載ください。

- ・対象書籍名(○○年版、第○版の記載がある書籍は併せてご記載ください)
- ・ご指摘箇所(具体的にページ数の記載をお願いします)

お問合せ期限は、次の改訂版の発行日までとさせていただきます。
また、改訂版を発行しない書籍は、販売終了日までとさせていただきます。

※インターネットをご利用になれない場合は、下記①~⑤を記載の上、ご郵送にてお問合せください。
①書籍名、②発行年月日、③お名前、④お客様のご連絡先(郵便番号、ご住所、電話番号、FAX番号)、⑤ご指摘箇所
　送付先:〒164-0001 東京都中野区中野4-11-10 アーバンネット中野ビル
　　　　東京リーガルマインド出版部 訂正情報係

- ・正誤のお問合せ以外の書籍の内容に関する質問は受け付けておりません。
　また、書籍の内容に関する解説、受験指導等は一切行っておりませんので、あらかじめご了承ください。
- ・お電話でのお問合せは受け付けておりません。

講座・資料のお問合せ・お申込み

LECコールセンター　0570-064-464

受付時間:平日9:30~20:00/土・祝10:00~19:00/日10:00~18:00

※このナビダイヤルの通話料はお客様のご負担となります。
※このナビダイヤルは講座のお申込みや資料のご請求に関するお問合せ専用ですので、書籍の正誤に関する
　ご質問をいただいた場合、上記「②正誤のお問合せ方法」のフォームをご案内させていただきます。